网页制作与网站建设

刘颖 著

北京希望电子出版社
Beijing Hope Electronic Press
www.bhp.com.cn

内 容 简 介

本书共九章。第一章绪论，介绍了网站的发展与变革，让读者了解网站的历史与演进。第二章需求分析与策划，讲解了需求分析的方法和技巧，以及网站策划的关键要素。第三章网页设计，涵盖了网页设计的基本原则、响应式网页设计和用户体验设计的核心要点。第四章网站前端开发，介绍了前端开发技术的核心组成。第五章网站后端开发，讲解了服务器端编程语言与框架、数据库管理与接口开发。第六章网站测试与优化，介绍了网站测试与优化的方法。第七章上线与维护，介绍了网站上线与网站优化。第八章教学中的实践与探索，探讨了情境化课程设计、项目化教学探索与实践以及"职普融通"教学探索。第九章未来趋势与发展，分析了新兴技术对网页制作的影响。

通过学习本书，读者可以掌握网页制作与网站建设的全流程，提升专业技能和创作能力，更好地应对未来的挑战和机遇，推动网页设计领域的创新发展。

图书在版编目（CIP）数据

网页制作与网站建设 / 刘颖著. -- 北京 ：北京希望电子出版社, 2024.9. -- ISBN 978-7-83002-894-7

Ⅰ. TP393.092

中国国家版本馆 CIP 数据核字第 2024PW1262 号

出版：北京希望电子出版社	封面：胡云星
地址：北京市海淀区中关村大街 22 号	编辑：郭燕春
中科大厦 A 座 10 层	校对：付寒冰
邮编：100190	开本：787 mm × 1 092 mm　1/16
网址：www.bhp.com.cn	印张：15
电话：010-82620818（总机）转发行部	字数：356 千字
010-82626237（邮购）	印刷：北京昌联印刷有限公司
经销：各地新华书店	版次：2024 年 12 月 1 版 1 次印刷

定价：79.80 元

前 言

随着数字化时代的到来，信息技术的迅猛发展给我们的生活和工作带来了天翻地覆的变化。网页制作与网站建设作为互联网的重要组成部分，也在日新月异的技术浪潮中不断创新。随着移动互联网的普及和人工智能技术的崛起，更是给各个领域带来了颠覆性的变革，与此同时，用户对于个性化体验的渴望愈发强烈，这无疑对网页制作与网站建设提出了更高的要求。

在这个强调个性的时代，用户不再满足于千篇一律的网页设计和功能。他们渴望能够根据自己的喜好和需求，定制独特的网页界面和交互方式。为了满足用户的这种需求，网页制作和网站建设必须更加注重个性化。这不仅需要深入了解用户的需求和偏好，还需要借助先进的技术手段，如大数据分析、人工智能等，为用户提供更加精准、贴合的个性化服务。只有这样，才能在激烈的竞争中脱颖而出，赢得用户的青睐。

因此，探索如何打造更加个性化的用户体验，已经成为深入研究网页制作与网站建设的当务之急。这不仅有助于提升用户的满意度和忠诚度，还能为企业和个人带来更多的商业价值和发展机遇。同时，这也是推动互联网行业不断向前发展的关键因素之一。

本书旨在系统介绍网页制作与网站建设的核心原理、技术及方法，紧跟当前技术发展趋势。通过对移动友好设计、智能交互、数据驱动的优化等方面的研究，为读者提供适应时代需求的知识和实践指导。

此外，对于高职教育来说，培养具备网页制作与网站建设技能的专业人才至关重要。本书通过案例分析和教学探索，为高职教学提供了实践指导，有助于培养学生的实际操作能力和创新思维，使他们更好地适应社会的需求。

作 者
2024年9月

"码"上进入 云端网页制作空间站

配套资源
同步精选资料,助力学习成长。

网站建设
解析建站流程,打造专业平台。

网页制作
讲解制作技巧,构建精美网页。

学习笔记
记录重点知识,积累实战经验。

目 录

第一章　绪论 ·· 1

　　第一节　网站的发展与变革 ·· 2
　　第二节　网页制作与网站建设的重要性 ·· 8
　　第三节　网站建设的基本概念与步骤 ·· 10

第二章　需求分析与策划 ·· 16

　　第一节　需求分析的内容与方法 ·· 18
　　第二节　网站策划的关键要素 ··· 23

第三章　网页设计 ·· 26

　　第一节　网页设计基本原则 ··· 27
　　第二节　响应式网页设计 ·· 32
　　第三节　用户体验设计的核心要点 ··· 38

第四章　网站前端开发 ··· 46

　　第一节　前端技术概述 ·· 47
　　第二节　前端技术的产生与发展 ·· 50
　　第三节　前端开发技术的核心组成 ··· 54

第五章　网站后端开发 ··· 97

　　第一节　服务器端编程语言与框架 ··· 98
　　第二节　数据库管理与接口开发 ·· 105

第六章 网站测试与优化 124

第一节 功能测试与性能测试 125
第二节 代码优化与安全测试 137
第三节 跨浏览器兼容性测试 154

第七章 上线与维护 159

第一节 网站上线前的准备工作 160
第二节 网站安全与维护 168
第三节 数据分析与网站优化 173

第八章 教学中的实践与探索 179

第一节 情境化课程设计 180
第二节 项目化教学探索与实践 182
第三节 "职普融通"教学探索 203

第九章 未来趋势与发展 222

第一节 新兴技术对网页制作的影响 223
第二节 对未来教学的研究与展望 226

附录 网站在企业移动应用项目技术架构中的应用 231

参考文献 234

第一章

绪 论

　　互联网的发展对人类社会产生了深远的影响。它改变了人们获取信息和沟通的方式，推动了全球化和数字化转型。互联网的发展使得信息的获取和传播变得更加便捷，为教育、科研、商业等领域带来了革命性的变化。同时，互联网也催生了许多新的产业，如电子商务、社交媒体、在线娱乐等，为经济发展注入了新的动力。

　　互联网的飞速发展已经彻底改变了我们的生活、工作和社交方式。在这个数字化的时代，网站成为了人们获取信息、交流互动和开展商业活动的重要平台。

　　对于个人而言，网站是展示自我、分享知识和兴趣的舞台。通过个人博客、社交媒体或创意平台，每个人都有机会在互联网上发声，与他人交流并建立社交网络。

　　对于企业来说，网站是拓展市场、提升品牌形象和实现商业目标的关键工具。一个精心设计和运营的企业网站可以吸引潜在客户，提供产品信息，促进在线销售，并与客户建立良好的互动关系。

　　从社会角度来看，互联网和网站促进了信息的传播，打破了地域和时间的限制。它们为教育、文化、科技等各个领域的发展提供了广阔的空间，推动了社会的进步和创新。

　　然而，随着互联网的发展，也带来了一系列的挑战和问题，如网络安全、隐私保护、信息真实性等。因此，在探讨互联网与网站的积极影响的同时，也需要关注并解决相关的问题。

第一节 网站的发展与变革

一、网站的起源与历史演变

网站作为互联网时代的核心组成部分,从早期的简单静态页面,到如今功能强大、形式多样的各类网页,经历了不断的历史演变,随着科技的不断进步,也给网站的发展带来了一定的影响,同时,网站在信息传播和社会互动中也起着关键的作用。

(一)网站的起源

网站的起源与互联网的发展密不可分。互联网最初是作为军事通信工具而开发的。1957年10月4日,苏联发射了人类第一颗人造地球卫星,为了扭转国际地位的劣势,美国专门成立了国防部高级研究计划署。1960年代,该署提出要研制一种崭新、生存性强的网络。1969年,美国国防部资助开发的ARPANET试验成功,其采用分布式控制与处理系统,能在部分站点受损时保持其他站点间的连接。到1975年,ARPANET已连入100多台主机,随后转交美国国防部国防通信局正式运行。1983年,ARPANET全部站点的通信协议转变为TCP/IP,标志着Internet的诞生。1980年代中期,美国国家科学基金会组建了NSFNET,它在1986年成为Internet的主干网,完全取代了ARPANET。1989年,蒂姆·伯纳斯-李提出了万维网的概念,随后欧洲核子中心于1991年推出了WWW(万维网)服务,正式将这一概念转化为实际可用的网络服务,这一举措使得万维网开始得到广泛应用和传播,Internet进入迅猛发展阶段。

在这样的背景下,网站应运而生。其初始形式相对简单,主要以静态页面的形式呈现,提供基本的信息展示和交流功能。这些早期的网站通常由少量的文本、图片和简单的链接组成,用户通过浏览器访问并获取信息。随后,网页设计和开发技术不断改进,使得创建和维护网站变得更加容易。同时,互联网的用户数量也在迅速增长,为网站的发展提供了更多的机会。

在接下来的几年里,网站的数量和类型都得到了快速扩展。各种类型的网站如雨后春笋般涌现,包括企业网站、新闻网站、社交网站、电子商务网站等。这些网站为用户提供了丰富多样的信息和服务,改变了人们获取信息、交流和购物的方式。

随着技术的进步和用户需求的变化,网站的功能和形式也逐渐丰富和多样化。从最初的静态页面到动态内容的生成，从简单的信息展示到复杂的交互和社交功能的引入，网站也在不断创新和改进，以提供更好的用户体验和满足不同的需求。

（二）网站的历史演变

1990年至2000年，万维网的普及推动了网站的逐渐兴起。这一时期的网站主要是简单的信息发布，提供各种类型的信息。企业网站展示公司的产品和服务，新闻网站提供实时新闻报道，电子商务网站则开启了在线购物的新纪元。这些网站的设计相对简单，主要以文本和静态图片为主，信息的呈现较为单一。

2000年至2010年，随着技术的进步，网站进入了一个新的阶段，呈现出更加智能化、个性化和社交化的特点。语义网技术的应用使得网站能够更好地理解用户的查询意图，通过对关键词和语义的分析，提供更准确的信息。大数据技术的出现让网站能够分析用户的行为和喜好，根据用户的历史数据和偏好，提供个性化的服务和推荐。人工智能技术的融合提升了网站与用户的交互性，例如聊天机器人能够实时回答用户的问题，提供更智能的服务体验。

2010年至今，移动互联网的迅猛发展促使网站向移动端迁移。响应式设计成为广泛采用的技术，确保网站能够适应不同设备的屏幕尺寸和分辨率，无论用户使用桌面电脑、平板还是手机，都能获得良好的浏览体验。专门为移动设备设计的网站和应用程序（如微信公众号、APP）也应运而生，使用户能够随时随地访问网站，享受更加便捷和高效的服务。这一阶段，移动端的用户体验成为了网站发展的关键因素。

网站的演变反映了技术进步和用户需求的变化。未来，随着新技术的不断涌现，如物联网和区块链，网站可能会在功能和形式上进一步发展。与智能设备的更紧密融合将为用户带来更多便利和价值。例如，通过物联网技术，网站可以与智能家居、智能穿戴设备等进行连接，实现更加智能化的控制和交互。区块链技术则可以为网站提供更加安全和可信的数据管理方式。

网站的发展将继续以用户为中心，不断创新和完善，为用户提供更好的服务和体验。随着社会的发展和用户需求的变化，网站将不断演进，以适应新的挑战和机遇。

我国网站的发展历程可追溯至1990年代。1994年，中国铺设了首条互联网专线，首批网站应运而生。在此基础上，中国创立了首个综合信息类网站——《中国之窗》，该网站成为世界了解中国的重要窗口，在互联网的普及过程中具有划时代的意义。随着互联网技术的演进，众名企业纷纷进军这一领域，中国迈入了"门户网站"时代。时至今日，中国的网站持续发展，涉及各种类型和领域。

（三）网页的起源和发展

网页设计的起源可以追溯到1990年代互联网的萌芽阶段。当时，网页设计主要是基于简单的HTML（超文本标记语言）编写的静态页面，页面结构简单，内容较为单一。这些页面内容固定，没有交互性，主要用于展示文字、图片和链接。网站制作需要手工编写HTML代码，通常由Web开发者完成。随着互联网技术的发展，网页设计逐渐向多媒体、互动化方向发展，引入了CSS（层叠样式表）和JavaScript等技术，使得网页设计更加丰富多彩。同时出现了动态网页技术，允许网页内容根据用户的请求动态生成。通用网关接口（CGI）技术使得网页可以与服务器进行交互，实现动态内容的生成和交互。这一阶段出现了一些流行的服务器端脚本语言，如Perl、PHP和ASP，用于生成动态网页内容。随着数据库技术的发展，网站开始采用数据库来存储和管理动态内容。服务器端脚本与数据库进行交互，实现了更复杂的网站功能，如用户登录、数据检索和交互式内容。

随着互联网的普及和社交媒体的兴起，Web 2.0时代的网站开始注重用户生成的内容和社交互动。网站的交互性更强，用户可以发布内容、评论、分享，并参与在线社区。随着移动互联网的兴起，响应式设计成为了网页设计的重要趋势，用户体验设计成为了网页设计中不可或缺的一部分，注重用户的感知和需求，提升用户对网页的满意度。近年来，前端开发技术得到了迅速发展，出现了诸如React、Vue.js等流行的前端框架和工具，使得网页制作变得更加高效和灵活。同时，出现了许多自动化构建工具和代码库，简化了网页制作的流程。

随着云计算、大数据、人工智能等新技术的发展，网页设计也在不断演变，向着更加智能化、个性化的方向发展。比如服务器less架构的出现使得网站建设者可以专注于业务逻辑而不必关心基础设施的管理。同时，网页设计也越来越注重可访问性、安全性和可维护性，以满足不断增长的用户需求和技术挑战。

下面按照主要时间节点列举网页制作与网站建设发展历程如下。

1. 1990年代初期：万维网（World Wide Web）诞生

- 1989年：Tim Berners-Lee（蒂姆·伯纳斯-李）发明了万维网，创建了第一个网页浏览器和服务器。
- 1991年：发布了第一个网页，标志着万维网的诞生。

2. 1990年代中期：HTML和图形化浏览器的兴起

- 1993年：发布了HTML（超文本标记语言）的第一个版本。
- 1994年：Netscape Navigator发布，成为第一个流行的图形化浏览器，推动了Web的普及。

3. 1990年代末期至2000年代初期：动态网页和电子商务的发展

- 1995年：JavaScript问世，为网页添加了动态交互功能。
- 1995年：亚马逊和eBay等电子商务网站上线，开启了电子商务的时代。

4. 2000年代初期至中期：Web标准化和Web 2.0

- 2000年：发布了XHTML 1.0标准，推动了Web标准化的进程。
- 2004年：Web 2.0概念的兴起，强调用户生成内容、社交媒体和互动性。

5. 2000年代中期至2010年代初期：移动互联网和响应式设计

- 2007年：苹果发布第一代iPhone，拉开了移动互联网时代的序幕。
- 2010年：响应式网页设计概念的提出，以适应多种设备的屏幕尺寸和分辨率。

6. 2010年代中期至今：前端框架和现代Web开发技术

- 2013年：React框架发布，开启了现代前端框架的时代。
- 2015年：HTTP/2标准发布，提升了网页加载速度和性能。
- 2016年：Angular 2+（也称"Angular"）发布，进一步推动了前端开发的变革。

7. 未来：人工智能和增强现实

• 随着人工智能和增强现实技术的发展，网页制作与网站建设可能会更加注重个性化体验和沉浸式交互。

网页制作与网站建设经历了从静态网页到动态网页、从PC端到移动端、从Web 2.0到现代前端技术的演进。随着技术的不断发展和创新，网站建设也在不断变化和完善。

二、技术进步对网站的影响

随着信息技术的飞速发展，网站的建设和运营也经历了巨大的变革。技术进步对网站的影响是多方面的。互联网连接速度的提升、服务器技术的发展、前端开发框架和工具的涌现、移动端开发的重要性增加、数据分析和人工智能的应用、搜索引擎优化的需求、安全技术的改进、内容管理系统的使用、社交媒体整合的趋势、语音助手和语音交互的出现、视频和多媒体技术的普及以及虚拟现实和 Progressive Web Apps 的发展等，都在不断推动网站的演进，以提供更好的用户体验、增强网站的功能和满足用户的需求。

（一）提升网站性能和用户体验

信息技术的飞速发展，网站性能和用户体验得到了显著提升。技术进步使得网站能够更快地加载内容，减少用户等待时间，从而提高用户满意度。内容分发网络（CDN）的应用通过将网站内容缓存到全球各地的服务器节点，使用户能够从最近的服务器获取数据，加速了网站的访问速度。缓存技术则通过存储经常访问的页面和数据，减少了服务器的负载，进一步提升了网站的响应性能。

此外，前端开发技术的改进也对网站界面产生了积极影响。现代化的前端框架和库使得网站界面更加流畅，动画效果更加细腻，交互性更强。响应式设计的出现确保了网站能够在各种设备上提供一致的用户体验。图片压缩和代码优化技术减少了页面加载时间，使网站更快速地呈现给用户。

技术进步还带来了更快的网络连接速度和更强大的设备处理能力。这使得网站能够利用高清图片、视频和音频等丰富的多媒体内容，提升用户的视觉和听觉体验。实时交互功能的实现，如实时聊天、在线表单提交和实时数据更新，增强了用户与网站之间的互动性。

技术进步在提升网站性能和用户体验方面发挥了关键作用：更快的加载速度、流畅的界面、丰富的多媒体内容和实时交互性的提升，使用户能够更愉悦地浏览网站，提高了用户对网站的满意度和忠诚度。

（二）增强网站功能和交互性

新技术的涌现为网站提供了更多的功能和交互方式。移动端适配技术的发展使得网站可以在各种移动设备上良好展示，无论用户使用手机、平板还是其他移动设备，都能获得舒适的浏览体验。社交媒体集成技术的应用使网站与社交平台无缝连接，用户可以方便地分享网站内容，增加了网站的曝光度和社交互动性。

语音识别和虚拟现实等技术的出现为网站带来了创新的交互体验。语音识别技术允许用户通过语音指令与网站进行交互，提供了更加自然和便捷的操作方式。虚拟现实技术则为用户创造了身临其境的体验，如在线购物时的虚拟试衣间或虚拟旅游体验。这些技术的融合丰富了网站的功能，满足了用户对多样化交互方式的需求。

此外，互动性的提升不仅仅体现在用户与网站之间的单向交互，还包括用户之间的互动。社交功能的引入，如用户评论、点赞和分享，促进了用户之间的交流和社区的形成。用户生成内容（UGC）功能允许用户提交和分享自己的内容，增强了用户的参与感和归属感。

新技术的应用增强了网站的功能和交互性。移动端适配、社交媒体集成、语音识别和虚拟现实等技术的发展，为用户提供了更多与网站互动的方式，丰富了用户的体验，增加了用户对网站的参与度和粘性。

（三）改善网站安全性和数据保护

在信息技术日益发展的背景下，网站安全性和数据保护变得尤为重要。技术进步在这方面发挥了关键作用，为网站提供了更强大的安全防护和数据保护措施。

加密技术的不断提升确保了用户在网站上的信息传输是安全的，防止数据被窃取或篡改。防火墙技术的改进阻止了非法访问和网络攻击，保护了网站的后台系统。身份验证机制的加强，如双因素认证和单点登录，增加了账户的安全性，防止未经授权的访问。

同时，数据隐私法规的出台促使网站加强数据保护措施。网站需要明确告知用户数据的收集和使用方式，并采取适当的安全措施来保护用户的个人信息。数据备份和恢复技术的发展确保了网站数据的安全性和可靠性，防止数据丢失或损坏。

此外，人工智能和机器学习技术在网站安全领域也得到了应用。通过分析用户行为和网络流量，这些技术可以检测和预防潜在的安全威胁，及时响应和处理异常情况。

综上所述，技术进步改善了网站的安全性和数据保护。加密技术、防火墙、身份验证和数据隐私法规的不断加强，保障了用户的信息安全，增强了用户对网站的信任，促进了网站的可持续发展。

（四）推动网站智能化和个性化

人工智能和机器学习技术的发展使得网站能够更好地理解用户需求，实现个性化推荐和定制化服务。通过分析用户的行为数据，如浏览历史、购买记录和搜索偏好，网站可以精准地推荐相关的内容和产品，提供个性化的用户体验。

智能化的搜索引擎和推荐系统能够根据用户的输入和偏好，快速提供最相关的结果和建议。个性化的首页展示、定制化的新闻推送和个性化的广告投放等都是网站利用智能化技术提升用户体验的方式。

此外，机器学习算法可以对用户行为进行预测和分析，为网站运营提供有价值的洞察。根据用户的潜在需求和行为模式，网站可以提前做出相应的调整和优化，提高用户的满意度和转化率。

技术进步推动了网站的智能化和个性化发展。利用人工智能和机器学习技术，网站能够更好地满足用户的个体需求，提供更加精准和贴合用户兴趣的服务，从而提升用户的黏性和忠诚度。

技术进步对网站的影响是深远而广泛的。网站建设者需要紧跟技术发展的节奏，不断创新和优化，以提供更好的用户体验，提升网站的价值和竞争力。同时，也需要关注技术发展带来的挑战，如数据安全和隐私保护等问题，以确保网站的可持续发展。未来，技术将继续推动网站的发展，为用户带来更多的便利和创新体验。

三、网站在信息传播和社会互动中的作用

网站作为信息传播的重要渠道和社会互动的关键平台，在当今社会中发挥着不可或缺的作用。它们不仅提供了丰富多样的信息资源，还促进了人与人、企业与用户之间的交流与合作。

首先，网站打破了时间和空间的限制，使信息能够在全球范围内迅速传播。无论是新闻、学术研究、商业信息还是个人创作，都可以通过网站瞬间传递给无数的用户。这种广泛的传播范围使得信息的影响力大大增强。

其次，网站多样化的信息形式，包括文字、图片、音频和视频等，丰富了信息的呈现方式，吸引了更多用户的关注。用户可以通过网站轻松地获取各种类型的信息，满足不同的需求和兴趣。

再次，网站的可访问性为用户提供了极大的便利。人们可以在任何时间、任何地点通过互联网访问网站，获取所需的信息，这种便捷性使得知识的传播更加高效。

最后，网站的互动性允许用户进行评论、分享和参与讨论，促进了信息的交流和思想的碰撞。用户不再是被动的信息接受者，而是积极的参与者，他们的观点和反馈对于信息的传播和发展起到了重要的推动作用。

在社会互动方面，网站同样具有重要意义。社交媒体网站和在线社区为人们提供了与他人建立联系和交流的平台，加强了社交关系。通过这些平台，人们可以与朋友、家人、同事以及志同道合的人分享生活点滴、观点和经验，拓展了社交圈子。

此外，网站也促进了知识的共享和合作。专业领域的网站和在线论坛为用户提供了学习和交流的机会，使得知识能够在更广泛的范围内传播和积累。用户可以在这些平台上提问、分享见解，并与其他专业人士合作，共同推动学术和行业的进步。

企业与消费者之间的互动也通过网站得到了加强。企业可以通过网站展示产品和提供服务，与消费者进行沟通和互动，了解消费者的需求，从而提升产品和服务的质量。

然而，网站也面临着一些挑战和问题。例如，信息的真实性和可信度成为一个重要的问题，需要用户具备辨别能力。网络暴力和虚假信息的传播也给社会带来了负面影响。因此，建立有效的信息审核机制和培养用户的媒体素养显得尤为重要。

总的来说，网站在信息传播和社会互动中扮演着至关重要的角色。它们改变了人们获取信息、交流和互动的方式，对社会的发展产生了深远的影响。尽管面临一些挑战，我们仍然可以通过不断完善和规范网站的运营，充分发挥其积极作用，促进信息的健康传播和社会的良好互动。随着技术的不断进步，网站将继续演进和创新，为人们带来更多的便利和价值。

第二节 网页制作与网站建设的重要性

随着互联网的普及和技术的不断革新，网站与网页的重要性日益凸显，其影响力已渗透到人类生活的方方面面。接下来，我们将深入探讨网页制作与网站建设对个人、企业以及社会的意义，以及它们在数字化时代中不可替代的地位和价值。

一、对个人、企业和社会的意义

（一）对个人的意义

对于个人而言，网页制作和网站建设提供了一个广阔的平台，使个人能够充分展示自我、释放创造力并实现个人目标。通过创建个人网站，个人可以精心展示自己的作品、独特技能以及兴趣爱好，与他人分享自己的见解和经验。这不仅对于个人品牌的塑造和推广具有重要意义，还有助于扩大社交圈子，与志同道合的人建立联系并开展合作。

此外，个人网站还能充当个人学习和自我提升的利器。个人可以在网站上发布知识分享、教程或博客文章，将自身的专业知识广泛传播给更多人。通过接收他人的反馈，个人能够不断学习和进步，进一步深化自己的专业领域知识。同时，个人网站也为个人提供了一个记录成长轨迹、展示学习成果的空间，激励个人不断追求更高的目标。

（二）对企业的意义

在企业层面，网页制作和网站建设具有不可忽视的商业价值。一个专业、用户友好的企业网站能够提升企业的形象和信誉，吸引潜在客户的关注，进而推动业务的增长。通过网站，企业可以全方位展示产品和服务的特点与优势，提供便捷的在线购物渠道和优质的客户支持，增强与客户的互动和沟通。

网站还可作为企业营销和推广的关键渠道。利用搜索引擎优化（SEO）等技术，提高网站的曝光度，增加流量和转化率，从而提升企业的市场竞争力。此外，企业网站也可用于内部沟通和协作，提高工作效率和管理效能。通过内部网站或平台，员工之间可以高效地分享信息、协作完成项目，促进企业内部的协同合作。

（三）对社会的意义

从社会的角度来看，网页制作和网站建设对信息的传播和共享起到了巨大的推动作用。各类网站犹如信息的宝库，满足了人们对知识、娱乐和交流的多元需求。这有助于提高社会的整体信息化水平，促进知识的普及和文化的传承。

同时，网站也为社会创新和公益事业提供了广阔的平台。非营利组织和社会团体可以通过网站宣传活动、筹集资金和招募志愿者，激发社会的创新活力，推动社会的发展和进步。网站打破了地域和时间的限制，使得信息能够更广泛地传播，促进了社会资源的共享和合理利用。

网页制作和网站建设在数字化时代的地位和价值愈发凸显。它们为个人、企业和社会提供了更多的机遇和可能性，成为信息传播、互动交流和价值创造的重要载体。随着技术的不断进步，网页制作和网站建设也将不断创新和发展，持续为个人和社会带来更多的便利。

二、在数字化时代的地位和价值

在数字化时代，网页制作与网站建设的地位至关重要，其价值愈发显著。随着互联网的蓬勃发展，网站已成为个人和企业与互联网连接的关键桥梁。

首先，移动互联网的普及使网站能够适应各种终端设备的访问，为用户提供了更为便捷的信息获取和交互体验。据统计，截至2023年，全球移动互联网用户数量已经突破55亿，且这一数字仍在持续攀升。以淘宝、京东等电商平台为例，用户可以通过手机随时随地进行购物和交易，极大地提升了消费体验。

其次，数据分析和人工智能技术的应用让网站能够更精准地把握用户需求，提供个性化的服务和内容。借助大数据分析，网站可以依据用户的浏览历史、购买行为等数据，为用户推荐更符合其兴趣的产品和服务。例如，今日头条等新闻资讯平台通过算法推荐，为用户提供个性化的新闻内容，满足了用户的多元化需求。

最后，网站建设与社交媒体、电子商务等领域的深度融合，创造了更多的商业机会和社会价值。以电子商务为例，2022年中国电子商务交易额达到43.8万亿元，同比增长3.5%。众多企业通过建设自己的电子商务网站，实现了线上销售的增长和品牌影响力的扩大。

网页制作与网站建设在数字化时代的重要地位不言而喻，为信息传播、商业发展和社会进步提供了坚实的支撑。随着技术的不断进步，网站将继续发挥关键作用，并持续创新和发展，以满足人们日益增长的需求。例如，5G技术的广泛应用将使网站能够提供更流畅的视频内容和更快的加载速度，为用户带来全新的体验。同时，人工智能技术的演进也将促使网站更加智能地响应和满足用户需求，提供更具个性化的服务。

第三节 网站建设的基本概念与步骤

在探讨了网站的发展、变革及网站建设的作用后,接下来我们了解网站建设中的一些基本概念以及网站建设的步骤。

一、网页相关的基本概念

(一)网页的基本概念

网页是 Internet 展示信息的一种形式,它以 .html 或 .htm 为扩展名,存储着丰富多样的信息。当我们在浏览器中输入网址并按下回车键时,浏览器会加载并打开这个网页文件,将其中的内容呈现在我们面前。

网站则是多个网页的集合,它由一系列相关的网页组成,共同构成了一个相对完整的信息体系。

网站中的主页,也就是首页,具有极其重要的地位。它是用户访问一个网站时首先看到的页面,承载着展示网站核心信息和提供主要功能的任务。主页通常精心设计,以吸引用户的注意力,并引导他们进一步探索网站的其他部分。

主页中包含的最重要的信息有:网站的名称、标志、主题图像、导航菜单以及一些关键内容的概述。通过这些元素,用户可以快速了解网站的主要特点和功能。

导航菜单是主页的重要组成部分,它为用户提供了通往网站各个部分的途径。用户可以通过点击导航菜单中的选项,轻松地访问其他网页,获取更详细的信息。

除了重要信息外,主页还通常包含指向其他网页的超链接。这些超链接将网站的各个页面有机地连接在一起,形成了一个相互关联的整体。通过点击这些超链接,用户可以进入网站的内页。

内页也叫子页,是网站中除主页之外的其他网页,通常针对特定的主题或功能进行详细介绍和展示。内页的内容更加具体和深入,可以满足用户对特定信息的需求。

为了提高用户体验,内页的设计需要注重以下几点:

(1)内容组织清晰:使用合适的标题、段落和列表等方式,使信息易于阅读和理解。

(2)布局简洁:避免过度复杂的布局,以提高页面的可读性。

(3)图像和多媒体元素的合理运用:增强内容的吸引力和趣味性。

总之，网页和网站构成了互联网信息传播的重要基础。主页作为网站的门户，起到引导和组织的作用；内页则提供了更具体和深入的信息。一个设计良好的网站能够为用户提供便捷、丰富的信息服务，从而实现其传播和交流的目标。

（二）网页的基本元素

网页的基本元素主要包括文本、图像和超链接等。

（1）文本内容：标题起到吸引用户注意力、概括内容主旨的作用。段落则可以详细阐述主题，深入表达观点。列表能使信息条理清晰，易于阅读和理解，是传递信息的关键部分。

（2）图像和多媒体：图像可直观展示产品或场景，增强用户的直观感受。音频能丰富用户的听觉体验，如背景音乐可营造氛围。视频可更生动地呈现内容，提升用户的参与感。

（3）超链接：不仅能构建网站的层次结构，方便用户找到所需信息，还能增加网站的交互性，使用户能更自由地探索网站内容。

（4）导航栏：可以帮助用户快速定位到感兴趣的页面，提高用户在网站内的浏览效率，减少用户的搜索成本。

（5）表单：用于收集用户的关键信息，为网站提供有价值的数据。例如注册表单可获取用户信息，搜索表单可帮助用户快速找到所需内容。

（6）按钮：明确指示用户进行特定操作，引导用户完成预期的行为，如购买、下载等，提高用户的操作效率。

（7）表格：能够整齐地呈现大量数据，便于用户比较和分析。其可读性和组织性有助于用户快速获取所需信息。

（8）图标：以简洁的形式传达信息，减少文字量，使界面更简洁美观。还能帮助用户快速识别功能或操作。

（9）页脚：提供版权信息和联系方式，增加网站的专业性和可信度，便于用户与网站建立联系。

（10）布局和排版：合理的布局可使页面美观舒适，提升用户体验。排版能突出重点，引导用户的阅读视线。

（11）色彩和风格：可以传递品牌个性和情感，给用户留下深刻印象，塑造独特的网站形象。

（12）字体和字号：合适的字体和字号能提高内容的可读性，使文字易于辨识，避免用户阅读疲劳。

（13）动画和特效：能吸引用户的注意力，增加页面的趣味性，提升用户在网站上的停留时间和参与度。

这些元素共同构成了一个完整的网页，为用户提供了丰富的信息和良好的用户体验。网页设计师需要合理组织和搭配这些元素，以实现网页的功能和美观。

（三）浏览器引擎

浏览器引擎是现代网络浏览器的核心组件，它负责解释和执行网页的HTML、CSS和

JavaScript 代码，实现网页的呈现和交互功能。不同的浏览器可能具有不同的引擎实现，因此在 Web 开发中需要考虑浏览器的兼容性。

1. 浏览器引擎的作用
   - 解析 HTML、CSS 和 JavaScript：浏览器引擎负责解释和执行网页中的 HTML、CSS 和 JavaScript 代码，将其转化为可视化的网页内容。
   - 渲染网页：根据 HTML 和 CSS 规则，浏览器引擎计算网页的布局和样式，生成最终的页面渲染结果。
   - 实现网页交互：浏览器引擎处理 JavaScript 代码，实现网页的动态效果和用户交互功能。
   - 处理网络请求：浏览器引擎管理网页中的网络请求，例如加载图片、文件和 API 请求。

2. 主要的浏览器引擎
   - Trident：微软公司开发的浏览器引擎，是 IE 浏览器的核心引擎。
   - WebKit：WebKit 是苹果公司开发的浏览器引擎，是 Safari 浏览器的核心引擎。许多其他浏览器也采用了 WebKit 引擎，如 Google Android 内嵌的浏览器和 360 极速浏览器、搜狗高速浏览器。
   - Blink：Blink 是 Chromium 项目开发的浏览器引擎，是 Chrome 浏览器的核心引擎，微软新的 Edge 浏览器也采用此引擎。
   - Gecko：Gecko 是 Mozilla 基金会开发的浏览器引擎，是 Firefox 浏览器的核心引擎。

3. 浏览器引擎的渲染过程
   - 解析 HTML：浏览器引擎将 HTML 代码解析成文档对象模型（DOM），构建网页的结构。
   - 计算样式：根据 CSS 规则，计算每个元素的样式属性。
   - 布局：根据 DOM 和样式计算结果，确定每个元素的位置和大小。
   - 绘制：将布局后的网页内容绘制到屏幕上。

4. 浏览器引擎的性能优化
   - 缓存：利用缓存技术，减少重复的网络请求和资源加载。
   - 压缩：对 HTML、CSS 和 JavaScript 代码进行压缩，减小文件大小，提高传输效率。
   - 资源合并：将多个 JavaScript 和 CSS 文件合并成一个，减少 HTTP 请求次数。
   - 代码优化：避免不必要的 DOM 操作和 JavaScript 性能瓶颈。

5. 跨浏览器兼容性

由于不同的浏览器可能采用不同的浏览器引擎，因此跨浏览器兼容性是网页开发中的一个重要问题。开发者需要遵循最佳实践，尽量保证代码在各种浏览器中的兼容性。

6. 浏览器引擎的发展趋势
   - 对新技术的支持：随着 Web 技术的不断发展，浏览器引擎需要不断更新，以支持新的标准和功能。
   - 性能提升：浏览器引擎的性能优化一直是重要的研究方向，以提供更快速和流畅的浏览体验。

➢ 安全和隐私保护：随着网络安全和隐私问题的日益突出，浏览器引擎也在加强安全和隐私保护功能。

浏览器引擎是现代网络浏览器的关键组成部分，对于网页的呈现和交互起着至关重要的作用。对浏览器引擎的深入研究有助于更好地理解和开发高效、兼容的网页应用。随着技术的不断发展，浏览器引擎也在不断演进，为用户提供更好的浏览体验。

二、网页制作技术

网页制作技术主要包括前端技术、后端开发技术等。

（一）前端技术

（1）HTML（超文本标记语言）：HTML是用于创建网页结构和内容的标记语言，通过使用标签和元素来定义文本、图像、链接等内容的呈现方式。

（2）CSS（层叠样式表）：CSS用于定义网页的样式和布局，包括字体、颜色、间距、布局等方面，使得网页能够呈现出美观和一致的外观。

（3）JavaScript：JavaScript是一种用于网页交互和动态效果的脚本语言，可以实现用户交互、动画效果、表单验证等功能。

（4）响应式设计：响应式设计是一种设计理念，使得网页能够在不同设备和屏幕尺寸上呈现出最佳的布局和用户体验。

（二）后端开发技术

（1）服务器端脚本语言：服务器端脚本语言如PHP、Python、Ruby等用于在服务器端生成动态网页内容，与数据库交互，实现网站的后台逻辑。

（2）数据库：数据库用于存储网站的数据，包括用户信息、内容、配置等，常见的数据库包括Oracle、SQL、MySQL、MongoDB、PostgreSQL等。

（3）Web服务器：Web服务器是用于托管和提供网页内容的服务器软件，常见的Web服务器包括Apache、IIS、Nginx等。

（三）其他相关技术

除了前端技术和后端开发技术外，网页制作技术还涉及域名和主机，版本控制和安全性等技术。

（1）域名和主机：域名是网站的地址，主机是存放网站内容的服务器，通过域名解析可以将域名映射到对应的主机IP地址。

（2）版本控制：版本控制系统如Git用于管理网站代码的版本和变更，便于团队协作和代码管理。

（3）安全性：网站建设需要考虑安全性，包括数据加密、防火墙、安全认证等措施，以保护网站和用户数据的安全。

三、网页制作与网站建设的开发流程

网页制作与网站建设的开发流程通常按照以下步骤来完成：

（1）需求分析：首先需要与客户或团队沟通，了解网站的需求和目标，包括功能需求、用户需求、设计风格等，明确项目的范围和目标。

（2）规划和设计：根据需求分析的结果，制定网站的整体架构和设计方案，包括网站结构、页面布局、交互设计等，通常以原型图或流程图的形式呈现。

（3）前端开发：进行网页的前端开发，包括编写HTML、CSS和JavaScript代码，实现页面布局、样式设计、交互效果等，确保页面在不同设备上都能够良好展示和交互。

（4）后端开发：进行网站的后端开发，包括编写服务器端脚本、与数据库交互、实现网站的业务逻辑和功能，确保网站能够实现所需的功能和数据处理。

（5）数据库设计与开发：设计数据库结构，创建数据库表，编写数据库查询和操作的代码，确保网站能够存储和管理数据。

（6）集成与测试：将前端和后端代码进行集成，进行整体功能测试和性能测试，确保网站能够正常运行并具备良好的用户体验。

（7）优化和调试：对网站进行性能优化和调试，包括代码优化、速度优化、安全性检查等，确保网站能够快速、稳定和安全地运行。

（8）部署与上线：将网站部署到生产环境，配置域名和服务器，确保网站能够在公网上正常访问和使用。

（9）维护与更新：定期对网站进行维护和更新，包括修复bug、更新内容、优化性能等，确保网站能够持续稳定运行和满足用户需求。

以上是网页制作与网站建设的一般开发流程，具体的流程可能会因项目类型、规模和团队结构而有所不同。在整个开发流程中，团队成员需要密切合作，进行有效的沟通和协作，以确保项目能够按时、高质量地完成。

四、网页制作与网站建设各阶段团队成员分工

（一）需求分析阶段

1. 产品经理

产品经理负责收集用户需求，深入了解目标用户群体的特点和需求，通过市场调研、用户访谈等方式获取全面信息。制定产品功能规格时，要明确功能的具体要求和限制条件。编写需求文档时，需详细描述每个功能的业务流程和交互细节。

2. 项目经理

项目经理负责整体规划，确定项目的目标、范围和关键里程碑。管理项目进度，合理分配资源，协调团队成员的工作。及时解决团队成员之间的冲突和问题，确保项目按计划顺利进行。

（二）界面设计阶段

1. UI/UX 设计师

UI/UX 设计师负责根据用户需求和产品特点，设计简洁、美观、易用的用户界面。考虑用户的操作习惯和心理特点，优化页面布局，提高用户的使用效率和满意度。精心选择色彩搭配，营造舒适的视觉感受。设计交互流程，提升用户体验。

2. 视觉设计师

视觉设计师负责创作具有吸引力的图标、图片和动画，以增强网页的视觉冲击力。注重细节处理，使网页更加生动、有趣。与 UI/UX 设计师密切合作，确保视觉效果与用户界面设计相协调。

（三）开发阶段

1. 前端工程师

前端工程师负责根据设计师提供的设计稿，使用先进的前端技术实现页面的结构和样式。保证页面的兼容性和响应式设计，适应不同设备和屏幕尺寸。运用交互效果，提高用户与页面的互动性和趣味性。

2. 后端工程师

后端工程师负责构建可靠的后台架构，确保数据的安全性和稳定性。使用合适的编程语言和数据库技术，实现高效的数据处理和逻辑运算。提供用户认证和授权功能，保护用户的隐私和数据安全。

（四）测试与优化阶段

1. 测试工程师

测试工程师负责进行全面的测试工作，包括功能测试、兼容性测试和性能测试等。发现并记录问题，及时反馈给开发团队进行修复。进行回归测试，确保修复后的功能正常运行。

2. SEO 专家

SEO 专家通过优化网站的关键词、标题、描述等元素，提高网站在搜索引擎中的排名。提升网站的内容质量和用户体验，增加网站的流量和曝光度。

（五）上线与运维阶段

1. 运维工程师

运维工程师负责网站的部署工作，包括服务器的配置、网络环境的搭建等。日常维护网站，及时处理故障和异常情况。监控网站的性能和流量，确保网站的稳定运行。

2. 安全专家

安全专家负责采取各种安全防护措施，防范网络攻击和数据泄露等安全问题。定期进行安全审计和漏洞修复，保护网站和用户的数据安全。

第二章

需求分析与策划

在数字化时代，技术的进步推动着网站朝着更加智能化和个性化的方向蓬勃发展。以用户为中心的理念成为网站发展的核心原则，不断地创新和完善，以提供更优质的服务和体验，成为了网站建设的必然趋势。

在网站建设的初期，做好需求分析和策划工作至关重要。需求分析是理解用户需求、目标受众以及网站功能要求的关键步骤。通过深入了解用户的期望和需求，才能够设计出一个与用户需求高度契合的结构和内容。

细致的需求分析不仅能够揭示用户对于信息获取、交互方式和功能特点的具体要求，还可以明确目标受众的特征和行为模式，这就能够更加精准地定位网站的功能和内容，以满足不同用户群体的需求。

而策划阶段则着重于规划网站的整体布局、风格和用户体验。通过精心策划，可以确保网站具有良好的可用性和可访问性。在整体布局方面，需要考虑页面的组织结构、导航设计以及内容的呈现方式，使用户能够轻松地找到所需信息并享受流畅的浏览体验。

风格的选择也起着关键作用。它应该与目标受众的喜好和品牌形象相契合，营造出独特而令人印象深刻的视觉感受。同时，注重用户体验的策划能够提升网站的易用性和互动性，例如简洁明了的界面设计、快速的加载速度以及便捷的操作流程。

这样的前期工作具有多重重要意义。首先，它能够避免资源的浪费。避免在建设过程中出现不必要的功能和内容，从而节省时间、精力和资金。

其次，提高用户满意度是另一个关键优势。当用户发现网站能够准确满足他们的需求，并且具有良好的可用性和可访问性时，他们将更愿意频繁使用该网站，并对其产生高度的满意度。

最后，扎实的前期工作为网站的成功上线和持续发展奠定了坚实的基础。它有助于建立用户忠诚度，增加流量和参与度，从而为网站带来更多的商业价值和社会影响力。

需求分析和策划工作是网站建设初期不可或缺的环节，它们促使网站朝着智能化、个性化的方向发展，以用户为中心，不断创新和完善，为用户提供更好的服务和体验。只有通过精心的需求分析和策划，才能构建出具有竞争力和吸引力的网站，适应数字化时代的发展需求。

第一节 需求分析的内容与方法

"良好的开端是成功的一半",需求分析一般在网站项目启动后率先展开,在网站建设中起到关键的指导作用,它能确保开发出的网站满足用户的需求,具有良好的用户体验,并达到预期的业务目标。需求分析的方法与技巧包括确定目标用户与目标、收集与分析用户需求、以及规划功能与内容。首先,通过市场调研等方式了解目标用户群体,并明确网站的目标。然后,采用问卷调查、用户测试等方法收集用户需求,并进行优先级分析。最后,根据需求规划网站的功能模块和内容,确保满足用户需求并提供良好的用户体验。

一、确定目标用户与目标

在网站建设的需求分析阶段,确定目标用户与目标是至关重要的一步。这有助于对特定用户群体的聚焦,并明确网站的设计和功能应如何满足需求。目标用户的确定需要深入了解潜在用户的特征、兴趣、行为和需求。通过市场调研、用户访谈、数据分析等方法,可以获得有关目标用户的详细信息。一旦确定了目标用户,还需要明确网站的目标。这些目标应该与用户的需求和业务目标相一致。明确目标用户和目标后,可以更加有针对性地设计网站的功能、内容和用户体验,以满足用户的需求并实现网站的目标。这有助于提高网站的效果和用户满意度,从而为网站的成功打下坚实的基础。

(一)目标用户的概念和重要性

目标用户的概念是指在产品或服务的设计、开发和推广过程中,明确特定的一组人群,他们具有相似的需求、特征和行为模式。这些目标用户是产品或服务的核心受众,了解他们的需求和期望对于项目成功至关重要。

例如,一个电子商务网站的目标用户可能包括具有特定购买偏好的消费者,他们可能对特定产品类别或品牌有兴趣。了解这些目标用户的年龄、性别、地理位置、收入水平、购买习惯等因素,有助于更好地了解他们的需求和期望。

确定目标用户可以实现精准定位。通过深入了解目标用户的特点和需求,我们能够提供更具针对性的解决方案,满足他们的期望。这有助于提高用户的满意度和忠诚度。

了解目标用户有利于市场细分。不同用户群体的需求和偏好各不相同,通过对市场进行细分，并针对每个细分领域的目标用户进行分析，我们可以更有效地分配资源并制定营销策略。

明确目标用户能帮助我们更好地把握用户的痛点，便能有针对性地解决用户困难，提供有价值的产品或服务，从而在竞争激烈的市场中脱颖而出。

目标用户的明确对于优化用户体验至关重要。根据目标用户的特征和需求，可以设计更人性化的界面、更简便的操作流程，以及提供更符合用户期望的内容和功能。这将提高用户的参与度和留存率，促进业务的增长和成功。

了解目标用户对建立品牌形象意义重大。与目标用户的价值观和理念相契合的品牌形象能够引发用户的情感共鸣，提升品牌的知名度和忠诚度。

确定目标用户是需求分析与策划的重要环节。只有充分了解目标用户，我们才能打造出真正满足用户需求的产品或服务，实现商业目标并取得成功。因此，在网站开发和其他项目中，深刻理解目标用户的概念和重要性至关重要。

（二）分析不同类型的目标用户群体

在网站建设的需求分析中，对不同类型的目标用户群体进行分析是至关重要的。因为每个用户群体都有其独特的特征和需求，理解并满足这些需求是网站成功的关键。下面对常见的目标用户群体按照不同类型分析如下。

（1）普通消费者：他们是网站的主要使用者，对产品或服务的价格、质量、便利性和用户体验较为关注。通过市场调研和用户访谈，可以了解他们的消费习惯、购买动机和偏好。年龄、性别、收入水平、兴趣爱好等因素都会影响消费的决策。为了吸引这类用户，网站设计应注重简洁明了、易于导航，并提供有吸引力的产品信息和便捷的购买流程。

（2）企业客户：与企业进行商业往来的组织或机构，更看重专业性、效率和定制化的解决方案。了解他们的行业特点、业务流程和决策机制对于满足其需求至关重要。企业客户通常需要高效的客户服务、安全的交易环境以及与供应商的良好沟通渠道。为此，网站应提供详细的产品规格和案例分享，展示企业的专业能力和信誉。

（3）专业人士：如医生、律师、工程师等，他们对专业知识和行业信息有较高的需求。为这类用户提供专业的资源、社区交流和继续教育的机会是吸引他们的关键。网站可以设立专业论坛、知识库或在线培训课程，满足他们的学习和交流需求。

（4）青少年和年轻人：这一群体对时尚、娱乐和社交互动有浓厚兴趣。针对他们，网站可以采用新颖的设计、互动性强的功能和流行的社交媒体整合。了解他们的社交行为和数字化习惯，提供个性化的内容推荐和用户生成内容的平台，将有助于吸引和留住这一活跃的用户群体。

（5）老年人群体：老年人可能对便捷性、易操作性和健康相关的信息更感兴趣。网站的界面设计应简洁大方，字体大小适宜，提供清晰的导航和简洁的操作流程。此外，关注老年人的特殊需求，如医疗保健、金融服务等，将使网站更具吸引力。

（6）特定兴趣群体：根据不同的兴趣爱好或主题，还可以将用户细分为不同的兴趣群体。例如，体育爱好者、艺术爱好者、旅游爱好者等。针对这些群体，提供特定领域的资讯、社区互动和相关产品或服务的推荐，将能够吸引并满足他们的需求。

（7）地域差异：不同地区的用户可能有不同的文化背景、语言习惯和消费偏好。在国际市场或多地域运营的情况下，要考虑本地化的因素，包括语言翻译、货币设置和本地内容的呈现。

通过对不同类型目标用户群体的细致分析，网站建设者可以更好地了解用户的需求和期望，从而设计出更符合用户需求的功能和内容。这将提高用户的满意度和参与度，增加网站的流量和转化率。同时，用户的需求也会随时间和市场变化而变化，因此持续的用户研究和反馈机制是确保网站始终满足用户需求的关键。深入了解目标用户群体的特征和需求，将为网站的成功建设和运营奠定坚实的基础。

（三）明确网站的目标

在明确网站的目标时，需要综合考虑多种因素。首先，网站的目标应该与企业的整体战略和目标相一致。例如，如果企业的目标是增加销售，那么网站的目标可能是促进产品或服务的在线销售。其次，目标应该具体、可衡量和可实现。例如，设定明确的关键绩效指标（KPI），如网站流量、转化率或用户满意度等。再次，了解目标用户的需求和行为对于明确网站目标至关重要。通过用户研究和分析，可以确定用户在网站上的期望和目标，例如获取信息、购买产品、参与社区或解决问题等。根据这些了解，网站的目标可以更加针对性地满足用户的需求。除了与业务相关的目标外，还可以考虑提升品牌形象、增加用户参与度、提高用户忠诚度等目标。例如，通过精心设计的品牌形象和用户体验，打造一个专业、可信和吸引人的网站，提升品牌的知名度和美誉度。在明确网站目标的过程中，还需要考虑技术和资源的可行性。确保所设定的目标是可以通过现有的技术和团队能力来实现的。最后，也要考虑到时间和预算的限制，以确保目标的合理性和可实施性。此外，网站目标应该具有一定的灵活性，以适应市场和用户需求的变化。定期评估和调整目标，以确保网站能够不断改进和发展，跟上行业的发展趋势。

综上所述，明确网站的目标需要与企业战略一致，具体可衡量，了解用户需求，考虑技术和资源可行性，并保持一定的灵活性。明确的网站目标将为后续的需求分析、功能规划和网站设计提供清晰的指导方向，有助于确保网站的成功和达到预期的效果。

一些常见的网站目标包括：

（1）提供信息：通过网站向用户提供有价值的信息，如知识分享、新闻报道、产品说明等。

（2）促进互动：建立用户之间的互动和交流平台，例如社交网络、论坛或评论区。

（3）实现销售：利用网站进行产品或服务的销售，包括电子商务、在线预订等。

（4）建立品牌：提升品牌知名度、塑造品牌形象，增强用户对品牌的认知和好感度。

（5）提高用户参与度：鼓励用户积极参与网站的活动、注册会员、分享内容等。

二、收集与分析用户需求

收集用户需求是了解用户期望和需求的重要步骤，目标用户和目标确定之后，就可以开始收集用户需求，并对需求进行分析。

（一）收集用户需求

收集用户需求常采用的方法有两种。

（1）用户调研：通过面对面或在线调研的方式，直接与用户进行交流，了解他们对网站的期望、需求和问题。通过问卷调查、访谈、焦点小组等方式，收集用户对于网站需求和期望的反馈意见。例如，一家电商平台在进行网站改版前，进行了用户调研，发现用户对于产品搜索和筛选功能的需求很高，因此在需求分析阶段将这一点作为重点考虑，最终改版后的网站搜索功能得到了用户的积极反馈。

（2）用户测试：让用户实际操作和使用网站的原型或现有版本，观察他们的行为和反馈，发现用户在使用过程中遇到的问题和不便之处。

（二）分析用户需求

收集到用户需求后，需要进行仔细分析，以找出用户的核心需求。以下是一些分析用户需求的方法：

（1）需求分类与归纳：将收集到的需求进行分类和归纳，找出共性和关键的需求点。

（2）优先级排序：根据需求的重要性、紧急程度和实现难易度等因素，对需求进行优先级排序，确定先解决哪些需求。

（3）用户场景分析：将需求放置在具体的用户场景中进行分析，了解用户在特定情况下的需求和行为。

（4）数据分析：利用网站分析工具和用户行为数据，分析用户的流量、停留时间、操作路径等，发现潜在的问题和改进点。

（5）竞争对手分析：研究竞争对手的网站，了解他们如何满足用户需求，发现自身的优势和差距。对同类型的竞品网站进行分析，包括功能、用户体验、页面设计等方面，找出竞品的优势和劣势。例如，一家新闻网站在进行网站建设前，对同类型的新闻网站进行了竞品分析，发现竞品网站的移动端阅读体验较好，因此在网站建设中注重了移动端的用户体验设计，提升了网站的整体用户满意度。

通过以上收集和分析用户需求的方法，能够更全面地了解用户的期望和需求，找出核心问题和改进的方向。这将有助于在网站设计和功能开发过程中更加精准地满足用户的需求，提供更好的用户体验。同时，持续关注用户需求的变化，及时进行需求的更新和调整，也是确保网站保持竞争力和满足用户不断变化的需求的关键。

三、功能与内容的规划

通过前面的步骤，确定用户的需求后，需要根据需求来对网站进行功能和内容的规划。首先，明确网站的主要功能和目标，这直接影响到用户体验和网站的有效性。通过深入了解目标用户的需求和期望，将其转化为具体的功能要求。一旦确定了关键功能，就可以开始设计相应的内容结构，包括创建清晰的菜单和页面布局，以确保用户能够轻松找到他们所需的信息。内容结构应该具有逻辑性和层次性，使用户可以快速导航并访问到相关的页面和资源。

例如，如果我们的网站是一个电子商务平台，我们可能需要设计一个产品分类系统，以便用户能够方便地浏览和筛选不同类别的商品。同时，我们还需要为每个产品页面提供详细的描述、图片和用户评价，以帮助用户做出购买决策。

其次，内容策略也是关键因素之一。提供有吸引力、相关性强且有价值的内容，然后以合理的方式分类、组织和呈现，方便用户浏览和获取信息。同时，根据用户需求和业务目标确定功能的优先级，优先开发和实现对用户最重要的功能。考虑用户在网站上的操作流程，确保其简单流畅，减少不必要的复杂性。

在规划功能和内容时，还需要考虑到不同用户群体的需求和偏好。例如，移动用户可能对响应式设计有更高的要求，而老年用户可能需要更大的字体和简洁的操作流程。

再次，互动性设计能增加用户的参与度和社区感。例如，引入评论、分享和投票功能，让用户积极参与到网站的互动中。数据管理也不容忽视，包括用户信息、交易记录和内容发布等，要确保数据的安全可靠。

然后，为了确保信息的易于访问，需要关注网站的可用性和用户体验。这包括确保页面加载速度快、界面简洁明了、字体大小和颜色适合阅读等。我们还可以提供搜索框和筛选工具，使用户能够快速找到他们感兴趣的内容。

最后，为了保持网站的新鲜度和吸引力，建立内容更新计划并定期审查、更新内容，确保其准确性和时效性。还要考虑多平台兼容性，使网站能在不同设备上顺畅访问。在网站上线前进行充分测试，验证功能的正确性和稳定性，并根据用户反馈和数据分析持续优化。

精心规划功能和内容，网站才能更好地满足用户需求，提供有价值的体验。实用性强的功能和高质量的内容是吸引用户并保持其参与的关键。同时，不断评估和改进功能与内容，以适应变化的用户需求和市场趋势，打造出一个成功且用户满意的网站。

第二节 网站策划的关键要素

网站策划的关键要素包括网站结构与布局设计、用户体验与界面设计以及品牌形象与定位。

一、网站结构与布局设计

网站的结构与布局设计是网站策划中的重要环节。一个良好的网站结构应该具有清晰的层次结构，使用户能够轻松地找到所需信息。布局设计则应注重简洁、美观和易用性。

在结构设计方面，我们需要考虑网站的导航系统、页面分类和内容组织。导航系统应简洁明了，让用户能够快速理解并找到他们感兴趣的页面。同时，合理的页面分类和内容组织可以帮助用户更高效地获取信息。

布局设计涉及到页面元素的排列和分布。关键要素包括页面的整体布局、字体排版、颜色搭配和图像使用等。布局应符合用户的视觉习惯，营造出舒适的阅读和浏览体验。同时，要注意元素之间的比例和平衡，避免过度拥挤或混乱。

此外，响应式设计也是现代网站结构与布局设计中的重要考虑因素。随着移动设备的普及，网站需要在不同尺寸的屏幕上自适应地显示，提供良好的用户体验。

二、用户体验与界面设计

用户体验与界面设计直接影响用户对网站的满意度和使用意愿。一个优秀的用户体验设计应该注重易用性、交互性和效率。

易用性是指网站的操作应该简单直观，用户不需要花费过多的时间和精力去学习和适应。这包括界面元素的标识清晰、操作流程的简洁明了以及错误提示的准确性。

交互性设计可以增加用户与网站之间的互动，提升用户的参与感和满意度。例如，通过动态效果、鼠标悬停效果和触摸交互等方式，使用户感到与网站的互动更加生动有趣。

效率方面，网站应具备快速加载和响应的能力，减少用户的等待时间。此外，合理的信息呈现方式和高效的搜索功能也可以帮助用户更快地找到所需内容。

同时，用户体验设计还需要考虑到不同用户群体的特点和需求，例如老年人、残障人士等特殊群体的无障碍设计。

三、品牌形象与定位

品牌形象与定位是网站策划中的关键要素之一，它们直接影响用户对网站和企业的认知和感受。

品牌形象包括品牌的视觉元素、品牌价值和品牌个性等。通过一致的色彩、字体、标志和图像等视觉元素的运用，塑造独特而一致的品牌形象。同时，要确保品牌形象与企业的核心价值观和目标受众相契合。

定位则涉及到网站在市场中的定位和独特卖点的明确。通过对目标受众的了解和竞争对手的分析，确定网站的差异化优势，并在设计和内容中突出体现。

品牌形象与定位的一致性可以增强用户对网站的信任感和认同感，从而提升品牌的知名度和美誉度。同时，它们也有助于在竞争激烈的市场中脱颖而出，吸引目标受众的关注和访问。

网站结构与布局设计、体验与界面设计以及品牌形象与定位是网站策划的关键要素。它们相互关联、相互影响，共同塑造一个成功的网站。在实践中，需要综合考虑这些要素，以提供优质的用户体验，树立良好的品牌形象，并实现网站的目标和价值。

四、案例分析

淘宝作为中国最大的电子商务平台，其成功在很大程度上归因于精心的网站策划。

在网站结构与布局设计方面，淘宝进行了精细的分类和搜索功能设置。例如，淘宝的商品分类非常详细，涵盖了各种品类和子品类，使用户能够快速找到所需商品。此外，淘宝的搜索功能也十分强大，支持多种关键词搜索方式，并且能够根据用户的搜索历史和偏好进行智能推荐。

在页面布局方面，淘宝经过了精心设计，突出了商品图片和重要信息。例如，商品详情页面会展示清晰的商品图片、详细的描述和用户评价，帮助用户做出购买决策。

在用户体验与界面设计方面，淘宝注重简洁性和易用性。其界面设计简洁明了，操作流程简单易懂，新用户也能轻松上手。例如，购物车功能方便用户管理心仪的商品，一键结算大大简化了购物流程。淘宝还提供了实时客服聊天功能，用户在购物过程中遇到问题可以及时得到解决。品牌形象与定位方面，淘宝成功地打造了一个可靠、多样化和便捷的购物平台形象。

淘宝通过大量的广告宣传和品牌推广活动，如淘宝天猫双十一购物节，吸引了众多消费者的关注，树立了较高的品牌认知度。同时，淘宝不断提升商品品质和服务质量，满足用户对于多样化和高品质商品的需求。

综上所述，淘宝的成功案例充分展示了网站策划中结构与布局设计、用户体验与界面设计以及品牌形象与定位等关键要素的重要性。这些要素的协同作用使得淘宝能够吸引大量用户，提供优质的购物体验，从而在竞争激烈的电子商务领域脱颖而出。例如，淘宝的"猜你喜欢"功能根据用户的浏览历史和购买行为，为用户推荐个性化的商品，进一步提升了用户体验和购买转化率。此外，淘宝还通过严格的商家入驻和评价体系，确保平台上商品的质量和信誉，增强了用户对品牌的信任度。这些具体例子都体现了淘宝在网站策划方面的卓越表现。

第三章

网页设计

在网站需求明确之后，就进入了网页设计阶段。这个阶段决定着网站最后呈现的效果，对整个网站的成功起着关键作用。

网页设计首先要遵循一系列基本原则。色彩的运用需精心设计，选择与网站主题相契合的色彩组合，既要保证视觉上的吸引力，又不能过于刺眼或繁杂，以营造舒适的浏览氛围。布局要合理清晰，将不同的内容板块有序划分，让用户能够轻松找到所需信息。字体的选择要考虑美观易读，又要在不同页面保持一致，增强整体的协调性。

响应式网页设计在数字化时代更是不可或缺。随着人们使用多种设备浏览网页，如手机、平板电脑、笔记本电脑等，网页必须能够自适应不同的屏幕尺寸和分辨率。这意味着设计师要充分考虑不同设备的特点，确保网页在小屏幕上也能清晰显示内容，导航便捷，功能完整。

用户体验设计是从用户的角度出发，设计简洁明了的导航菜单，让用户能够迅速找到目标页面。页面加载速度要快，避免用户因长时间等待而失去耐心。内容的呈现要直观易懂，结合图像、图表等元素增强可读性。同时，注重交互设计，如按钮的反馈效果、表单的易用性等，让用户在与网页互动的过程中感到流畅和愉悦。此外，还应考虑用户的特殊需求，如为视力障碍者提供辅助功能，提高网页的可访问性，真正做到以用户为中心，打造一个让用户满意的网页。

第一节 网页设计基本原则

网页设计的基本原则包括简洁与易用性、视觉效果与布局设计以及色彩与字体的运用。简洁与易用性原则要求网页设计简洁明了，方便用户快速找到所需信息；视觉效果与布局设计原则注重页面的美观与合理性，以吸引用户并提供良好的浏览体验；色彩与字体的运用原则重点是关注如何通过合理搭配色彩和选择适合的字体来传达信息和营造特定的氛围。这些原则相互配合，共同构成了优秀网页设计的基础。

一、简洁与易用性原则

在网页设计中，简洁与易用性原则是至关重要的。简洁性原则强调网页内容应简洁明了，避免信息堆砌，使用户能够快速地获取所需信息。易用性原则关注用户的操作体验，确保网页的交互设计简单易懂，便于用户浏览和使用。

简洁性原则要求设计师在网页布局和内容呈现上保持简洁。这意味着要避免过度复杂的页面结构和过多的元素装饰。简洁的设计能够减少用户的认知负担，使他们能够更快速地理解和处理信息。通过合理的排版、清晰的标题和简短的描述，可以帮助用户迅速找到关键内容，提高信息传达的效率。

易用性原则涉及到网页的交互流程和操作方式。设计师应该考虑用户的习惯和期望，确保页面的导航清晰明确，按钮和链接易于识别和点击。同时，网页的操作应该具有一致性和逻辑性，让用户在不同页面之间能够流畅地进行操作，无需花费额外的精力去学习和适应。此外，提供明确的反馈和错误提示，使用户在操作过程中能够得到及时的反馈，增强用户的掌控感和自信心。

为了实现简洁与易用性原则，设计师可以采用以下方法。

首先，进行充分的用户研究和需求分析，了解目标用户的特点和需求，以此为基础进行设计。合理组织页面元素，突出重要信息，减少不必要的干扰。同时，设计简洁明了的导航栏和搜索功能，使用户能够方便地找到所需内容。另外，进行反复的用户测试和验证，收集用户的反馈意见，及时改进和优化设计。

其次，简洁与易用性原则的重要性不可忽视。一个简洁易用的网页能够提高用户的满意度和效率，减少用户的流失率。同时，这样的设计也有利于提升网站的可访问性，使更多用户能够轻松地使用网页的功能。此外，简洁易用的网页还能树立良好的品牌形象，增强用户对网站的信任和忠诚度。

最后，简洁与易用性原则是网页设计的核心原则之一。通过遵循这一原则，设计师能够创造出简洁明了、易于使用的网页，为用户提供优质的浏览体验，从而实现网站的有效传播和用户的积极参与。

二、视觉效果与布局设计

在网页设计中，视觉效果着重于通过各种元素的组合和呈现来吸引用户的注意力，并营造出吸引人的视觉体验。而布局设计则关注页面元素的组织和排列，以实现信息的有效传达和用户的良好浏览体验。

视觉效果的设计应注重以下几个方面。首先，色彩的选择和搭配对于营造特定的情感和氛围起着关键作用。合理选择主色调和辅助色彩，能够传达品牌形象和主题，同时也要考虑色彩的对比度和和谐度，以确保内容的清晰可读。其次，图像和图形的运用可以增强视觉吸引力，它们应该具有高质量、清晰明确的特点，并与页面的整体风格相一致。最后，动画和特效的适度使用能够增加页面的动态感和趣味性，但应避免过度使用以免造成干扰。

布局设计的目标是组织页面元素，使其具有逻辑性和易于理解。设计师通常采用分层布局的方式，将重要的元素放在显眼位置，而次要元素则依次排列。合理的排版和间距设置能够提高内容的可读性，使用户更容易浏览和获取信息。同时，响应式布局的采用可以确保网页在不同设备上的良好显示效果，适应各种屏幕尺寸和分辨率。

常用的布局方式包括固定布局，流式布局、混合布局和响应式布局。

1. 固定布局

固定布局的页面的宽度固定，不随浏览器窗口的大小而变化。这种布局适用于特定屏幕尺寸或设计要求较为固定的情况。早期的网页均为固定布局，如图3.1.1所示。

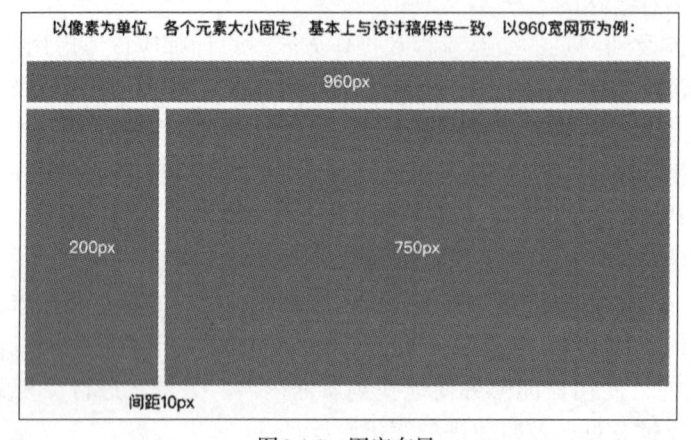

图3.1.1 固定布局

2. 流式布局

流式布局中页面的元素使用相对单位（如百分比）来定义尺寸，使布局可以根据浏览器窗口的大小进行自适应调整。流式布局常用于响应式设计中，以提供更好的跨设备兼容性，如图3.1.2所示。

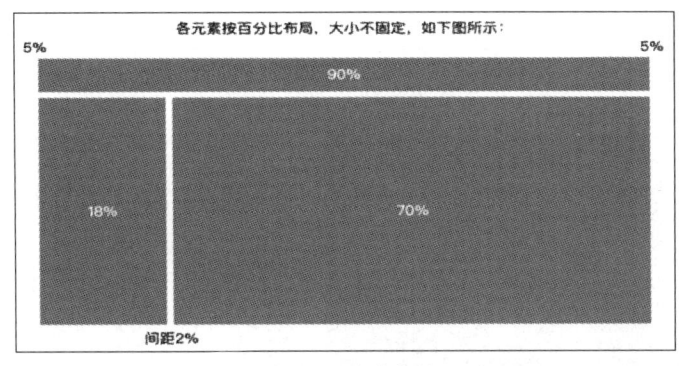

图3.1.2　流式布局

3. 混合布局

混合布局是在网页设计中同时使用固定宽度布局和自适应布局的一种布局方式。这种布局方式可以根据设备屏幕的大小和浏览器宽度自动调整页面元素的大小和位置，以达到最佳的显示效果，如图3.1.3所示。

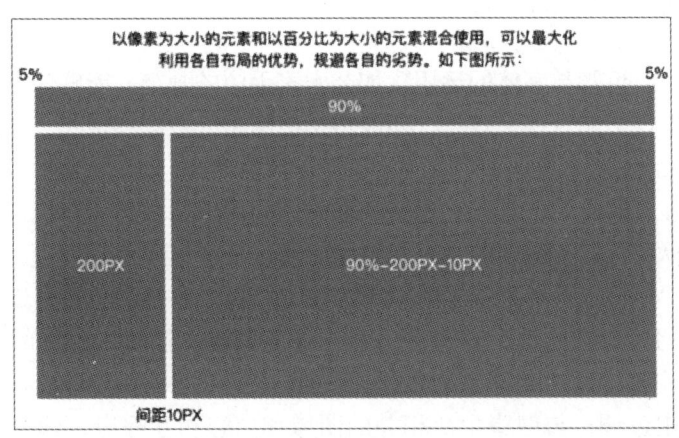

图3.1.3　混合布局

4. 响应式布局

响应式布局能针对不同设备和屏幕尺寸的布局方式，通过媒体查询和流式布局等技术，使网页能够自动适应各种设备的显示要求。如图3.1.4所示。

在视觉效果与布局设计中，平衡和对称是重要的原则之一。通过对称或不对称的布局，可以营造出稳定或动态的感觉，同时注意元素的分布和重量感，避免页面显得混乱或不平衡。另外，留白的运用可以提供视觉上的喘息空间，增强页面的整洁感和美感。

为了实现良好的视觉效果与布局设计，设计师需要深入了解用户需求和目标受众。通过用户研究和市场分析，了解用户的偏好和行为习惯，以此为基础进行设计决策。同时，不断追求创新和优化，关注设计趋势和最新技术，将其融入到网页设计中，提升用户体验。

视觉效果与布局设计是网页设计中不可或缺的部分。通过精心设计的视觉效果和合理的布局，可以吸引用户的注意力，传达信息，引导用户的浏览行为，并创造出令人愉悦的用户体验。这两个原则的合理运用将有助于提升网页的质量和效果，实现网站的目标和价值。

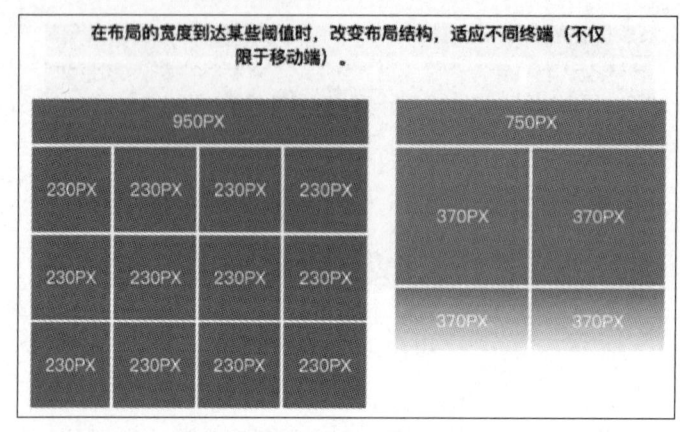

图 3.1.4 响应式布局

三、色彩与字体的运用

在网页设计中，色彩与字体的运用犹如艺术家手中的画笔，能够勾勒出网页的独特风格和魅力。它们不仅影响着视觉效果，还能传达出网站的主题和情感，对用户体验产生着深远的影响。

色彩是一种强大的设计工具，它能够唤起人们的情感和联想。在选择色彩时，需要考虑品牌形象、目标受众以及网站的主题和氛围。通过巧妙运用色彩理论，如对比色、互补色和相似色的搭配，可以营造出不同的情感和视觉层次。鲜艳的色彩可以吸引年轻用户的注意力，而柔和的色调则更适合营造舒适和专业的氛围。同时，色彩的明度、饱和度和色调也需要精心调整，以达到理想的效果。例如，一家健康生活网站运用清新的绿色和活力的橙色作为主色调，与健康生活相关的图像和内容相互呼应，营造了舒适、健康的氛围。

字体的选择同样至关重要，它直接影响着信息的传达和可读性。清晰、易读的字体能帮助用户快速获取所需信息，而字体的风格应与网站的整体风格相契合，传递出特定的个性和氛围。在一个页面中，要合理控制字体的种类和样式，避免过多变化导致的混乱。此外，还需注意字体与背景色彩的对比度，确保文字清晰可读，同时也要考虑到不同屏幕尺寸和设备的显示效果。例如，一家时尚杂志网站采用简洁明了的排版风格，使用优雅的衬线字体和合适的行距，使得文章内容更加吸引人。

色彩与字体的搭配是一门艺术。合适的色彩与字体组合能够增强彼此的效果，创造出协调统一的视觉体验。例如，鲜明的色彩搭配简洁明了的字体可以使信息更加醒目，而柔和的色彩与优雅的字体则能营造出宁静舒适的感觉。同时，色彩和字体的运用也可以引导用户的注意力和行为，例如，通过突出重要元素或设置引导线索来突显主题。

为了实现最佳的色彩与字体效果，设计师可以进行用户研究和测试，了解目标受众的喜好和需求。通过A/B测试等方法，可以比较不同方案的效果，从而做出更明智的选择。此外，随着响应式设计的重要性日益凸显，色彩与字体的适配性也需要在不同设备和屏幕尺寸上得到保障，以提供一致的用户体验。

　　色彩与字体的运用是网页设计中不可或缺的关键要素。它们能够塑造网页的独特个性，传达信息，引发用户的情感共鸣。通过精心策划和巧妙搭配，色彩与字体能够为用户带来愉悦的视觉享受，提升网站的吸引力和可读性。

第二节 响应式网页设计

在前面探讨网页设计基本原则时，提到了布局设计在网页设计中起到的重要作用。在当今多端设备频出的时代，响应式网页设计已成为网页设计的重要趋势。响应式网页设计指的是一种能够根据用户设备的屏幕尺寸和分辨率自动调整布局和内容的设计方法。响应式设计确保网页在各种设备上都能提供良好的用户体验，无论是桌面电脑、平板电脑还是智能手机。

响应式网页设计的核心原则是灵活性和适应性。通过使用流式布局、媒体查询和弹性图像等技术，网页能够动态地调整元素的大小、位置和显示方式，以适应不同的屏幕大小和方向。这使得用户可以在任何设备上方便地浏览网页，而无需进行繁琐的缩放或滚动操作。

这种设计方法的优点在于满足了用户对多样化设备的使用需求。随着移动设备的普及，用户更倾向于通过手机或平板电脑访问网站，响应式设计能够提供一致且优化的体验，可以提高用户的满意度和参与度。

此外，响应式设计还有助于提升网站的搜索引擎优化（SEO）效果。搜索引擎更偏好响应式网站，因为响应式设计都能够为各种设备的用户提供相同的内容和功能，这对于提高网站的可见性和搜索排名至关重要。

一、响应式设计的原理与方法

响应式设计（Responsive Design）是一种 Web 设计与开发方法，它的原理是使网页能够根据不同的设备和屏幕尺寸自动调整布局和内容，为用户提供一致的体验。图 3.2.1 展示了一个网页在多端显示的结果。

图 3.2.1 响应式设计实现页面多端显示

响应式设计的原理和方法涵盖了弹性网格布局、媒体查询、弹性图像和内容调整等多个方面的技术。通过合理运用这些原理和方法，能够实现网站的响应式设计，满足用户在不同设备上浏览网页的需求，提升用户体验和访问效果。

（一）弹性网格布局

响应式设计的原理和方法涵盖了弹性网格布局、媒体查询、弹性图像和内容调整等多个方面的技术。通过合理运用这些原理和方法，能够实现网站的响应式设计，满足用户在不同设备上的需求，提升用户体验和访问效果。

（二）媒体查询

媒体查询（media queries）是实现响应式设计的关键方法之一。媒体查询使得开发者能够根据设备的特性（如屏幕宽度、高度、方向等）应用不同的 CSS 样式。借助媒体查询，网站能够自动根据设备特性调整布局、字体大小、图像尺寸等，以适应不同的屏幕尺寸和设备类型。

（三）弹性图像

弹性图像（flexible images）也是响应式设计中的重要原理之一。在响应式设计中，图像的大小和分辨率需要根据设备进行调整，以确保在不同的屏幕上都能清晰地显示并保持合适的尺寸。通过使用相对单位和媒体查询，可以实现图像的弹性调整，确保图像在各种设备上的良好呈现。

（四）内容调整

响应式设计还涉及内容的重新排列和隐藏。在小屏幕设备上，可能需要隐藏或以不同的方式展示某些内容，以确保页面在小屏幕设备上的可读性和可操作性。合理地重新排列和隐藏内容可以提升用户在不同设备上的浏览体验。

在实际应用中，响应式设计的方法还包括采用流式布局、弹性布局和隐藏等技术。开发者需要综合运用这些方法，针对不同屏幕尺寸和设备特性进行优化，以确保网站在各种设备上的良好表现。

二、媒体查询与流体布局、弹性布局

通过前面分析可知，媒体查询与流式布局、弹性布局综合运用是实现响应式设计的一种常用方法。它们提供了一种灵活而强大的方式来创建适应多种设备的网站。通过合理使用这些技术，可以为用户提供更好的浏览体验，提高网站的可用性和可访问性。

（一）媒体查询

媒体查询是一种CSS3技术，它允许根据设备的特性和屏幕尺寸来应用不同的样式规则。通过使用媒体查询，网站可以根据不同设备的屏幕宽度、高度、分辨率等特性来适应不同的显示需求。媒体查询的原理是通过在CSS样式表中添加条件语句，根据不同的条件来选择应用不同的样式规则。例如，可以使用媒体查询来为大屏幕设备提供更大的字体和更宽的布局，而为小屏幕设备提供更小的字体和更紧凑的布局。媒体查询可以使用CSS的@media规则来定义，其中包含一个或多个条件和相应的样式规则。

（二）流式布局

流式布局是一种响应式设计的布局方式，它使用相对单位和弹性元素来实现网页布局的自适应性。流式布局的原理是基于相对单位，如百分比和em，而不是固定像素值来定义元素的尺寸和位置。这使得网页布局可以根据浏览器窗口大小的不同而自动调整。流式布局的方法包括使用百分比来定义宽度、高度和间距，使用em来定义字体大小和行高，以及使用弹性盒模型来实现灵活的布局。通过使用流式布局，网站可以适应不同屏幕尺寸和设备类型，提供一致的用户体验。

（三）弹性布局

弹性布局（也称为Flexbox布局）是CSS3引入的一种新的布局模式，它为容器中的项目提供了更为灵活的空间分布和对齐能力。弹性布局通过设置容器的display属性为flex或inline-flex来启用，它允许容器内的项目（称为flex项）在主轴（main axis）和交叉轴（cross axis）上自由伸缩，以最佳方式填充可用空间或按比例分配空间。弹性布局非常适合用于设计复杂的导航栏、卡片布局等，它能够简化布局过程，提高布局效率。

（四）媒体查询与流式布局、弹性布局的结合

将媒体查询与流式布局、弹性布局结合使用，可以实现更强大的响应式设计，它们使得网站能够根据不同设备和屏幕尺寸提供适当的布局和样式，从而提供更好的用户体验。例如，可以根据不同的屏幕尺寸在CSS内定义媒体查询规则，然后在相应的媒体查询规则内设置不同的字体大小、行距、元素间距等。

下面通过实例说明媒体查询和流式布局的结合使用的实现方法。

1. 确定需要适应的设备和屏幕尺寸范围

例如，设计一个响应式网站，需要适应桌面、平板和手机三种设备，确定以下屏幕尺寸范围：

桌面：宽度大于1 024 px

平板：宽度在768 px至1 023 px

手机：宽度小于768 px

2. 在CSS样式表中添加媒体查询规则

根据不同的条件为不同的设备提供相应的样式规则。CSS示例代码如下所示。

```
/*桌面设备样式*/
@media (min-width: 1024px) {
    .desktop-styles {
```

```
    /* 在这里添加适合桌面设备的样式规则 */
  }
}
/* 平板设备样式 */
@media (min-width: 768px) and (max-width: 1023px) {
  .tablet-styles {
    /* 在这里添加适合平板设备的样式规则 */
  }
}
/* 手机设备样式 */
@media (max-width: 768px) {
  .phone-styles {
    /* 在这里添加适合手机设备的样式规则 */
  }}
```

在上述代码中，首先使用媒体查询并根据不同的屏幕尺寸范围定义了不同的类名（.desktop-styles、.tablet-styles 和 .phone-styles）。然后，在相应的媒体查询规则内添加具体的样式规则。

3. 使用流式布局、弹性布局来定义网页的自适应布局

```
/* 基础布局样式 */
.container {
    max-width: 1200px; /* 设置最大宽度，以避免布局溢出 */
    margin: 0 auto; /* 水平居中 */
}
/* 标题样式 */
.header {
    font-size: 2em; /* 使用相对单位设置字体大小 */
    padding: 20px; /* 使用相对单位设置内边距 */
}
/* 内容区域样式 */
.content {
    flex: 1; /* 使用弹性元素实现自适应布局 */
    padding: 20px;
}
/* 侧边栏样式 */
.sidebar {
    flex: 0 1 300px; /* 设置侧边栏的宽度 */
    padding: 20px;
}
```

在上述代码中，使用相对单位（如em、%）来设置元素的大小和间距，以实现流式布局。通过flex或其他弹性布局方法，可以使元素在不同屏幕尺寸下自动调整比例，实现自适应布局。

例如，对于标题，使用font-size：2em来设置字体大小，这样在不同屏幕尺寸下，标题的大小会相对地进行缩放。对于内容区域，使用flex：1来使其在可用空间内自适应伸展。

通过结合媒体查询和流式布局，可以根据不同的设备和屏幕尺寸提供相应的样式和布局。在上面的示例中，当屏幕宽度大于1024px时，会应用.desktop-styles样式；在768px到1023px时，会应用.tablet-styles样式；小于768px时，会应用.phone-styles样式。

通过以上的这些步骤，网站可以在不同设备和屏幕尺寸上提供一致的用户体验。

总之，媒体查询、流式布局、弹性布局是响应式设计中的重要方法。它们通过使用媒体查询来根据设备特性应用不同的样式规则，以及使用流式布局来实现网页布局的自适应性，为网站提供了适应不同设备和屏幕尺寸的能力。这些技术的应用可以提高网站的可访问性和用户体验，使用户能够在不同设备上轻松访问和浏览网站内容。

三、适应不同设备的设计策略

基于响应式网页设计的研究，选择合适的设计策略对于提供优质的用户体验至关重要。移动优先、内容优先和简洁设计是适应不同设备的关键设计策略。综合运用这些策略可以确保网页在各种设备上都能提供良好的用户体验，满足用户对可用性、可读性和性能的需求。

（一）移动优先

移动优先策略意味着在设计网页时，将移动设备的需求置于首位。由于移动设备的屏幕较小，设计师必须充分考虑小屏幕的局限性和特点。这包括但不限于以下几个方面：

（1）简洁的界面：移动设备上的界面应尽量简洁，避免过多的元素和复杂的布局。简洁的界面有助于提高用户的操作效率和浏览体验。

（2）直观的导航：导航应简洁明了，使用户能够快速找到所需的信息。可以采用抽屉式导航、底部导航等方式，以便于用户在小屏幕上进行操作。

（3）易于触摸操作的元素：按钮、链接等元素的大小和间距应适合手指触摸操作，提高用户的操作准确性和便利性。

设计师通过专注于这些方面，可以确保网页在移动端具有良好的可用性和易用性，满足用户在移动环境下的需求。

（二）内容优先

内容是网页的核心，无论用户使用何种设备访问，都应确保内容清晰可读。以下是内容优先原则的一些重要方面：

（1）布局和呈现方式：设计师应根据内容的重要性和优先级，合理安排布局，使内容能够清晰地展示给用户。可以采用分层布局、突出重点等方式，提高内容的可读性和可理解性。

（2）字体、字号和颜色：选择合适的字体、字号和颜色对于内容的可读性至关重要。字体应清晰易读，字号应根据屏幕大小进行调整，颜色的对比度也应足够高，以确保内容在不同设备上都能清晰呈现。

（3）内容结构：合理组织内容结构，使用标题、段落、列表等方式分隔和呈现内容，使其更具逻辑性和条理性。这样可以帮助用户更快速地获取所需信息，提高信息传达的效率。

通过优先考虑内容的这些方面，设计师可以确保无论用户使用何种设备，都能轻松地阅读和理解网页内容。

（三）简洁设计

简洁设计在网页设计中具有重要意义，它不仅有助于提高网页在不同设备上的加载速度，还能提升用户体验：

（1）加载速度：复杂的设计元素和大量的图片或动画会增加网页的加载时间，尤其在移动网络环境下可能导致加载缓慢影响用户体验。简洁设计可以减少资源的消耗，提高加载速度，使用户能够更快地访问网页内容。

（2）用户体验：简洁的设计能够减少视觉干扰，让用户更容易集中注意力在重要的内容上。整洁、简洁的界面也能给用户留下良好的印象，提高用户对网页的满意度。

（3）信息获取：通过避免过多不必要的设计元素，用户可以更快速地找到所需信息，提高信息获取的效率。

简洁设计对于网页在不同设备上的性能和用户体验都具有积极的影响，设计师应该注重简洁设计，以提供更好的用户体验。

第三节 用户体验设计的核心要点

用户体验设计（user experience design，UXD 或 UED）是指设计产品或服务的过程，目的是创造出满足用户需求和期望的积极体验。用户体验设计在网站设计中起着关键作用。它有助于提高用户满意度，增加用户黏性，促进转化，树立品牌形象，减少用户流失，并提升网站的可用性和竞争力。通过深入了解用户需求，精心设计界面交互，以及持续优化用户体验，网站才能够更好地满足用户期望，从而获得更多的访问量、用户参与度和商业成功。

一、用户研究与测试

用户研究与测试是理解用户需求和行为的关键步骤。通过多种方法如访谈、调查、观察和可用性测试等，可以收集到有价值的用户数据。用户画像和用户旅程地图是用户研究过程中常用的工具，通过对用户画像和用户旅程地图的分析，我们可以更精准地了解用户的期望和痛点，这为设计师提供了有针对性的设计方向，使他们能够创造出更符合用户需求的产品。

（一）用户画像

用户画像这一概念最早源于交互设计领域，由交互设计之父阿兰·库珀（Alan Cooper）提出。他指出用户画像是真实用户的虚拟代表，是建立在真实数据之上的目标用户模型。用户角色并非指的是具体的人，而是直接地通过对真实的人观察后，总结其具有规律性的模式，用来描述某些特定群体而得到的集合性概念。

在互联网用户分析领域，用户画像可以简单描述为用户信息标签化，即通过收集并分析用户的社会属性、生活习惯、消费偏好等维度的数据，从而抽象出用户的全方位多视角的特征全貌，最终让用户画像比用户更了解自己。例如，我们可能发现年轻的消费者更倾向于使用移动设备访问网站，而老年用户可能更喜欢大屏幕的桌面设备。

用户画像作为一个描述用户的工具，能够为运营分析人员提供用户的偏好、行为等信息进而优化运营策略，为产品提供准确的用户角色信息以便进行针对性的产品设计。

用户画像的核心工作就是给用户"打标签"，其核心价值在于了解用户、猜测用户的潜在需求、精细化定位人群特征、挖掘潜在的用户群体，因此可以广泛应用在精准营销、广告投放等领域。

1. 用户画像的制作步骤

用户画像不是凭空想象出来的，制作用户画像前需要做定量和定性的分析。下面是具体的制作步骤。

（1）数据收集

收集大量有关用户的信息是构建准确用户画像的基础。这一阶段可以通过多种方法来实现，例如市场调查、用户访谈、问卷调查以及数据分析等。市场调查可帮助我们了解行业趋势和竞争对手的情况，从而更好地定位目标用户。用户访谈和问卷调查则能直接获取用户的反馈和意见，深入了解他们的需求、偏好和行为模式。其中用户访谈，就是谈话沟通的过程，这个过程要有明确的目的，探索用户态度和行为的过程。问卷调查则需要根据网站的类型设计合适的问卷问题，以备收集到有用的数据。

下面展示调查问卷的示例。

关于校园网站的调查问卷

1. 基本信息：姓名（可选）联系方式（可选）角色（学生、教职员工、家长、其他）

2. 校园网站的使用频率和目的：您使用校园网站的频率是多少？每天每周几次每月几次很少使用或几乎不用您主要使用校园网站做什么？查看课程信息注册课程查看成绩找工作机会其他（请注明）

3. 网站的易用性：您认为校园网站的界面易用吗？非常易用　比较易用　一般不太易用　很难使用

4. 网站功能和内容：有哪些校园网站的功能您特别喜欢或觉得非常有用？课程时间表　成绩查询　图书馆资源　学生社区/论坛　通知和公告　其他（请列举）有哪些功能或信息您认为网站缺少的？更多在线学习资源　财务信息和缴费选项　学生活动和活动日历　更好的搜索功能　其他（请列举）

5. 移动设备适用性：您通常使用何种设备访问校园网站？计算机　手机　平板电脑　是否认为校园网站在移动设备上的表现良好？是　否

6. 网站的速度和性能：在访问校园网站时，您是否经常遇到速度慢或加载问题？是否如果有，您能提供具体的情况描述吗？

7. 通知和沟通：您是否通过校园网站接收重要通知或消息？是　否
您认为校园网站的通知系统有效吗？非常有效　一般　不太有效　无效

8. 安全和隐私：您是否担心个人信息在使用校园网站时的安全性？非常担心　有些担心不担心　是否觉得校园网站保护了您的隐私？是　否

9. 建议和改进意见：如果您有关于校园网站的建议或改进意见，请分享。

10. 未来需求：您认为校园网站应该在未来增加哪些新功能或改进？

11. 总体满意度：请用一句话描述您对校园网站的总体满意度。

12. 其他评论：如果您有任何其他关于校园网站的意见或评论，请在此处分享。

（2）数据分析

在收集到大量数据后，需要运用统计分析和数据挖掘等技术，对数据进行深入分析。通过数据清洗、筛选和分类等步骤，找出用户的共同特征和行为模式。例如，通过分析用户的购买记录、浏览行为等数据，可以发现不同用户群体的消费偏好和购买习惯。同时，可以运用聚类分析、关联规则挖掘等方法，发现用户之间的相似性和关联性，为构建用户画像提供更有力的支持。

（3）构建画像

根据数据分析的结果，构建具体的用户画像。这一步骤需要详细描述用户的人口统计特征，如年龄、性别、职业、地域等，以及他们的兴趣爱好、消费行为等。用户画像应该尽可能全面和具体，以便更好地理解目标用户。此外，还可以为不同的用户群体赋予特定的标签或分类，方便后续的营销和服务策略制定。如图3.3.1所示，展示了用户画像的示例。

图3.3.1 用户画像示例

（4）验证和更新

为了确保用户画像的准确性和有效性，需要进行验证和更新。可以通过与实际用户的反馈进行对比，或者进行A/B测试等方法，验证用户画像的准确性。同时，随着时间的推移和市场的变化，用户的需求和行为也会发生改变。因此，用户画像需要不断地更新和完善，以适应新的市场环境和用户需求。定期重新收集数据和分析，及时调整和优化用户画像，才能使其始终保持准确性和实用性。

2. 用户画像示例

下面以开发一个购物网站为例，可以为以下几种典型用户制作画像。

➢ 时尚爱好者

年龄：20~35岁

性别：男女均有

兴趣爱好：关注时尚潮流，喜欢购买时尚服饰和配饰

购物行为：经常在网上浏览时尚资讯，频繁购买时尚产品

画像图片：可以在用户画像旁边添加一些时尚杂志、潮流服装或购物场景的图片，以突出他们对时尚的热爱。

> 科技发烧友

年龄：25~40岁

性别：男性为主

兴趣爱好：对科技产品感兴趣，追求最新的电子设备

购物行为：关注科技新品发布，喜欢在网上购买电子产品

画像图片：可以配上一些科技产品图片，如手机、电脑、游戏机等，展示他们对科技的热衷。

> 家庭购物者：

年龄：30~50岁

性别：女性居多

兴趣爱好：注重家庭生活，喜欢购买家居用品和家庭日用品

购物行为：经常为家庭采购，关注商品的质量和价格

画像图片：可以插入家庭购物场景、家居布置或家庭生活的图片，以体现他们的家庭购物需求。

> 折扣追求者

年龄：各个年龄段都有

性别：不限

兴趣爱好：喜欢寻找优惠信息，精打细算

购物行为：关注促销活动，喜欢购买打折商品

画像图片：可以加上一些折扣标签、优惠券或购物车内装满商品的图片，突出他们对折扣的关注。

在制作用户画像时，图片可以帮助更直观地传达用户的特征和兴趣。你可以在文档、演示文稿或需求规格说明中插入相应的图片，以增强用户画像的效果。图片应该与用户画像的描述相匹配，能够引起读者对该用户类型的共鸣。

需要注意的是，图片的使用应该是辅助性的，文字描述仍然是最重要的部分。图片应该简洁明了，不要过于复杂或引起混淆。

通过制作详细的用户画像，开发团队可以更好地理解目标用户的需求和期望，从而设计出更符合用户需求的网站功能和用户界面。这将有助于提高用户体验和网站的成功率。

（二）用户地图

用户地图包括用户旅程地图和用户行为地图。用户旅程地图可视化地展示用户在与产品或服务互动过程中的各个阶段和体验。这有助于我们发现用户在使用过程中可能遇到的问题和痛点。例如，在某个特定的流程中，用户可能会遇到步骤繁琐、信息不清晰或界面

操作不便捷等问题。

根据用户画像，设计师可以优化网站的界面布局，使其更适合移动设备用户的操作习惯。根据用户旅程地图，设计师可以简化流程，提供更清晰的指引，减少用户的困惑和挫折感。

用户行为地图以 ISO 9241-210:2019 中"动机—目标—任务—行动—评价"的人为中心设计交互式系统为理论指导。它主要描绘了用户在受到诱因和动机的驱动下，如何确定某一特定目标，并为完成目标任务而采取的一系列与产品/服务交互的行为。同时，还强调了用户在交互过程中产生的行为痛点和需求。

该地图通过深入研究用户的动机和目标，帮助我们理解用户的需求和期望，以及他们与产品/服务交互的原因。它进一步说明了用户为了实现目标而需要执行的具体任务和行动，以及这些任务和行动在产品/服务中的具体表现形式。

此外，用户行为地图还关注用户在与产品/服务交互时所经历的痛点和问题，这些可能包括操作不便捷、界面不友好、信息不清晰等。通过识别这些问题，我们可以更好地了解用户的需求，从而针对性地进行改进和优化，提供更好的用户体验。

下面以校园网站改版为例，通过设计用户体验地图，可以更好地了解校园网站改版中的用户体验，包括用户的需求、情感、行为和交互。设计校园网站改版的用户体验地图步骤如下：

（1）确定用户群体：首先，明确网站的主要用户群体是谁，例如学生、教职员工、家长等。不同用户群体可能有不同的需求和期望。

（2）收集用户需求：收集关于用户需求的信息，可以使用之前创建的用户画像和用户故事作为基础。这些需求可能涉及到查看课程信息、注册课程、查看成绩、寻找校内活动等。

（3）确定用户旅程：对于每个主要用户群体，确定用户在与校园网站互动时的主要旅程。用户旅程包括用户从进入网站到达到目标的完整路径。考虑用户的入口点、中间步骤和完成任务的触发点。

（4）标识关键触点和情感：在用户旅程中标识关键触点，这些触点是用户与网站互动的重要点。同时，考虑用户在每个触点处的情感和情感状态，例如满意、沮丧、期待等。

（5）绘制用户体验地图：使用图表或设计工具（如白板、纸张、数字工具）创建用户体验地图。地图应包括用户旅程、触点、情感和需求的详细信息。您可以使用图表、图形和文字来表示这些信息。

（6）分析用户体验：分析用户体验地图，识别共同的模式、痛点和机会。确定用户在不同阶段的需求和情感如何演变。

（7）制定改进策略：基于用户体验地图的分析，制定改进策略。确定哪些触点需要改进，以满足用户的需求和提高用户满意度。

（8）实施改进和测试：根据制定的策略进行校园网站改版，并在实施后进行用户测试。收集用户反馈，检查改进是否有效。

（9）不断迭代：用户体验地图不是一次性的工具，应该随着时间不断迭代。随着校园网站的演化和用户需求的变化，持续更新用户体验地图。用户体验地图有助于团队更深入地了解用户的需求和情感，帮助指导改版策略，以创造更令用户满意的校园网站体验。同时，它还有助于团队共享对用户的理解，从而实现更好的用户中心设计。

（三）可用性测试

可用性测试可以帮助设计师和开发团队发现潜在的问题，并及时进行改进，从而提高产品的可用性和用户满意度。

可用性测试可以直接观察用户在实际使用产品时的行为和反应。通过观察用户的操作过程、完成任务的时间、遇到的问题等，我们可以发现潜在的设计问题，并及时进行改进。这种测试方法是非常直接和有效的，因为它能够直接反映用户在实际使用中遇到的问题和困难，为设计改进提供了有力的数据支持。

在进行可用性测试时，可以采用多种方法，包括实地观察、用户访谈、问卷调查等。实地观察可以直接观察用户在使用产品时的行为和反应，了解他们的真实需求和使用习惯；用户访谈可以深入了解用户的想法和感受，发现他们在使用过程中的痛点和不满意之处；问卷调查可以帮助收集大量用户反馈，了解用户的整体满意度和需求。

除了直接观察用户的行为和反应，可用性测试还可以结合用户画像、用户旅程地图和痛点分析等方法，帮助设计团队更深入地了解用户，从而更准确地满足他们的需求。用户画像可以帮助设计团队建立用户的典型形象，了解他们的特点和需求；用户旅程地图可以帮助设计团队了解用户在整个使用过程中的体验和感受；痛点分析可以帮助设计团队找到用户在使用过程中遇到的困难和不满意之处，为改进提供有力的支持。

可用性测试是网页设计阶段非常重要的一步，它可以帮助设计团队发现潜在的问题，提高产品的可用性和用户满意度。通过结合多种方法，如实地观察、用户访谈、问卷调查等，以及用户画像、用户旅程地图和痛点分析等工具，设计团队可以更深入地了解用户，从而设计出更好的产品，提升用户体验，增加产品的成功机会。

二、界面交互设计

界面交互设计是网页设计中的一个关键部分。它关注用户与网站界面之间的互动方式，旨在创造直观、高效和愉悦的用户体验。

界面的设计直接影响用户与产品的交互体验。简洁、直观、易于理解的界面设计可以提高用户的效率和满意度。合理的布局、清晰的导航、易懂的图标和按钮等都是界面设计时重点考虑的因素。同时，交互设计要考虑用户的操作流程，确保交互动作的合理性和流畅性。

界面交互设计不仅仅是关于外观和感觉，更关键的是如何让用户在与网站的交互中感到自然和流畅。良好的界面交互设计可以提高用户的效率，减少操作的复杂性，并增强用户对网站的满意度。首先，界面布局和信息架构的设计应符合用户的期望和认知模式。元素的组织和分类应该清晰，使用户能够快速找到所需要的信息。重要的功能和导航选项应易于发现和访问，同时避免信息过载，保持界面的简洁和易于理解。其次，交互元素的设计，如按钮、链接和表单，需要具有明确的指示和反馈。用户应该能够直观地理解它们的作用和操作结果。反馈机制的及时和准确响应可以让用户感到自己的操作得到了关注和回应，增强用户的控制感和信心。再次，可用性和易用性是界面交互设计的重要考量因素。用户不应该花费过多的努力来学习和适应界面的操作。设计应该遵循常见的用户界面设计准则和模式，减少用户的认知负担，提高操作的效率和准确性。然后，响应式设计也是当今界面交互设计的重要方面。随着各种设备和屏幕尺寸的多样化，网站应该能够自适应地呈现良好的用户体验，无论用户使用桌面电脑、平板还是手机等设备。最后，为了提高用户的满意度，设计师还可以考虑引入微交互和动画效果。这些小小的交互细节可以增加用户与界面的互动乐趣，提升用户的情感体验。然而，过度的动画和特效可能会分散用户的注意力，因此需要在实用性和趣味性之间取得平衡。

界面交互设计是网页制作和网站建设中不可或缺的一环。通过合理的布局、清晰的交互元素、易用性原则的遵循以及对不同设备的适配，设计师可以创造出吸引用户、提高用户满意度的界面。这样的设计将有助于用户更轻松地与网站进行交互，达成他们的目标，并建立起对网站的积极印象。

三、原型设计

原型设计是界面交互设计过程中的一个重要环节。通过原型设计，设计师可以将界面交互设计的概念和想法转化为可交互的模型，以便进行测试和验证。原型可以是简单的线框图、纸质模型，也可以是具有部分功能的数字原型。

原型设计的主要目的是在实际开发之前，快速展示和评估设计方案的可行性和用户体验。它可以帮助设计师发现潜在的问题，并在早期阶段进行改进，减少开发成本和风险。

界面交互设计和原型设计相互影响和支持。良好的界面交互设计理念需要通过原型来验证和实现，而原型设计的过程也可以促进对界面交互设计的深入思考和优化。

在实际工作中，界面交互设计和原型设计通常是迭代进行的。设计师会根据用户反馈和测试结果，不断改进界面交互设计，并更新原型，以确保最终产品的用户体验达到预期。

利用原型工具可以创建交互式原型，以模拟用户与产品的交互过程，包括页面布局、功能操作等，以便在早期发现和解决潜在的设计问题。

以下是一些常用的原型设计工具推荐，它们都具有各自的特点和优势，在实际应用中可以根据项目需求和个人偏好选择适合的工具。

（1）Axure RP：一款功能强大的原型设计工具，支持创建复杂的交互和高保真原型。它提供丰富的组件库和可视化的设计界面，适合专业的 UI/UX 设计师使用。

（2）Adobe XD：作为 Adobe 家族的一员，XD 提供了一体化的设计和协作环境。它具有简洁直观的界面，支持多人实时协作，并可直接导入 Photoshop 和 Sketch 文件。

（3）Figma：一款基于云端的协作式原型设计工具，支持实时协作和版本控制。Figma 提供了强大的矢量编辑功能，便于团队成员共同设计和反馈。

Axure RP、Adobe XD 和 Figma 都是常用的网站原型设计工具，他们的特点和应用如表 3.3.1 所示。

表 3.3.1　三种网站原型设计工具对比

工具	特点	应用	使用方法
Axure RP	支持创建复杂的交互和高保真原型。提供了丰富的组件库，包括各种图标、按钮、表单元素等，使得设计师能够快速构建出逼真的界面。此外，还支持可视化的动态效果展示，如页面切换、弹窗弹出等	用于网站、移动应用和桌面应用的原型设计。它适用于需要展示详细交互流程和功能的项目，可以帮助设计师与开发团队进行有效的沟通	通过拖放组件库中的元素来构建界面，然后设置交互动作，如点击事件、页面跳转等。Axure RP 还支持生成文档，以便更好地传达设计意图和规格
Adobe XD	多人实时协作是 Adobe XD 的一大特点，团队成员可以同时在一个项目上进行设计和编辑。此外，它还支持直接导入 Photoshop 和 Sketch 文件，方便设计师进行迁移	适用于团队协作设计项目，特别是需要多人实时协作的场景。它可以用于创建网站、移动应用和交互设计的原型	通过绘图工具和组件库设计界面，添加交互效果，并与团队成员实时共享和评论设计。Adobe XD 还提供了实时预览和设计规范导出等功能
Figma	它支持实时协作和版本控制，团队成员可以同时在一个项目上工作，并且可以实时看到其他人的更改。Figma 提供了强大的矢量编辑功能，允许设计师进行精确的图形设计	Figma 尤其适合远程团队或需要频繁协作的项目。它可以用于网站、移动应用、UI/UX 设计以及团队协作设计	设计师可以通过 Figma 的在线平台登录项目，共同编辑和设计。Figma 中的组件和样式可以共享和复用，提高设计效率

四、提高用户满意度的技巧

首先，深入了解用户需求至关重要。通过用户调研、测试等方式收集反馈，能明确用户的期望，为产品改进提供方向。其次，简洁明了的界面和操作流程能降低用户学习成本，提升易用性。同时，稳定的产品性能可增强用户信任感。此外，个性化体验能增加用户参与度，满足不同用户需求。及时响应和解决用户问题，以及持续改进和更新产品，能使产品保持竞争力。建立用户社区和互动机制可提升用户归属感。最后，注重用户隐私和安全，让用户安心使用产品。用户体验设计和交互设计在数字产品设计中不可或缺。用户体验设计关注用户在使用产品时的整体感受，包括界面美观度、易用性和交互流畅性等。交互设计则侧重于设计具体的交互方式和流程。两者相互配合，影响着用户对产品的满意度。综上所述，提升用户满意度需要综合运用多种技巧。不断关注用户需求和反馈，将其融入产品设计和改进中，才能赢得用户的满意和忠诚度。这样的努力有助于产品取得成功，并在市场中脱颖而出。

第四章

网站前端开发

　　网站前端开发作为网站建设的关键环节，具有举足轻重的地位，它不仅直接决定了网站与用户之间的交互效果，还对用户体验产生着深远的影响。前端开发负责构建用户在浏览器中直接可见的部分，包括网页的布局、样式、交互效果等。

　　一个优秀的前端设计能够吸引用户的注意力，提升用户的停留时间和参与度，它与后端技术的紧密配合。后端提供数据支持和业务逻辑处理，而前端则将这些数据以直观、生动的方式呈现给用户，这种默契的协作使得网站能够实现丰富多样的功能。

　　随着前端技术的不断演进，网站建设迎来了更多的可能性，新的框架和工具不断涌现，使开发者能够更高效地构建复杂的用户界面。例如，响应式设计的出现，让网站能够自适应不同设备的屏幕尺寸，提供一致的用户体验。

　　然而，这也带来了两方面的挑战：一方面，前端技术的快速更新要求开发者不断学习和适应新的知识和技能；另一方面，多样化的设备和浏览器环境也增加了前端开发的复杂性。

　　为了应对这些挑战，前端开发者需要具备以下能力：
- ➢ 对新技术的敏锐洞察力，能够及时引入合适的技术来提升网站的性能和用户体验。
- ➢ 良好的代码质量意识，确保代码的可维护性和可扩展性。
- ➢ 跨团队协作能力，与设计、后端开发等团队紧密合作，共同打造卓越的网站。

　　总之，网站前端开发在网站建设中扮演着重要的角色，它的不断进步为网站带来了更多的机遇和挑战，前端开发者应不断提升自己的能力，以适应这一变化的环境，为用户提供更加出色的网站体验。

第一节 前端技术概述

网站前端开发犹如一座桥梁，连接着用户与网站的核心内容。下面我们从前端技术概述开始，逐步揭开前端技术的神秘面纱。

一、前端的定义

前端在计算机科学和软件工程领域中是一个重要的概念。

早期，前端也称为网站的前台，是指用户在浏览器中浏览并与之交互的界面。它主要涉及使用网页制作技术来实现网页的外观、布局、功能和用户交互等。

随着多端设备的普及，前端的定义逐渐扩展，可以从广义和狭义两个层面来理解。

广义上的前端是一个很大的范畴，它涵盖了与用户直接发生交互行为的界面，包括Web前端、移动端、桌面端、游戏、小程序以及其他拥有可视化界面的设备等。在这个广义的定义下，前端的范围非常广泛，涉及到多个技术和平台。例如，Web前端主要使用HTML、CSS和JavaScript等技术来实现网页的展示和交互；移动端前端则需要使用特定的技术和框架来开发适配不同移动设备的应用程序界面；桌面端前端则需要使用相关的技术和工具来实现桌面应用程序的用户界面。

狭义上的前端也称为Web前端，它是指网站中与用户直接交互的部分。Web前端主要关注网页的展示和用户体验，通过使用HTML、CSS和JavaScript等技术来实现网页的外观、布局、交互和动态效果。Web前端开发人员需要具备一定的设计能力和编程技巧，能够将设计师提供的设计稿转化为具体的网页界面，并实现交互功能。他们还需要关注网页的性能优化、浏览器兼容性和响应式设计等方面，确保网页在不同设备和浏览器上都能正常展示和运行。

随着互联网的快速发展，前端技术也在不断演进和创新。新的前端技术和框架不断涌现，为前端开发带来了更多的可能性和挑战。例如，React、Angular和Vue等前端框架提供了更高效、可维护和可扩展的开发方式，使得前端开发更加便捷和高效。此外，前端开发还涉及到与后端开发的协作，需要与后端开发人员进行接口对接和数据交互，以实现完整的应用程序。

二、前端技术

前端技术是指用于创建用户界面并实现用户与网页或应用程序交互的一系列技术和工具。它包括了HTML、CSS和JavaScript等核心组件。HTML用于定义网页的结构和内容，CSS负责样式和外观的呈现，而JavaScript则赋予了网页动态交互的能力。前端技术的目标是创建具有吸引力、用户友好且功能强大的用户界面。

前端技术还涉及到浏览器兼容性、响应式设计、性能优化等方面。为了确保网页在各种浏览器和设备上的一致性和可访问性，开发者需要考虑不同浏览器的特性和限制。同时，随着移动设备的普及，响应式设计成为了重要的关注点，以使网页能够自适应不同屏幕尺寸和分辨率。

前端开发还强调用户体验和交互设计，通过合理的布局、简洁的界面和流畅的动画效果，能够提供更好的用户体验。同时，与后端技术的有效集成，实现数据的交互和动态更新，也是前端技术的重要范畴。

总的来说，前端技术在构建现代Web应用程序和移动应用程序中扮演着至关重要的角色，它不仅要求开发人员具备良好的编程技巧，还需要关注用户体验、性能优化和不断发展的技术趋势。

三、前端、前端技术和网站建设

前端技术是网站建设中至关重要的一部分，它直接影响着网站的用户体验、性能和功能实现。

1. 前端与网站建设

前端是网站与用户之间的直接交互界面，其重要性不可小觑。网页内容应具有吸引力和实用性，以满足用户的信息需求。样式设计要符合品牌形象和用户审美，营造出舒适的视觉感受。交互效果则需简洁流畅，使用户能够轻松完成操作。前端负责创建一个直观、易用且令人愉悦的用户界面，这对于吸引用户、提高网站的流量和影响力至关重要。

2. 前端技术在网站建设中的应用

前端技术（如HTML、CSS、JavaScript等）是实现前端功能的工具和语言，HTML用于定义网页的结构和内容，为网页提供基本框架；CSS则负责网页的样式设计，包括颜色、字体、布局等方面，使网页具有精美的外观；JavaScript实现交互效果，如动画、表单验证等，增强用户与网页的互动性。在网页开发过程中，前端技术可用于创建具有独特风格和功能的页面，通过优化代码和资源，可以提高网页的性能和加载速度。同时，前端技术还可与后端技术结合，实现更复杂的功能。在网站建设过程中，前端技术被广泛应用于网页的开发、设计和优化中，以提供良好的用户体验和功能性。

3. 影响网站用户体验和性能

前端技术的质量和应用方式直接影响着网站的用户体验和性能，包括页面加载速度、交互效果、响应式设计等方面。其中页面加载速度是影响用户体验的关键因素之一，过长的加载时间会导致用户流失；交互效果的流畅性和响应速度也会影响用户的使用感受；响应式设计使网站能够适应不同设备的屏幕尺寸，提供更好的用户体验。优秀的前端技术应用可提高网站的可用性和易用性，使用户更容易找到所需信息并完成操作。这将增加用户对网站的满意度，促使他们更频繁地访问网站，并提高他们的忠诚度。

4. 关注用户需求和行为

了解用户的需求和行为特点是实现用户友好界面设计的关键。通过用户研究和分析，可以确定用户在网站上的主要操作和期望。前端技术应根据用户的需求提供简洁明了的导航和操作流程。同时，要考虑用户在不同设备上的使用习惯，确保交互方式的一致性和便利性。关注用户的需求和行为还包括提供易于理解和使用的界面元素，以及及时反馈用户的操作结果。这样可以提高用户的使用舒适度，增强他们对网站的信任和依赖。

因此，前端技术在网站建设中扮演着至关重要的角色，它不仅影响着网站的外观和功能，还直接关系到用户体验、性能优化和网站的成功与否。在网站建设过程中，充分发挥前端技术的作用，能够提升网站的竞争力和吸引力，满足用户对网站的需求和期望。

第二节 前端技术的产生与发展

前端技术作为软件开发领域的重要组成部分，在互联网的发展中扮演着至关重要的角色。随着互联网的发展，前端技术经历了持续的演进和发展。起初，网页主要由HTML（超文本标记语言）构成，用于描述页面结构；随后，CSS（层叠样式表）被引入，用于控制页面的样式和布局；再后来，JavaScript的出现使得网页具备了动态交互的能力，极大地丰富了用户体验。

一、前端技术的产生

1989年，蒂姆·伯纳斯-李（Tim Berners-Lee）发明了万维网（World Wide Web）的概念，并在1991年创建了第一个网页浏览器。这一创新使互联网的使用变得更加简单和直观，推动了互联网的快速普及。也为前端技术的产生奠定了基础。

当时的网页内容主要由简单的静态文本和基本的图片构成，呈现出极其简陋的外观。然而，随着浏览器技术的迅速发展，其功能不断增强，开始逐步支持诸如表格、样式以及脚本等更为复杂的元素。这些技术的引入使得网页的呈现形式得以丰富，为用户带来了更加丰富多彩的浏览体验。随着网页功能的不断扩展，前端技术也初步形成，尽管当时仍然局限于基本的HTML、CSS和JavaScript。这一时期可以视作前端技术发展的萌芽阶段，为后来的技术创新和发展奠定了重要基础。

二、前端技术的发展

前端技术的发展可以划分为几个重要阶段，每个阶段都有其特点和技术趋势。

1. 静态网页时代

在互联网的早期阶段，网页主要是以静态内容呈现的。这一阶段主要涉及HTML和CSS的使用。HTML负责定义页面的结构和内容，而CSS则用于控制页面的样式和布局。这种静态网页的设计和布局主要是基于固定的页面结构，用户与页面的交互性较低，主要以阅读为主。

2. 动态网页时代

随着 JavaScript 的出现和发展，前端技术进入了动态网页时代。JavaScript 的引入使得网页能够实现更加交互性和动态性的功能。通过 JavaScript，开发人员可以操作页面元素、响应用户输入、实现动画效果等，极大地丰富了网页的交互性，使用户体验更加丰富和便捷。

3. 前端框架和库的涌现

近年来，随着互联网应用的复杂性不断增加，前端开发变得更加复杂和繁琐。为了提高开发效率和代码质量，各种前端框架和库，如 React、Vue.js 和 Angular 等应运而生。这些框架和库提供了丰富的功能和组件，极大地简化了前端开发的流程，同时也提高了代码的可维护性和可扩展性。

4. 移动端和响应式设计的兴起

随着移动设备的普及，越来越多的用户通过智能手机和平板电脑访问互联网。这就要求前端技术能够适配不同尺寸的屏幕，保证在不同设备上都能够良好地显示和使用。响应式设计解决了这个问题，通过响应式设计，开发人员只需编写一套代码，网页便能够根据设备的不同自动调整布局和样式，从而提供更好的用户体验。

5. 前端工程化和自动化

随着前端技术的不断发展，前端项目变得越来越复杂，涉及的技术栈也越来越多样化。为了提高开发效率和代码质量，前端工程化和自动化工具如 Webpack、Babel 和 Gulp 等开始流行起来。这些工具可以帮助开发人员自动化地完成构建、打包、压缩等工作，极大地提高了开发效率，同时也减少了出错的可能性。

总的来说，前端技术的发展经历了从静态到动态、从简单到复杂的过程。随着互联网应用的不断演进和用户需求的不断提高，前端技术也在不断创新和发展，为用户提供更加优秀的浏览和交互体验。

三、前端技术的特点和挑战

前端技术的特点和挑战包括多样化的技术栈、性能和用户体验的重要性、跨平台和多设备支持，以及安全和隐私问题。面对这些挑战，开发者需要不断学习和更新技术知识，注重实践和经验积累，同时也需要关注行业动态和最佳实践，以应对日益复杂和多样化的前端开发需求。

1. 多样化的技术栈

前端技术领域的发展呈现出多样化的趋势，这意味着开发者需要不断学习和适应新的技术。从最初的 HTML、CSS 到后来的 JavaScript、React、Vue.js、Angular 等框架和库的涌现，前端技术栈的多样性给开发者带来了更多的选择，同时也增加了学习的难度和挑战。不同的项目可能需要不同的技术栈组合，开发者需要根据项目需求和特点进行选择，这要求开发人员具备宽阔的技术视野，以及不断学习和更新的能力。

2. 性能和用户体验的重要性

随着用户对网页性能和交互体验的要求不断提高，前端技术需要在性能优化和用户体验方面不断努力。优化网页加载速度、响应时间、交互流畅性等成为前端开发中的重要任务。开发者需要考虑如何减少页面的加载时间、优化代码结构、合理使用资源，以及如何提升用户界面的友好度和交互体验，这需要开发人员具备深入理解浏览器工作原理、网络协议等方面的知识，并结合实际场景进行针对性的优化和调整。

3. 跨平台和多设备支持

随着移动设备的普及和各种操作系统的发展，前端技术需要支持多种设备和操作系统，以提供一致的用户体验。响应式设计和移动端适配成为前端开发的重要考虑因素。开发者需要编写兼容不同分辨率、屏幕尺寸、设备类型的代码，并确保在各种浏览器和操作系统下都能正常运行和显示。这要求开发者具备跨平台开发的能力，同时也需要关注不同平台和设备的特性和限制，以及相关的最佳实践和技术解决方案。

4. 安全和隐私问题

随着互联网的发展，安全和隐私问题日益突出，前端技术需要应对这一挑战。开发者需要关注网页的安全性和防御各种网络攻击的能力，比如跨站脚本攻击（XSS）、跨站请求伪造（CSRF）等。同时，随着用户对个人数据隐私的关注度增加，前端开发也需要考虑如何合理收集、处理和保护用户的个人信息，遵守相关的法律法规和隐私政策，保障用户的数据安全和隐私权利。

四、前端技术的未来展望

1. 人工智能与前端的融合

人工智能（AI）技术的快速发展为前端开发带来了更多的可能性。在未来，我们可以预见人工智能与前端技术的融合将会给用户带来更智能、更个性化的交互体验。通过机器学习算法，前端应用可以更好地理解用户行为和偏好，从而实现智能推荐、内容个性化展示等功能。例如，智能搜索、语音识别和自然语言处理等技术可以使用户与前端应用之间的交互更加自然和智能化。这将推动前端开发者不断探索和应用人工智能技术，以提升用户体验和应用的智能化水平。

2. WebAssembly 的发展

WebAssembly（简称Wasm）是一种新型的低级编程语言，可以在现代Web浏览器中运行。未来，随着WebAssembly技术的不断成熟和普及，前端开发者将能够更高效地利用WebAssembly来提升前端应用的性能和功能。相比于传统的JavaScript，WebAssembly具有更高的执行效率和更接近机器码的特性，可以实现更快速的加载和执行，同时支持多种编程语言，如C、C++、Rust等。这将为前端开发者提供更多的选择和灵活性，同时也为前端应用的性能优化和功能拓展带来新的机遇和挑战。

3. 跨端开发和混合应用

随着移动设备的普及和不同平台的竞争，跨端开发和混合应用成为前端技术发展的重要方向之一。未来，前端开发者将继续探索和应用跨平台开发技术，以实现在不同设备和操作系统上的统一用户体验。例如，使用React Native、Flutter等跨平台开发框架，开发者可以通过一套代码实现同时在iOS和Android平台上运行的应用。此外，混合应用开发模式也将得到进一步发展，将Web技术与原生应用相结合，为用户提供更流畅和一致的应用体验。

　　前端技术在过去几十年中经历了巨大的发展，从简单的静态网页到复杂的动态应用。随着技术的不断进步和用户需求的增长，前端技术将继续创新和演进。未来，前端技术将更加注重性能、用户体验、安全性和可持续性，为用户带来更加丰富和卓越的互联网体验。对于开发者而言，不断学习和跟进前端技术的发展是保持竞争力的关键。

第三节 前端开发技术的核心组成

前端开发技术的核心组成包括 HTML、CSS、JavaScript、浏览器引擎、框架和库、版本控制系统、开发工具等。这些技术相互协作，共同构建出丰富多彩的网页和应用程序。

一、HTML 基础

HTML（Hypertext Markup Language，超文本标记语言），是构建网页结构的基础。它使用标记和元素来定义网页的标题、段落、列表、链接等内容。HTML 提供了网页的基本框架，决定了网页的布局和内容组织。

（一）网页设计发展史

从第一个网站诞生以来，设计师们尝试了各种网页的视觉效果。早期的网页几乎完全由文本构成，仅包含一些小图片和毫无布局可言的标题与段落。然而，时代在进步，接下来出现了表格布局，然后是 Flash，最后是基于 CSS 的网页设计。

（1）第一个网页：1991 年 8 月，Tim Berners-Lee 发布了第一个简单的、基于文本的网页，其中包含几个链接。

（2）W3C 的出现：1994 年，万维网联盟(W3C)成立，该联盟将 HTML 确立为网页的标准标记语言。

（3）基于表格的设计：在 HTML 中，表格标签的本意是为了显示表格化的数据，但是设计师利用表格来构造他们设计的网页，这样就可以制作较以往作品更复杂的多栏目网页。

（4）基于 Flash 的网页设计：Flash 开发于 1996 年，起初只有非常基本的工具与时间线，最终发展成能开发整套网站的强大工具。

（5）基于 CSS 的设计：CSS 设计受到关注始于 21 世纪初。虽然 CSS 已经存在很长一段时间了，但当时仍然缺乏主流浏览器的支持，并且许多设计师对它很陌生。

与表格布局与 Flash 网页相比，CSS 有许多优势。它将网页的内容与样式相分离，这从本质上意味着视觉表现与内容结构的分离。CSS 是网页布局的最佳实践，CSS 极大地改变了标签的混乱局面，还创造了简洁和语义化的网页布局。

由CSS设计的网页的文件往往小于基于表格布局的网页，这也意味着页面响应时间更短。

（以上内容摘自http://www.websbook.com/jiemian/wysjdlsfzhg_c90ndq_18503.html）

（二）HTML的发展史

HTML1.0。实际上应该没有HTML1.0，所谓的HTML1.0，是1993年IETF（互联网工作任务组）团队的一个工作草案，并不是成型的标准。

HTML2.0。1995年11月作为RFC 1866发布，2000年6月RFC 2854发布之后宣布其过时。

HTML3.2。1996年W3C(万维网联盟)撰写新规范，并于1997年1月推出HTML3.2。

HML4.0。1997年12月18日成为W3C的推荐标准。1999年12月24日成为W3C的推荐标准。其中只做了细微调整。

HTML4.01。2000年5月15日发布，是国际标准化组织和国际电工委员会的标准，一直沿用至今，虽然有小的改动，但大体方向没有变化。

XHTML1.0。2000年1月26日发布，是W3C的推荐标准，后于2002年8月1日重新发布。

XHTML指可扩展超文本标签语言。XHTML是HTML与XML（扩展标记语言）的结合物。XHTML包含所有与XML语法结合的HTML 4.01元素。

XHTML1.1。2001年5月31日发布。XHTML1.0是XML风格的HTML4.01。XHTML1.1初步进行了模块化。

XHTML2.0。XHTML2.0是一种通用标记语言。XHTML2.0的开发工作于2009年底停止，而资源用于推动HTML5的进展。

HTML5。HTML5是对HTML标准的第五次修订，其主要目标是将互联网语义化，以便更好地被人类和机器阅读，同时更好地支持各种媒体的嵌入。

而HTML5本身并非技术，而是标准。它所使用的技术已很成熟，国内通常所说的HTML5实际上是HTML与CSS3及JavaScript和API等的组合，可用以下公式说明：HTML5≈HTML+CSS3+JavaScript+API。

例如，HTML5新增的canvas元素。

canvas是一个可以在网页上使用JavaScript进行绘图操作的区域。提供了一个二维的绘图表面。

示例代码：

```
html
<canvas id="myCanvas"></canvas>
```

通过设置id属性，为后续通过JavaScript操作该Canvas元素提供了标识符。

使用JavaScript进行绘图的步骤：

1. 获取Canvas元素。
2. 使用绘图相关的方法进行绘图操作，例如，绘制线条、矩形、圆形等。
3. 通过Canvas元素可以实现各种复杂的图形和动画效果，为网页增添丰富的交互性和视觉效果。

（三）HTML的基本结构

HTML基本结构包括以下几个关键部分。
- <!DOCTYPE html>：文档类型声明，指定了HTML文档的类型版本。
- <html>：HTML文档的根元素，包裹了整个HTML内容。
- <head>：头部部分，包含了文档的元信息和引用的外部资源。
- <title>：标题元素，定义了网页的标题，通常显示在浏览器的标签页上。
- <meta>：元数据元素，用于设置文档的元信息，如字符集、关键词、描述等。
- <link>：链接元素，用于引入外部资源，如CSS样式表、图标等。
- <script>：脚本元素，用于引入JavaScript脚本。
- <style>：样式元素，用于在文档内部定义CSS样式。
- <body>：主体部分，包含了网页的实际内容，如文本、图像、链接等。

一个简单的HTML基本结构如下所示。

```html
<!DOCTYPE html>
<html>
<head>
    <meta charset="UTF-8">
    <title>网页标题</title>
    <link rel="stylesheet" href="styles.css">
    <script src="script.js"></script>
    <style> /* CSS 样式定义 */</style>
</head>
<body>
<h1>这是一个标题</h1>
<p>这是一个段落。</p>
</body>
</html>
```

在这个基本结构中，<!DOCTYPE html>声明了HTML5文档类型，<html>包裹了整个HTML内容，<head>中包含了元信息和引用的外部资源，<body>中包含了实际的网页内容。

（四）HTML的基本语法

HTML基本语法包括以下几个重要的部分。
- 标签（tags）：HTML使用标签来标记文档的不同部分。标签通常是成对出现的，包括开始标签和结束标签，如<tagname>内容</tagname>。
- 元素（elements）：标签和其包裹的内容一起构成了元素。元素是文档的基本构建块，用于描述文档的结构和内容。
- 属性（attributes）：标签可以包含属性，属性提供了有关元素的附加信息。属性通常以键值对的形式出现，如<tagname attribute="value">。
- 注释（comments）：注释用于在HTML代码中添加注解，不会在页面上显示，但对于开发者来说是有用的。
- DOCTYPE声明：文档类型声明，用于指定HTML文档的类型版本。
- HTML文档结构：HTML文档通常由<html><head>和<body>等元素组成，构成了文档的基本结构。

HTML基本语法示例代码如下所示。

```
<!DOCTYPE html>
<html>
<head>
    <title>HTML基本语法示例</title>
</head>
<body>
    <h1>这是一个标题</h1>
    <p>这是一个段落。</p>
    <!-- 这是一个注释 -->
    <a href="https://www.example.com">这是一个链接</a>
</body>
</html>
```

在这个示例中，<!DOCTYPE html>声明了HTML5文档类型，<html>包裹了整个HTML内容，<head>中包含了文档的元信息，<body>中包含了实际的网页内容。<h1>、<p>和<a>是不同的HTML元素，而href是<a>元素的属性。<!-- 这是一个注释 -->是HTML中的注释语法。

（五）HTML的基本标签

HTML中有许多基本标签，用于标记文档的不同部分和内容。表4.3.1列举了一些常用的基本标签。

表 4.3.1 HTML 常用的基本标签

标签名称	标签含义
html	定义HTML文档的根元素
head	包含了文档的元信息和引用的外部资源
title	定义网页的标题，通常显示在浏览器的标签页上
body	包含了网页的实际内容，如文本、图像、链接等
h1-h6	定义标题，h1为最高级标题，h6为最低级标题
p	定义段落

（续表）

标签名称	标签含义
a	定义超链接，用于创建指向其他文档或资源的链接
img	定义图像，用于在网页中显示图像
ul	定义无序列表
ol	定义有序列表
li	定义列表中的项目
div	定义文档中的分区或区块
span	定义文档中的行内区块

这些标签是HTML中最基本、最常用的标签，它们用于构建网页的结构和内容。通过合理地组合和使用这些标签，可以创建出丰富多彩的网页内容。

（六）HTML中的form表单

HTML中的form表单用于收集用户输入的数据，并将其提交给服务器进行处理。下面是对form表单的详细解释：

- \<form>标签：\<form>标签用于定义表单，它包含了各种表单元素，如输入框、单选按钮、复选框、提交按钮等。
- 表单元素：常见的表单元素包括文本输入框（\<input type="text"\>）、密码输入框（\<input type="password"\>）、单选按钮（\<input type="radio"\>）、复选框（\<input type="checkbox"\>）、下拉列表（\<select>）、文本区域（\<textarea>）等。这些元素用于让用户输入或选择数据。
- action属性：action属性指定了当表单提交时，数据将被发送到的URL。这个URL通常是服务器上的一个脚本或页面，用于处理表单数据。
- method属性：method属性指定了提交数据的方式，常见的值有"get"和"post"。get方式将表单数据作为URL参数传递，而post方式则将数据作为请求体的一部分发送。
- 提交按钮：提交按钮（如\<input type="submit"或\<button type="submit">）用于触发表单的提交操作。用户点击提交按钮后，表单数据将被发送到指定的action地址。
- 表单验证：可以通过JavaScript或其他库来实现表单的验证，确保用户输入的数据符合一定的规则和要求。验证可以在表单提交之前进行，以提供更好的用户体验。
- 表单数据传输：当表单提交时，浏览器会将表单元素中的数据编码并发送给服务器。服务器接收到数据后，可以进行进一步的处理，例如存储到数据库、发送电子邮件等。
- 表单样式：可以通过CSS来样式化表单元素，使其外观更符合设计需求。通过合理使用form表单，可以构建用户友好的表单界面，收集用户输入的数据，并与服务器进行交互。在设计表单时，需要考虑用户体验、数据验证、安全性等方面的因素。同时，根据具体的需求选择合适的表单元素和提交方式，以确保数据的正确传输和处理。

（七）HTML5

HTML5作为超文本标记语言的最新版本，为网页设计和开发带来了许多重要的改进和新特性。它在增强的语义化、多媒体支持、绘图功能、本地存储、地理位置、跨文档通信、更好的表单功能、性能与安全性提升等方面都有着出色的表现。

1. HTML5的特点

- 增强的语义化：增强的语义化使得网页结构更加清晰，便于搜索引擎和其他工具理解。例如，使用<header>标签来标记页面的头部区域，让搜索引擎能够更好地识别页面的重要部分；使用<nav>标签表示导航部分，提高了页面的可访问性。
- 多媒体支持：通过<audio>和<video>标签，可以轻松地在网页上嵌入音频和视频元素。例如，在线音乐平台可以使用<audio>标签播放各种歌曲，视频网站则可以利用<video>标签展示丰富的视频内容。
- 绘图功能：借助Canvas元素实现，它为网页增添了更多的互动性和创意性。开发者可以使用Canvas绘制简单的图形、制作动画效果或展示数据图表等。比如，绘制一个动态的时钟，或者呈现一个实时数据变化的图表。
- 本地存储使用Web Storage方便了客户端数据的存储。例如，电商网站可以保存用户的购物车信息、偏好设置等，以便下次访问时快速恢复。
- 地理位置：使得基于位置的服务成为可能。例如，地图应用可以获取用户的地理位置，提供周边搜索和导航功能。
- 跨文档通信：实现不同网页之间的信息共享。例如，在同一网站的不同页面之间传递用户信息或状态。
- 更好的表单功能：提供了更强大的表单验证功能，确保表单输入的有效性。这有助于减少错误数据的提交，提高数据质量。
- 性能与安全性提升：优化了网页性能和安全性。例如，通过加密技术保护用户数据。

2. HTML5新增的重要标签

新增标签使得HTML5更加适用于构建复杂的网页和Web应用程序，提升了开发者的工作效率，并且增强了网站的语义化和可访问性。HTML5新增的重要标签见表4.3.2所示。

表4.3.2 HTML5新增的重要标签

标签名称	标签含义
header	定义文档或区块的页眉，通常包含导航链接、logo等信息
footer	定义文档或区块的页脚，通常包含版权信息、联系方式等内容
nav	定义导航链接的容器，用于包含网站的主要导航链接
article	定义独立的内容块，如一篇新闻、一篇博客文章等
section	定义文档中的节，通常用于组织主题相关的内容
aside	定义与页面内容相关但不是主要内容的部分，比如侧边栏、广告等

（续表）

标签名称	标签含义
main	定义文档的主要内容，表示页面的主要部分，且在一个文档中应该只出现一次
figure	定义嵌入的内容，如图像、图表、照片等，通常与<figcaption>标签配合使用来添加说明性文字
figcaption	为figure元素添加说明性文字，通常用于描述figure元素的内容
video	用于在网页中嵌入视频内容
audio	用于在网页中嵌入音频内容
canvas	用于通过JavaScript绘制图形、动画等内容
progress	表示任务的完成进度
meter	表示度量衡的标量值

二、CSS基础

CSS（cascading style sheets，层叠样式表），用于定义网页的样式，包括颜色、字体、布局、大小等。它将网页的外观与结构分离，实现了样式的可重用性和维护性。CSS的语法简单明了，但又非常灵活，可以满足各种各样的样式需求，是前端开发中不可或缺的一部分，通过CSS，开发者可以轻松地为网页提供一致的视觉效果。

（一）CSS的历史

CSS的历史可以追溯到1996年，当时W3C（万维网联盟）发布了CSS1规范。这标志着CSS作为一种样式定义语言正式诞生。CSS的出现是为了解决当时网页样式设计的问题，使得网页的样式和结构能够分离开来，从而提高了网页设计的灵活性和可维护性。

随着对网页设计需求的不断增长，CSS也在不断发展。1998年，W3C发布了CSS2规范，引入了许多新的特性和选择器，使得样式表的控制能力更加强大。

2011年，W3C发布了CSS2.1规范，对CSS2进行了修订和完善，使得其更加稳定和可靠。

随着移动互联网和响应式设计的兴起，CSS3成为了焦点。CSS3引入了许多新的特性，如圆角、阴影、渐变、动画、媒体查询等，使得网页设计变得更加丰富多彩和灵活。

目前，CSS3已经成为前端开发中不可或缺的一部分，而W3C也在不断推进CSS的发展，探索新的特性和功能，以满足不断变化的网页设计需求。CSS的历史充分展现了其在网页设计中的重要性和不断发展的趋势。

（二）CSS的语法

CSS由选择器、属性和值组成，用于描述如何呈现HTML或XML文档的元素。
CSS语法：选择器{属性名:属性值;}

➢ 选择器（selector）：选择器用于选择要应用样式的HTML元素。常见的选择器包括元素选择器（如p、h1）、类选择器（如.class）、ID选择器（如#id）、属性选择器（如[type="text"]）等。
> 属性（property）：属性是要设置的样式属性的名称，如color、font-size、background-color等。
> 值（value）：值是要应用到属性的样式值，如red、12 px、#FFFFFF等。

CSS规则由选择器和一组声明块（由大括号包围）组成，每个声明块包含一个或多个属性-值对。

例如：

```
p {
    color: blue;
    font-size: 16px;
}
```

在这个例子中，p是选择器，color:blue;和font-size:16px;是声明块，color和font-size是属性，blue和16px是对应的样式值。

此外，CSS还支持注释、嵌套规则、继承、优先级等特性，这些特性使得CSS可以更好地组织和管理样式。

（三）HTML中如何引入CSS

在HTML中引入CSS有3种常见的方法。

（1）内联样式：可以在HTML元素的style属性中直接编写CSS样式。示例代码如下。

```
<p style="color: blue; font-size: 16px;">这是一段文字</p>
```

（2）内部样式表：可以在HTML文档的<head>标签中使用<style>标签定义CSS样式。示例代码如下：

```
<head>
    <style>
        p {
            color: blue;
            font-size: 16px;
        }
    </style>
</head>
<body>
    <p>这是一段文字</p>
</body>
```

（3）外部样式表：可以将CSS代码写在一个独立的.css文件中，然后在HTML文档中使用<link>标签引入外部样式表。例如：

首先在styles.css文件中定义样式。

```css
p {
    color: blue;
    font-size: 16px;
}
```

然后在HTML文档中引入外部样式表。

```html
<head>
    <link rel="stylesheet" type="text/css" href="styles.css">
</head>
<body>
    <p>这是一段文字</p>
</body>
```

这些方法都可以用来引入CSS样式，选择合适的方法取决于具体的需求和项目结构。通常情况下，推荐使用外部样式表的方式，因为它可以实现样式的复用和分离，使得代码更易于维护和管理。

（四）选择器

选择器是CSS中用于选择要应用样式的HTML元素的一种机制。选择器可以基于元素的类型、类、ID、属性等来进行选择，选择器可以单独使用，也可以组合使用，以实现更精确地选择目标元素。选择器是CSS样式表中非常重要的一部分，它们决定了样式规则应用的范围，从而控制文档的呈现效果。

1. 常见的选择器

➢ 元素选择器：基于HTML元素的标签名进行选择。例如，p选择器会选择所有的p元素。

```css
p {
    /* CSS样式 */
}
```

➢ 类选择器：基于元素的类名进行选择。类选择器以点.开头，后面跟着类名。例如，.example选择器会选择所有具有example类的元素。

```css
.example {
    /* CSS样式 */
}
```

➤ ID选择器：基于元素的ID进行选择。ID选择器以井号#开头，后面跟着ID名。例如，#header选择器会选择具有header ID的元素。

```
#header {
    /* CSS 样式 */
}
```

➤ 属性选择器：基于元素的属性值进行选择。属性选择器以方括号[]表示，内部包含属性名和属性值的匹配条件。例如，[type="text"]选择器会选择所有type属性值为text的元素。

```
[type="text"] {
/* CSS 样式 */
}
```

➤ 伪类选择器：用于选择处于特定状态的元素，如链接的状态（:link、:visited）、鼠标悬停状态（:hover）等。

```
a:hover {
    /* CSS 样式 */
}
```

➤ 伪元素选择器：用于选择元素的特定部分，如元素的首字母（::first-letter）、元素的第一行（::first-line）等。

```
p::first-letter {
    /* CSS 样式 */
}
```

2. 复合选择器

CSS复合选择器是由多个简单选择器组合而成的，用于更精确地选择HTML元素。常见的复合选择器见表4.3.3所示。

表4.3.3 复合选择器

选择器类型	符号	描述	示例
后代选择器	空格	选择某个元素的所有后代元素	div p
子选择器	>	选择直接位于特定元素下的子元素	div > p
相邻兄弟选择器	+	选择紧跟在特定元素后的第一个兄弟元素	h1 + p
通用兄弟选择器	~	选择特定元素后面的所有兄弟元素	p ~ span

3. CSS3新增的选择器

（1）属性选择器

attribute^=value：匹配属性值以指定值开头的每个元素。

attribute$=value：匹配属性值以指定值结尾的每个元素。

attribute*=value：匹配属性值中包含指定值的每个元素。

（2）伪元素和伪类选择器

:first-of-type：选择每个p元素是其父级的第一个p元素。

:last-of-type：选择每个p元素是其父级的最后一个p元素。

:only-of-type：选择每个p元素是其父级的唯一p元素。

:only-child：选择每个p元素是其父级的唯一子元素。

:nth-child(n)：选择每个p元素是其父级的第n个子元素。

:nth-last-child(n)：选择每个p元素的是其父级的第n个子元素，从最后一个子项计数。

:nth-of-type(n)：选择每个p元素是其父级的第n个p元素。

:nth-last-of-type(n)：选择每个p元素的是其父级的第n个p元素，从最后一个子项计数。

:last-child：选择每个p元素是其父级的最后一个子级。

:root：选择文档的根元素。

（3）CSS3的nth-child(n)选择器详细用法

nth-child(n)选择器用于根据元素在其父元素中的位置来选择特定的元素。

语法如下：nth-child(n)。其中n可以是以下值：

n：表示选择第n个元素。

2n：表示选择偶数位置的元素（第2个、第4个、第6个等）。

2n+1：表示选择奇数位置的元素（第1个、第3个、第5个等）。

n+3：表示选择从第n个开始，每隔三个的元素。

示例如下：

```css
/* 选择第一个元素 */
div:nth-child(1) {
  /* 设置样式 */
}
/* 选择偶数位置的元素 */
div:nth-child(2n) {
  /* 设置样式 */
}
/* 选择奇数位置的元素 */
div:nth-child(2n+1) {
  /* 设置样式 */
}
```

（五）属性

常用的CSS属性可以按照其功能进行分类，常见的分为以下几类。

（1）字体样式属性：主要用于控制字体的显示样式，包含的属性及功能见表4.3.4所示。

表4.3.4　字体样式属性

属性	语法	描述
font-size	font-size:18px	设置字号
color	color:red	设置字体颜色
font-style	font-style:normal|italic|oblique	设置字体是否为斜体。normal表示正常字体，italic表示斜体，oblique表示倾斜的字体
font-family	font-family: "字体1","字体2","字体3"	设置字体。当浏览器不支持第一个字体时，会采用第二个字体。若前两个字体都不支持，则采用第三个字体。依此类推，若浏览器不支持定义的所有字体，则采用系统的默认字体
font-weight	font-weight:normal|bold|bolder|lighter|	设置字体加粗。normal表示正常粗细，bold表示粗体，bolder表示加粗体，lighter表示细体
font-variant	font-variant:small-caps	设置字体字形。可以设置小型大写字母
font	font:font-style|font-variant|font-weight|	复合属性，可以同时对多个属性进行设置。除字体颜色外，字体的其他属性完全可被font组合属性取代。这符合CSS的代码优化原则
font-family	number	设置字体。当浏览器不支持第一个字体时，会采用第二个字体。若前两个字体都不支持，则采用第三个字体。依此类推，若浏览器不支持定义的所有字体，则采用系统的默认字体

（2）文本样式属性：用于设置文本的样式，属性及其功能见表4.3.5所示。

表4.3.5　文本样式属性

属性	语法	描述
letter-spacing	letter-spacing:normal|spacing	调整字符间距。spacing表示长度，包括长度值和单位，长度值可以是负数
word-spacing	word-spacing:normal|spacing	调整单词间距
text-decoration	text-decoration:underline|overline|line-through|blink|none	文字修饰。underline表示下画线，overline表示上画线，line-through表示删除线，blink表示闪烁效果，只能在Netscape浏览器中正常显示
text-align	text-align:left|center|right|justify	控制文本对齐方式。left表示左对齐，center表示居中对齐，right表示右对齐，justify表示两端对齐
line-height	line-height:normal|数字|长度|百分比	调整行高。数字表示行高为字号的倍数，如line-height:2表示行高是字号的两倍

（续表）

属性	语法	描述
text-indent	text-indent:2px text-indent:2em	设置文本首行缩进。2 px表示首行缩进2像素，2 em表示首行缩进2字符
white-space	white-space:normal|pre|nowrap	设置对象内空白的处理方式。默认情况下，HTML中的连续多个空格会被合并成一个，而使用这一属性可以设置成其他处理方式。normal是默认属性，将连续的空格合并；pre会导致源中的空格和换行符被保留，这个选项只在IE6中被支持；nowrap表示强制在同一行内显示所有文本

（3）背景属性：用于设置背景颜色和背景图像，属性及其功能见表4.3.6所示。

表 4.3.6 背景属性

属性	语法	描述
background-color	background-color:#000000	设置背景颜色
background-image	background-image:url("图片")	设置背景图像
background-size	background-size: length|percentage|cover|contain;	设置背景图像的大小
background-repeat	background-repeat:no-repeat|repeat-x|repeat-y	设置背景图像是否重复及重复方式，no-repeat表示不重复，repeat-x表示背景横向重复，repeat-y表示背景纵向重复
background-position	background-position: 50% 50%	改变背景图像的起始位置
background	background: background-color|background-image|backgroundrepeat|background-attachment|background-position	设置背景的复合属性。将所有背景属性设置在一个声明中，用户可根据需要按顺序选择设置其中一个或多个属性

（4）定位和布局属性：用于设置元素的定位和布局，属性及其功能见表4.3.7所示。

表 4.3.7 定位和布局属性

属性	语法	描述
position	position: static|relative|absolute|fixed	确定元素的定位方式
display	display: block|inline|inline-block	决定元素的显示方式
float	float: left|right	实现元素的浮动布局
flexbox	通过flex相关属性进行设置	提供灵活的布局方式
grid	通过grid相关属性进行设置	用于精确控制元素位置

（5）动画和过渡属性：属性及其功能见表4.3.8所示。

表 4.3.8　动画和过渡属性

属性	语法	描述
animation	animation: name duration timing-function delay iteration-count direction;	定义元素的动画效果
transition	transition: property duration timing-function;	定义元素在状态变化时的过渡效果。
transform	translate() | rotate() | scale() | skew()	对元素进行变形操作，如平移、旋转、缩放、倾斜等

（6）排版属性：属性及其功能见表4.3.9所示。

表 4.3.9　排版属性

属性	语法	描述
text-overflow	text-overflow: ellipsis|clip	指定当文本溢出元素时的处理方式。ellipsis表示显示省略号，clip表示裁剪文本
white-space	white-space: normal|pre|nowrap	定义文本如何处理空白字符。normal为正常处理，pre保留空白，nowrap不换行。
word-wrap	word-wrap: normal|break-word	决定是否允许单词换行。normal为按正常方式换行，break-word在必要时打断单词换行
text-indent	text-indent: <length>|<percentage>	设置文本缩进的距离，可以是具体的长度或百分比

（7）其他属性：属性及其功能见表4.3.10所示。

表 4.3.10　其他属性

属性	语法	描述
list-style	list-style: disc|circle|square|decimal|none 等	设置列表项的样式
cursor	cursor: pointer|crosshair|move|text|wait 等	定义鼠标指针的样式
outline	outline-style: solid|dotted|dashed|double;	指定元素轮廓的样式
	outline-color: <color>;	指定元素轮廓的颜色
	outline-width: <thickness>;	指定元素轮廓的宽度
opacity	opacity: <value>;（值在0到1之间）	定义元素的不透明度
z-index	z-index: <integer>;	确定元素在堆叠顺序中的层次

这些属性可以帮助开发人员控制文档的外观、布局和交互效果。根据具体的需求和设计，开发人员可以选择合适的属性来实现所需的样式效果。

（六）盒模型

盒模型是CSS中一个非常重要的概念，它描述了元素在页面布局中所占用的空间及其属性如何影响这个空间。理解盒模型对于创建灵活的布局和精确控制元素尺寸至关重要。

盒模型基本上将每个HTML元素看作一个矩形的盒子，这个盒子包含了元素的内容、内边距、边框和外边距。这些部分的总和定义了元素在文档中的占用空间。在CSS中，这个盒子被分为四个主要部分，如图4.3.1所示。

图4.3.1 盒模型的四个部分

- 内容区域（Content Area）：这是元素实际包含内容的区域，例如文本、图片等。
- 内边距区域（Padding）：内边距是内容区域与边框之间的空间，可以通过设置padding属性来控制。
- 边框（Border）：边框是围绕在内容和内边距外的线条，可以通过设置border属性来定义其宽度、样式和颜色。
- 外边距（Margin）：外边距是盒子与相邻元素之间的空间，可以通过设置margin属性来控制。

在CSS中，盒模型分为标准盒模型和IE盒模型。这两种模型之间的区别在于如何计算盒子的总宽度和高度，如图4.3.2所示。

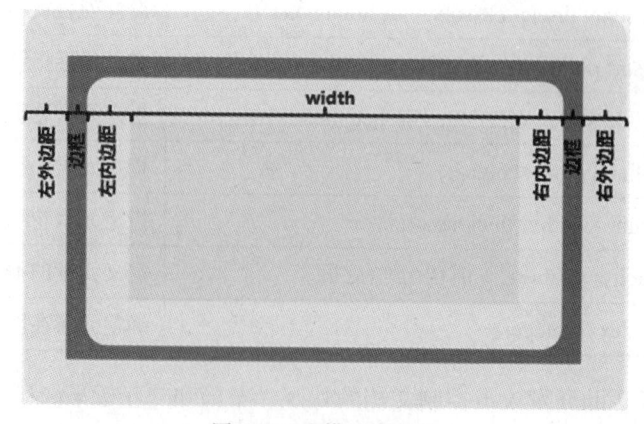

图4.3.2 盒模型的宽度

➢ 标准盒模型：在标准盒模型中，元素的宽度和高度仅包括内容区域的宽度和高度，不包括内边距、边框和外边距。

➢ IE盒模型：在IE盒模型中，元素的宽度和高度包括内容区域、内边距和边框的宽度，但不包括外边距。

可以使用CSS的box-sizing属性来指定要使用的盒模型。默认情况下，box-sizing属性的值为content-box，表示使用标准盒模型。如果将box-sizing属性设置为border-box，则使用的是IE盒模型。

理解盒模型的构成有助于开发人员更好地控制页面布局和元素尺寸，从而创建出更具吸引力和可操作性的网页界面。

（七）优先级和重叠性

在CSS中，当多个样式规则同时应用于同一个元素时，就会涉及到优先级和重叠性的概念。这些概念决定了最终应用在元素上的样式规则。

1. 优先级

每个CSS规则都有一个优先级，用于确定当多个规则应用到同一个元素时哪一个规则将会被应用。

优先级由选择器的特定性和重要性决定。特定性是用于衡量一个选择器的相对权重的值，通常由选择器中各种类型的选择器、类选择器、ID选择器和内联样式组成。重要性是通过在样式规则中使用!important关键字来指定的。

一般来说，内联样式>ID选择器>类选择器/属性选择器>元素选择器。同时，!important规则比普通规则具有更高的优先级。

2. 重叠性

当多个规则具有相同的优先级时，就会涉及到重叠性。重叠性描述了多个规则在同一元素上的应用方式。

通常情况下，后定义的规则会覆盖先定义的规则。这意味着，如果同一个属性在多个规则中被定义了不同的值，最后一个定义的值将会被应用。

如果某个规则具有!important标记，那么它将会覆盖其他规则，即使这些规则是在其后定义的。

理解优先级和重叠性对于编写高效的CSS样式表非常重要。合理利用选择器的特定性、避免滥用!important标记、以及在需要时使用嵌套规则等技巧，可以帮助开发人员更好地管理样式表，避免不必要的样式冲突和重复定义。

三、JavaScript基础

JavaScript是目前Web应用程序开发者使用最广泛的脚本编程语言。在1995年由Netscape公司的Brendan Eich在Netscape导航者浏览器上首次设计实现。因为Netscape与Sun合作，Netscape管理层希望它外观看起来像Java，因此取名为JavaScript；但实际上，它的语法风格与Self及Scheme较接近。由于JavaScript兼容ECMA标准，因此也称为ECMAScript。

JavaScript 是一种动态脚本语言，赋予网页交互性和动态功能。它可以实现网页的动态效果、验证表单、与后端进行数据交互等。JavaScript 使网页能够响应用户的操作，提供更加丰富的用户体验。

（一）JavaScript 特点

JavaScript 是一种网络脚本语言，已经被广泛用于 Web 应用开发，常用来为网页添加各式各样的动态功能，为用户提供更流畅美观的浏览效果。JavaScript 脚本通常通过嵌入在 HTML 中来实现自身功能。

（1）JavaScript 是一种解释性脚本语言（代码不进行预编译）。

（2）主要用来向 HTML（标准通用标记语言的一个应用）页面添加交互行为。

（3）可以直接嵌入 HTML 页面，但写成单独的 js 文件有利于结构和行为的分离。

（4）跨平台特性，绝大多数浏览器的支持更在多种平台下运行（如 Windows、Linux、Mac、Android、iOS 等）。

（二）JavaScript 的使用

1. 代码直接嵌入网页中

JavaScript 代码可以直接嵌入网页的任何地方，不过通常是把 JavaScript 代码放到 <head> 标签中，如图 4.3.3 所示。

```
1  <html>
2  <head>
3    <script>
4      alert('Hello, world');
5    </script>
6  </head>
7  <body>
8    ...
9  </body>
10 </html>
```

图 4.3.3　代码直接嵌入网页中

由 <script>...</script> 包含的代码就是 JavaScript 代码，它将直接被浏览器解释执行。

2. 引入 js 文件

把 JavaScript 代码放到一个单独的 .js 文件中，然后在 HTML 中通过 <script src="..."></script> 引入这个文件，如图 4.3.4 所示。

```
1  <html>
2  <head>
3    <script src="js/aa.js"></script>
4  </head>
5  <body>
6    ...
7  </body>
8  </html>
```

图 4.3.4　引入 js 文件

这样，js/aa.js 文件中的代码就会被浏览器执行。

把 JavaScript 代码放入一个单独的 .js 文件中更利于维护代码，并且不同页面可以引用同一个 .js 文件，也可以在同一个页面中引入多个 .js 文件，还可以在页面中多次编写 <script> js 代码......</script>，浏览器会按顺序依次执行。

（三）JavaScript 语法和基本概念

1. 语法

（1）JavaScript 的语法和 Java 语言类似，每个语句以"；"结束，语句块用"{}"括起来。例如，var x=1; 就是一个完整的赋值语句。

（2）注释。以 // 开头直到行末的字符被视为行注释，注释是供开发人员查看的，JavaScript 引擎会自动忽略。例如：

```
alert('hello'); // 这也是注释
```

另一种是块注释，是用 /*...*/ 把多行字符包裹起来，把中间包裹的"块"视为一个注释。例如：

```
/*
从这里开始是块注释
注释
注释
注释结束
*/
```

（3）大小写。JavaScript 严格区分大小写，如果弄错了大小写，程序将报错，或者运行不正常。

2. 变量

变量名是大小写英文、数字、$ 和 _ 的组合，且不能用数字开头。变量名也不能是 JavaScript 关键字，如 if、while 等。用 var 关键字声明一个变量，例如：

```
var a;                  // 声明了变量 a，此时 a 的值为 undefined
var $b = 1;             // 声明了变量 $b，同时给 $b 赋值，此时 $b 的值为 1
var s_007 = '007';      // s_007 是一个字符串
var Answer = true;      // Answer 是一个布尔值 true
var t = null;           // t 的值是 null
```

3. 数据类型

在 JavaScript 中，数据类型主要包括以下几种：

➤ 字符串（String）：使用双引号或单引号括起来的文本，如 "Hello, World!" 或 '你好，世界！'。

- 数字（Number）：包括整数和浮点数，可以进行数学运算，如 123、3.14。
- 布尔值（Boolean）：只有两个值，true（表示真）和 false（表示假）。
- 对象（Object）：由属性和方法组成的复杂数据结构，可以表示现实世界中的对象，例如 {name: "John", age: 30}。
- 数组（Array）：一组有序的数据元素，可以存储多个相同或不同类型的值，例如 [1, 2, 3]。
- null 和 undefined：null 表示空值或未定义的值，undefined 表示未赋值的变量。

4. 运算符

运算符用于执行各种运算，如加、减、乘、除、比较、逻辑运算等。Javascript 常用的运算符及其示例如表 4.3.11 所示。

表 4.3.11 Javascript 中常用运算符列表

类型	运算符	运算	示例
算术运算符	+	加	a + b
	−	减	a − b
	*	乘	a * b
	/	除	a / b
	%	取模（余数）	a % b
	++	自增	a++
	−−	自减	a−−
比较运算符	==	等于(类型不同时会进行类型转换)	a == b
	===	严格等于（类型和值都相同）	a === b
	!=	不等于(类型不同时会进行类型转换)	a != b
	!==	严格不等于（类型和值都不同）	a !== b
	>	大于	a > b
	<	小于	a < b
	>=	大于等于	a >= b
	<=	小于等于	a <= b
逻辑运算符	&&	逻辑与	a && b
	||	逻辑或	a || b
	!	逻辑非	!a
字符串运算符	+	用于连接字符串	a + b
赋值运算符	=	赋值	a = 13

这只是一些基本的示例，JavaScript还有许多其他的数据类型和运算符，用于更复杂的操作和编程任务。具体的使用方式和功能可以通过查阅相关的文档和教程来深入学习。例如，你可以创建一个变量a并将其赋值为10，然后使用加法运算符将其与5相加，代码如下：

```
let a = 10;
let result = a + 5;
console.log(result);
```

在这个示例中，a是一个数字类型的变量，使用加法运算符将其与 5 相加，并将结果存储在 result 变量中，最后使用console.log()打印出结果。

5. 条件语句

JavaScript使用if ... else ... 进行条件判断。例如，要根据年龄显示不同内容，可以用if语句来实现，如下：

```
var age = 20;
if (age >= 18) { // 如果age >= 18，则执行if后的语句块
    alert('adult');
} else { // 否则执行else后的语句块
    alert('teenager');
}
```

其中else语句是可选的。如果语句块中只包含一条语句，那么可以省略 {}。

6. 循环语句

如果需要重复运行相同的代码，并且每次的值都不同，那么使用循环是很方便的。JavaScript循环包括for循环、while循环和do-while循环。

（1）for循环：通过指定循环的初始条件、循环继续的条件和每次循环后的操作来执行循环。

语法：

```
for (语句 1; 语句 2; 语句 3)
{
被执行的代码块
}
```

示例代码：

```
for (let i = 0; i < 5; i++) {
  console.log(i);
}
```

在上述示例中，i从0开始，每次循环增加1，直到i大于4时停止循环。

（2）while循环：只要指定的条件为真，就会执行循环体中的代码。示例代码：

```
let i = 0;
while (i < 5) {
  console.log(i);
  i++;
}
```

在上述示例中，只要i小于5，就会执行循环体中的代码。

（3）do-while循环：先执行一次循环体中的代码，然后检查条件是否为真。如果为真，则再次执行循环体中的代码。示例代码：

```
let i = 0;
do {
  console.log(i);
  i++;
} while (i < 5);
```

在上述示例中，先执行一次循环体中的代码，然后检查i是否小于5。

这些循环语句可以根据不同的需求和场景选择使用。它们都可以用来重复执行一段代码，从而实现各种循环操作。例如，遍历数组、打印数字序列、处理数据等。根据具体的逻辑和条件，选择合适的循环语句可以使代码更加简洁和高效。

（四）函数

函数是JavaScript中的重要概念，包括函数的定义、调用、参数、返回值等。它为程序设计人员提供了方便，在进行复杂的程序设计时，通常根据要完成的功能，将程序划分为一些相对独立的部分，每部分编写一个函数，从而使各部分保持独立，这样可做到任务单一，程序清晰。

1. 函数定义

在JavaScript中，函数的定义通过关键字function来完成。函数定义明确了函数的名称、参数列表以及函数体中的执行代码。

2. 函数调用

通过函数名称并提供相应的参数，来触发函数的执行。调用过程将控制权转移到函数内部，并执行其中的代码。

3. 参数传递

参数是在调用函数时传递给函数的值，它们用于在函数内部进行处理和操作。函数可以根据需要定义接受任意数量和类型的参数。

4. 返回值

函数可以选择返回一个值给调用方。如果函数明确返回了一个值，那么调用方可以获取并使用这个返回值。如果函数没有返回值，则默认返回 undefined。

以下是一个简单的示例，展示了函数的定义、调用、参数和返回值。

```
// 定义一个名为add的函数，接收两个参数a和b，并返回它们的和
function add(a,b) {
  return a + b;
}

// 调用add函数，并将结果存储在result变量中
let result = add(3, 5);

// 打印返回值
console.log(result);
```

在这个示例中，add 函数接收两个参数并返回它们的和。通过调用add函数并传递参数，我们得到了返回值，并将其存储在result变量中进行后续处理。

（五）对象和面向对象编程的基本概念

1. 对象

对象是一种复合的数据结构，它将相关的数据（属性）和对这些数据的操作（方法）封装在一起。对象的本质是对现实世界中实体或概念的抽象表示。每个对象都具有唯一的身份和特定的属性和方法，可以通过这些属性和方法来描述和操作对象的状态和行为。

示例代码如下：

```
// 创建一个对象
  var person = {
    name: "John Doe",
    age: 30,
    sayHello: function() {
      console.log("Hello, my name is " + this.name);
    }
  };

  // 使用对象的属性和方法
  console.log(person.name);
  person.sayHello();
```

在这个示例中，创建了一个名为person的对象，它具有name和age两个属性，以及sayHello方法。可以通过点号（.）操作符来访问对象的属性和方法。

2. 原型

原型是JavaScript中实现继承和共享属性及方法的机制。每个对象都有一个关联的原型对象，该原型对象包含了可由该对象及其子类对象共享的属性和方法。当访问一个对象

的属性或方法时，如果该对象本身没有定义该属性或方法，JavaScript会通过原型链来查找原型对象中是否存在相应的属性或方法。

示例代码如下：

```javascript
// 创建一个原型对象
var prototype = {
    method1: function() {
        console.log("This is method1 from the prototype.");
    }
};

// 创建一个基于原型的对象
var object = Object.create(prototype);

// 访问原型上的方法
object.method1();
```

在这个示例中，创建了一个原型对象prototype，并在其中定义了一个方法method1。然后，使用Object.create方法创建了一个基于该原型的对象object。通过访问object的method1方法，可以看到它实际上是从原型中继承的。

3. 类

类是用于创建对象的模板，使用 class 关键字定义一个类。在ES6中，JavaScript引入了类的语法糖（在编程语言中提供的一种便捷的语法形式），使得对象的创建和继承更加直观和易于理解。类内部可以定义属性和方法，并且可以通过 extends 关键字实现继承。

示例代码如下：

```javascript
// 定义一个类
class Person {
    // 构造函数，用于初始化对象
    constructor(name, age) {
        this.name = name; // 对象的属性
        this.age = age;
    }

    // 对象的方法
    greet() {
        console.log(`Hello, my name is ${this.name} and I am ${this.age} years old.`);
    }

    // 静态方法，属于类本身，不属于类的实例
    static staticMethod() {
```

```
    console.log('This is a static method.');
  }
}
```

// 创建 Person 类的实例
const person1 = new Person('Alice', 30);
person1.greet(); // 输出：Hello, my name is Alice and I am 30 years old.

// 调用静态方法
Person.staticMethod(); // 输出：This is a static method.

注意：原型不是类。原型是 JavaScript 中用于实现继承和共享机制的一个对象，而类是一种特殊的函数，用于定义对象的模板和创建对象的构造函数。在 ES6 引入类语法之前，JavaScript 主要通过原型和构造函数来实现面向对象编程。类的引入主要是为了提供更清晰、更易于理解的语法来模拟传统的面向对象编程特性，如封装、继承和多态。然而，在底层实现上，类仍然依赖于原型链来实现继承。

4. 继承

继承是面向对象编程中的重要概念，它允许一个对象（子类）从另一个对象（父类或超类）继承属性和方法。子类可以继承父类的属性和方法，并可以根据需要进行扩展和修改。通过继承，代码的复用性得到提高，同时也使得代码的结构更加清晰和易于维护。在 JavaScript 中，继承可以通过原型链或类继承来实现。原型链继承是基于原型的继承方式，子类通过原型对象与父类建立联系，从而共享父类的属性和方法。类继承则是通过使用类（Class）和构造函数来模拟传统的继承结构。

示例代码如下：

```
// 定义父类
function ParentClass() {
  this.property1 = "Parent property";
}

ParentClass.prototype.method1 = function() {
  console.log("This is method1 in ParentClass.");
};

// 定义子类
function ChildClass() {
  ParentClass.call(this); // 调用父类的构造函数
}

ChildClass.prototype = Object.create(ParentClass.prototype); // 继承父类的原型
```

```
ChildClass.prototype.method2 = function() {
    console.log("This is method2 in ChildClass.");
};

// 创建子类的实例
var child = new ChildClass();

// 访问继承的属性和方法
console.log(child.property1);
child.method1();
child.method2();
```

在这个示例中，首先定义了一个父类ParentClass和一个子类ChildClass。子类通过调用父类的构造函数来继承父类的属性，并且通过继承父类的原型来获取父类的方法。子类还可以定义自己独特的方法。

面向对象编程的优势在于它提供了一种模块化和封装的编程方式，使得代码更具有可维护性、可扩展性和可重用性。通过将数据和相关的操作封装在对象中，可以更好地组织和管理代码，减少代码的冗余和耦合。同时，继承机制允许代码的复用和扩展，使得开发大型复杂系统变得更加容易。总的来说，理解对象、原型和继承等概念是掌握面向对象编程的关键。这些概念有助于构建具有良好结构和行为的软件系统，提高代码的质量和可维护性。在实际开发中，合理运用面向对象编程的原则和技术，可以提高代码的可读性、可扩展性和可复用性。

（六）DOM操作

DOM（document object model，文档对象模型）是JavaScript与网页交互的重要接口，它允许程序和脚本动态地访问和更新文档的内容、结构和样式，包括选择元素、修改元素属性、添加事件监听器等操作。

HTML文档被浏览器解析后就是一棵DOM树；要改变HTML的结构，就需要通过JavaScript来操作DOM。操作一个DOM节点实际上包括以下几个操作。

- 更新：更新该DOM节点的内容，相当于更新了该DOM节点表示的HTML的内容。
- 遍历：遍历该DOM节点下的子节点，以便执行进一步操作。
- 添加：在该DOM节点下新增一个子节点，相当于动态增加了一个HTML节点。
- 删除：将该节点从HTML中删除，相当于删除该DOM节点的内容以及它包含的所有子节点。

在操作一个DOM节点前，需要通过各种方式先找到这个DOM节点，最常用的方法是document.getElementById()和document.getElementsByTagName()，以及CSS选择器document.getElementsByClassName()。

因为ID在HTML文档中是唯一的，所以document.getElementById( )可以直接定位唯一的一个DOM节点。document.getElementsByTagName( )和document.getElementsByClassName( )总是返回一组DOM节点。要精确地选择DOM，可以先定位父节点，再从父节点开始选择，以缩小范围。

示例如下：

```
// 返回ID为'test'的节点
var test = document.getElementById('test');
// 先定位ID为'test-table'的节点，再返回其内部的所有tr节点
var trs = document.getElementById('test-table').getElementsByTagName('tr');
// 先定位ID为'test-div'的节点，再返回其内部所有class包含red的节点
var reds = document.getElementById('test-div').getElementsByClassName('red');
// 获取节点test下的所有直属子节点
var cs = test.children;
// 获取节点test下第一个、最后一个子节点
var first = test.firstElementChild;
var last = test.lastElementChild;
```

访问HTML元素的常用方法如下。

（1）getElementById()方法

getElementById()方法返回带有指定ID的元素。

语法：

```
node.getElementById("id");
```

例如，获取 id="intro"的元素，代码如下：

```
document.getElementById("intro");
```

（2）getElementsByTagName()方法

getElementsByTagName()方法返回带有指定标签名的所有元素。

语法：

```
node.getElementsByTagName("tagname");
```

例如，返回包含文档中所有p元素的列表，代码如下：

```
document.getElementsByTagName("p");
```

（3）getElementsByClassName()方法

getElementsByClassName()方法返回带有相同类名的所有HTML元素，语法：

```
document.getElementsByClassName("classname");
```

例如，返回包含 class="intro" 的所有元素的一个列表，代码如下：

```
document.getElementsByClassName("intro");
```

注意，getElementsByClassName()在Internet Explorer 5、6、7、8中无效。

（七）JavaScript对话框

JavaScript中常见的对话框有三种：警告框、确认框和提示框。

1. 警告框

警告框由window对象的alert()方法生成，用于将浏览器或文档的警告信息传递给客户，警告框上只有一个"确定"按钮，示例：

```
<html>
<head>
<script language="javascript">
  alert("欢迎你光临本站！ ");
</script>
</head>
</html>
```

运行结果如图4.3.5所示。

图4.3.5　alert()方法运行结果

2. 确认框

确认框由window对象的confirm()方法生成，用于将浏览器或文档的警告信息传递给客户，confirm()方法与alert()方法的用法十分类似，不同之处在于该对话框除包含一个"确定"按钮外，还有一个"取消"按钮，代码中应对这两个按钮的操作分别进行设置。需要说明的是，在调用window对象的confirm()方法以及后面介绍的prompt()方法时，可以不写前面的window.。示例：

```
<html>
<head>
<title>confirm</title>
<script language="javascript">
var con;
con=confirm("你要离开本站吗?");
```

```
if(con==true)
   alert("确认离开!");
else
   alert("不,再等一会儿!");
</script>
</head>
</html>
```

运行结果如图4.3.6所示。

图4.3.6　confirm运行结果

单击"确定"按钮,弹出图4.3.7所示的对话框。

图4.3.7　单击"确定"按钮的运行结果

单击"取消"按钮,弹出图4.3.8所示的对话框。

图4.3.8　单击"取消"按钮的运行结果

3.提示框

提示框由window对象的prompt()方法生成,用于收集客户关于特定问题的反馈信息。alert()方法和confirm()方法的使用十分类似,都是仅显示已有的信息,用户不能输入自己的信息。但prompt()方法可以做到这点,它不但可以显示信息,而且提供了一个文本框要求用户用键盘输入信息，同时还包含"确认"和"取消"两个按钮，如果用户单击"确认"按钮，则prompt()方法返回用户在文本框中输入的内容(字符串类型)或初始值(如果用户没有输入信息)；如果用户单击"取消"按钮，则prompt()方法返回null。在这三种对话框中，它的交互性最好。示例：

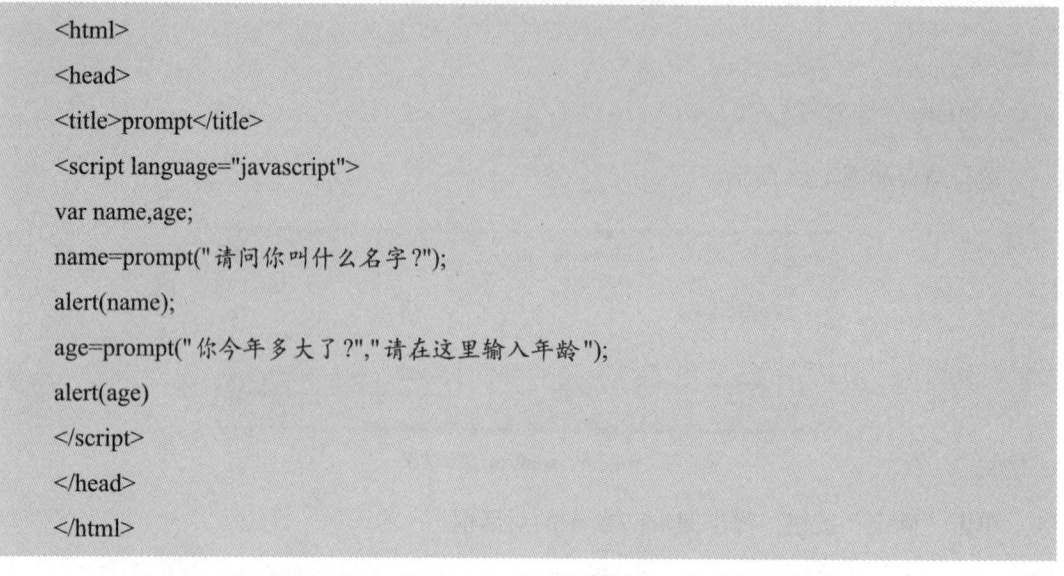

```
<html>
<head>
<title>prompt</title>
<script language="javascript">
var name,age;
name=prompt("请问你叫什么名字?");
alert(name);
age=prompt("你今年多大了?","请在这里输入年龄");
alert(age)
</script>
</head>
</html>
```

运行结果如图4.3.9所示。

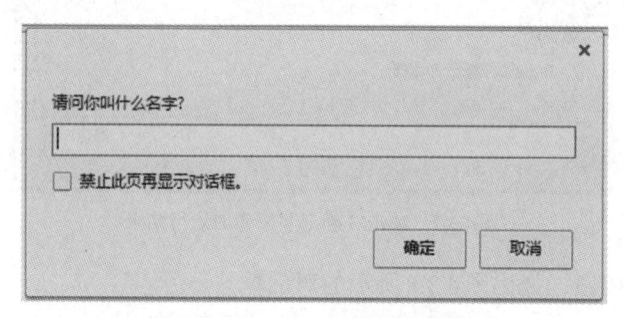

图4.3.9　prompt()方法的运行结果

在输入框中输入little，单击"确定"按钮，弹出如图4.3.10所示的对话框。

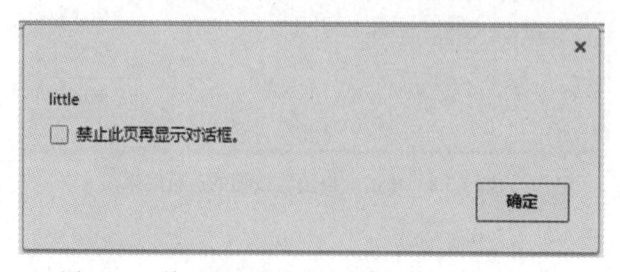

图4.3.10　输入little再单击"确定"按钮的运行结果

单击"确定"按钮，弹出如图4.3.11所示的对话框。

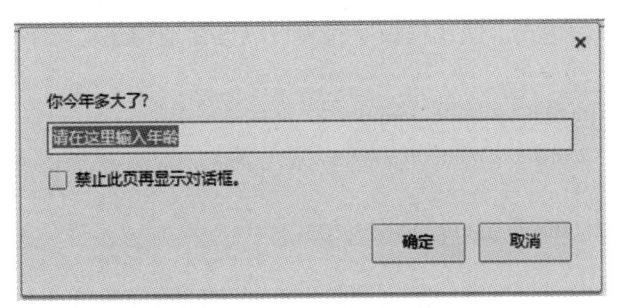

图 4.3.11　单击"确定"按钮的运行结果

在输入框中输入 20，单击"确定"按钮，弹出如图 4.3.12 所示的对话框。

图 4.3.12　输入 20 再单击"确定"按钮的运行结果

（八）ES6+ 新特性

ES6+（ECMAScript 2015 及以上版本）JavaScript 语言增加了一系列新特性。它在 ECMAScript 5 的基础上进行了扩展和增强，扩展的内容包括箭头函数、模板字符串、结构赋值、块级作用域、模块、类、Proxies 等重要的新特性。这些新特性的引入使得 JavaScript 语言的功能更加强大，为开发者提供了更多的编程工具和语法结构。理解和掌握这些新特性可以帮助开发者写出更简洁、高效和可维护的 JavaScript 代码，提高开发效率和代码质量。在实际开发中，根据项目需求和代码风格，合理地运用这些新特性可以带来更好的开发体验和代码效果。下面重点讲述箭头函数、模板字符串、解构赋值、块级作用域这 4 个新特性。

1. 箭头函数

箭头函数是 ES6 中引入的一种新的函数语法，它具有更加简洁的语法结构，并且在某些情况下具有更好的语义。与传统的函数声明语法不同，箭头函数使用箭头 => 来表示函数的参数和返回值。

以下是一个简单的箭头函数示例。

```
const sum = (a, b) => a + b;
```

在这个示例中，() => 是箭头函数的语法，a + b 是函数的主体。箭头函数可以省略关键字 function、函数名以及花括号，使代码更加简洁明了。

2. 模板字符串

模板字符串是另一个重要的 ES6 新特性。它提供了一种新的字符串表示方式，允许在字符串中插入变量和表达式。使用模板字符串可以方便地构建动态字符串，使代码更加直观和易读。

以下是一个简单的模板字符串示例。

```
const name = 'John';
const greeting = `Hello, ${name}!`;
```

在这个示例中，${name} 是一个占位符，会被实际的变量值 John 替换。模板字符串使用反引号 `` ` `` 来标识，并且可以嵌入变量和表达式，使字符串的构建更加灵活。

3. 解构赋值

解构赋值是一种强大的语法特性，它允许从对象或数组中提取值并将其分配给对应的变量。通过解构赋值，开发者可以方便地获取和使用对象或数组中的属性值，减少了烦琐的手动赋值操作。

以下是一个简单的解构赋值示例。

```
const obj = { name: 'John', age: 30 };
const { name, age } = obj;
```

在这个示例中，{name, age} 是解构赋值的语法，它将 obj 中的 name 和 age 属性赋值给对应的变量。

4. let 和 const

let 和 const 是新的变量声明关键字。let 允许变量在块级作用域中重新赋值，而 const 声明的变量是常量，一旦赋值后不能再次更改。

以下是一个简单的示例。

```
let x = 5;
x = 10; // 合法，x 的值可以被修改
const y = 15;
y = 20; // 错误，y 是常量，不能重新赋值
```

通过使用 let 和 const，可以更好地控制变量的作用域和可变性，避免一些常见的变量声明和使用问题。

（九）JavaScript 事件

JavaScript 事件是指在网页在浏览器中运行时发生的一些特定交互瞬间，例如，打开某一个网页，浏览器加载完成后会触发 load 事件；当鼠标指针悬浮于某一个元素上时会触发 hover 事件；当单击某一个元素时会触发 click 事件等。在事件触发时 JavaScript 会执行一些代码，这些代码可以对事件进行响应和处理。

1. 事件作用

JavaScript 事件在网页中的作用主要表现在以下几个方面。

- 改变页面内容：通过事件处理程序，可以动态地改变页面内容。例如，单击页面中一个按钮时，在页面中显示相关内容。
- 表单验证：在提交表单之前，可以使用事件处理程序验证表单数据的正确性。例如，可以验证表单中的邮箱地址格式是否正确。
- 动画效果：可以使用事件处理程序创建动画效果。例如，当鼠标指针悬停在按钮上时，可以使用动画效果更改按钮的背景颜色。
- 交互性：通过事件处理程序，可以使用户与网页进行交互。例如，为网页中的元素添加单击事件，以响应用户的单击操作。
- 提高用户体验：通过事件处理程序，可以增加网页的交互性和可用性，从而提高用户体验。

2. 事件类型

事件类型是对用户与网页之间发生的各种交互动作的分类和定义。当用户进行特定操作时，如单击按钮、输入文本、滚动页面等，浏览器会触发相应的事件。通过编写 JavaScript 代码，可以响应这些事件，并根据需要执行相应的操作。

JavaScript 事件类型可分为鼠标事件、键盘事件、表单事件、窗口事件、触摸事件及其他事件，具体事件类型和触发条件见表 4.3.12 所示。

表 4.3.12　JavaScript 事件类型分类

分类	事件名称	触发条件
鼠标事件	click	用户单击主鼠标按钮（一般是左键）或者按下聚焦时按下回车键时触发
	dblclick	用户双击主鼠标按键触发（频率取决于系统配置）
	mousedown	用户按下鼠标任意按键时触发
	mouseup	用户抬起鼠标任意按键时触发
	mousemove	鼠标在元素上移动时触发
	mouseover	鼠标进入元素时触发
	mouseout	鼠标离开元素时触发
	mouseenter	鼠标进入元素时触发，该事件不会冒泡
	mouseleave	鼠标离开元素时触发，该事件不会冒泡
键盘事件	keydown	按下键盘上任意键触发，如果按住不放，会重复触发此事件
	keypress	按下键盘上一个字符键时触发
	keyup	抬起键盘上被按下的任意键触发
	keydown、keypress	阻止了事件默认行为，文本不会显示
表单事件	focus	元素聚焦的时候触发（能与用户发生交互的元素，都可以聚焦），该事件不会冒泡
	blur	元素失去焦点时触发，该事件不会冒泡

（续表）

分类	事件名称	触发条件
表单事件	submit	提交表单事件，仅在 form 元素有效
	change	文本发生改变时触发
窗口事件	load	页面或资源加载完成时触发
	unload	用户离开页面时触发
	resize	窗口或框架被调整大小时触发
	scroll	元素或窗口的滚动条滚动时触发
触摸事件	touchstart	用户触摸屏幕时触发
	touchmove	用户触摸屏幕并移动手指时触发
	touchend	用户结束触摸时触发
	touchcancel	系统取消触摸事件时触发（如来电或系统警告）
其他事件	load	window 的 load
	DOMContentLoaded	事件在页面中所有资源全部加载完毕时触发，而图片的 load
	readystatechange	事件则在图片资源加载完毕时触发

3. 事件对象

在 JavaScript 中，事件对象是用来记录一些事件发生时的相关信息的对象。事件对象只有事件发生时才会产生，并且只能在事件处理函数内部访问，在所有事件处理函数运行结束后，事件对象就被销毁。

事件对象的常用属性和方法有 type 和 target。

> type：返回发生的事件的类型，即当前事件对象表示的事件的名称。它与注册的事件句柄同名，或者是事件句柄属性删除前缀 "on"，比如 "submit"、"load" 或 "click"。

> target：返回触发事件的元素，可以是文档中的任何元素，如按钮、输入框、链接等。

下面是一个使用 JavaScript 事件对象的示例代码，用于在单击按钮时显示事件类型和触发事件的元素：

```
<!DOCTYPE html>
<html>
<meta charset="utf-8">
<head>
    <title>事件对象示例</title>
</head>
<body>
```

```
        <button id="myButton">点击我</button>
        <script>
            document.getElementById("myButton").addEventListener("click", function(event) {
                console.log(event.type);
                console.log(event.target);
            });
        </script>
    </body>
</html>
```

在上述示例中，当单击按钮时，会触发click事件，并调用事件处理函数。在事件处理函数中，可以通过event.type获取事件类型，通过event.target获取触发事件的元素。

4. 事件处理函数

在JavaScript中，事件处理函数是一种用于响应特定事件的函数，这些事件可以由用户操作（如单击、鼠标移动等）或浏览器自身行为（如页面加载完成）触发。事件处理函数的主要作用是在事件发生时执行相应的操作，从而实现网页与用户之间的交互。

例如，当用户单击一个按钮时，可以通过为该按钮添加一个单击事件处理函数来响应这个事件。在事件处理函数中，可以执行各种操作，如显示弹出框、修改页面内容、发送HTTP请求等。

以下是一个演示如何在网页中使用事件处理函数的示例。

```
<!DOCTYPE html>
<html>
<meta charset="utf-8"><head>
  <title>事件处理函数示例</title>
</head>
<body>
  <button id="myButton">点击我</button>
  <script>
    document.getElementById("myButton").addEventListener("click", function(event) {
      alert("你点击了按钮！");
    });
  </script>
</body>
</html>
```

在上述示例中，首先在HTML页面中添加了一个按钮，并为其指定了一个唯一的ID myButton。然后，在JavaScript代码中，使用getElementById方法获取到该按钮，并为其添加一个单击事件处理函数。

当用户点击按钮时，事件处理函数会被触发，并执行相应的操作，即弹出一个警告框，显示"你点击了按钮！"。

5. 事件的工作过程

Javascript事件的工作过程如下：
- 发生事件：用户在网页上执行某个操作，如单击按钮或鼠标悬停。
- 启动事件处理程序：JavaScript会检测到事件的发生，并触发对应的事件处理程序。
- 事件处理程序做出反应：事件处理程序会执行相应的JavaScript代码，以响应事件的发生。

下面是一个演示在JavaScript中使用事件的示例。

```html
<button id="myButton">Click me!</button>
```

javascript代码如下：

```javascript
// 获取按钮元素
var button = document.getElementById("myButton");
// 添加点击事件监听器
button.addEventListener("click", function() {
    alert("按钮被点击了！");});
```

在这个例子中，首先通过document.getElementById()方法获取按钮元素，并将其存储在一个变量button中。然后，使用addEventListener()方法为按钮添加一个单击事件监听器。最后，当按钮被单击时，事件监听器中的函数将被执行，弹出一个警告框显示"按钮被点击了！"。

事件处理程序可以是预定义的函数或匿名函数。在上面的例子中，事件处理程序是一个匿名函数，它在按钮被单击时执行。也可以将事件处理程序定义为一个预定义的函数，并在需要时调用它。

四、前端框架和库

在当今数字化时代，网站建设已成为企业、组织和个人展示自身形象、提供服务和信息传播的重要途径。而前端框架和库的出现，为网站建设带来了革命性的变化。它们不仅提供了一系列高效的工具和功能，还极大地提升了开发效率和用户体验。

1. 前端框架和库的定义

前端框架是一种综合性的软件框架，它为前端应用的构建提供了结构和基础设施。框架通常包含了一套预定义的组件、模块和开发模式，帮助开发者更快速、更方便地搭建复杂的用户界面。例如，React、Angular和Vue等都是知名的前端框架。

前端库则是一系列可重复使用的代码组件的集合。这些库通常专注于解决特定的问题或实现特定的功能，如DOM操作、动画效果、数据可视化等。常用的前端库包括jQuery、

Bootstrap、Lodash 等。

2. 前端框架和库的优势

提高开发效率：使用前端框架和库可以避免重复编写常见的功能代码，提高开发效率从而节省开发时间。它们提供的预构建组件和工具使得开发者能够更快速地构建出功能强大的网站。

保证代码质量：成熟的框架和库经过了大量实践和测试，具有较高的稳定性和可靠性。它们遵循着良好的编程实践和设计模式，有助于写出质量更高的代码。

增强代码可维护性：一致的编程风格和结构使得团队成员之间的协作更加容易，也方便后续的代码维护和更新。

实现跨浏览器兼容性：前端框架和库通常会处理不同浏览器之间的差异，确保网站在各种主流浏览器上都能正常显示，减少了兼容性问题的困扰。

3. 常见的前端框架和库

React 是一个用于构建用户界面的 JavaScript 库，它采用了虚拟 DOM 渲染机制，提供了高效的性能和灵活的组件化开发方式。

Angular 是基于 TypeScript 的前端框架，它具备强大的模块化和双向数据绑定功能，适合构建复杂的单页应用。

Vue 是一款轻量级的前端框架，它具有简洁的语法和快速的开发体验，受到了众多开发者的喜爱。

Bootstrap 是一种流行的前端 UI 库，提供了响应式的设计模板和组件，可快速创建美观且适配多种设备的网页布局。

jQuery 是一个广泛使用的 JavaScript 库，它简化了 DOM 操作、事件处理以及动画效果等常见任务。

4. 前端框架和库的应用场景

- 单页应用（SPA）：利用框架的路由和状态管理功能，实现动态的单页应用，提供流畅的用户体验。
- 用户界面构建：使用框架和库提供的组件和样式，快速搭建出美观、交互性强的用户界面。
- 数据交互和动态内容：通过与后端 API 的集成，实现数据的获取和展示，动态更新页面内容。
- 移动端开发：针对移动设备的特点，选择适合移动端开发的框架和库，打造适配移动设备的网站或应用。

5. 前端框架和库的使用原则

- 适度使用：避免过度依赖框架和库，根据实际需求进行合理选择和集成，保持代码的简洁和可维护性。
- 遵循最佳实践：严格遵循框架和库的官方文档和最佳实践，确保代码的可读性和稳定性。
- 测试和优化：进行充分的测试，优化框架和库的使用，提升网站的性能和用户体验。
- 持续学习和更新：关注框架和库的更新动态，及时采用新特性并修复可能存在的漏洞。

前端框架和库在网站建设中发挥着关键作用，它们为开发者提供了强大的支持，使得构建高效、稳定和用户友好的网站变得更加容易。在选择和使用时，需要综合考虑各种因素，并遵循良好的开发实践。随着技术的不断进步，前端框架和库也在不断发展和创新，为网站建设带来更多的可能性。通过合理运用前端框架和库，我们能够打造出更具吸引力和竞争力的网站，满足用户日益增长的需求。

五、版本控制系统

在当今的软件开发领域，特别是前端技术和网站建设中，版本控制系统扮演着至关重要的角色。它不仅帮助开发者跟踪代码的变更，还促进了团队协作和项目管理。Git作为一种分布式版本控制系统，以其独特的优势和强大的功能，在行业中得到了广泛的应用。

1. Git的历史与发展

Git的诞生可以追溯到2005年，由Linus Torvalds为了管理Linux内核的开发而开发。自那以后，Git迅速发展，并成为了开源社区和商业项目中最受欢迎的版本控制系统之一。它的发展离不开开源社区的贡献和不断的改进。

2. Git的核心概念

- 版本控制：Git通过记录项目中文件和目录的变更，允许开发者追踪代码的历史，包括历次的修改、添加和删除。
- 分支与合并：Git支持创建多个分支，使得团队成员可以同时工作在不同的功能或任务上，最后通过合并将各个分支的修改整合到一起。
- 提交与版本号：每次提交都会生成一个唯一的版本号，方便追踪和识别特定的代码状态。
- 远程仓库：Git可以与远程服务器上的仓库进行交互，实现团队成员之间的协作和代码共享。

3. Git的工作流程

- 克隆仓库：从远程仓库获取项目的副本到本地。
- 工作区：开发者在本地进行代码修改的区域。
- 暂存区：将准备提交的更改暂存起来。
- 提交：将暂存区的更改记录为一个提交，形成版本历史。
- 推送与拉取：与远程仓库进行数据同步，分享和获取他人的更改。

4. Git的优势

- 分布式存储：Git的分布式架构使得每个开发者的本地仓库都是一个完整的副本，提高了可靠性和灵活性。
- 快速与高效：Git在处理大规模项目和快速提交时表现出色，节省了时间和资源。
- 强大的分支管理：Git的分支模型允许并行开发和独立测试，提高了开发效率。
- 离线工作能力：开发者可以在离线状态下进行工作，然后在联网时与远程仓库同步。

5. Git在团队协作中的应用

- 协作模式：Git促进了团队成员之间的协作，允许并行工作和独立提交。

- 代码审查：通过查看提交历史和差异，方便进行代码审查和反馈。
- 冲突解决：Git 提供了有效的工具和策略来解决多人同时修改同一部分代码时产生的冲突。
- 项目管理：利用 Git 的版本控制功能，可以更好地规划和管理项目的进度和发布。

6. Git 的高级功能
- 标签：用于标记重要的版本，如发布版本或里程碑。
- 分支策略：采用合适的分支策略，如主分支、功能分支、发布分支等，提高开发的效率和稳定性。
- 变基操作：通过变基（Rebase）可以重新排列提交历史，使代码的发展更加清晰和线性。
- Git Hooks：自定义在特定事件发生时触发的脚本，如代码格式检查、自动构建等。

7. Git 的 webui 工具

虽然 Git 主要通过命令行操作，但也有许多图形化的 webui 工具可供选择，如 GitHub Desktop、GitKraken、SourceTree 等。这些工具提供了更直观的界面，适合不熟悉命令行的用户。

8. Git 的最佳实践
- 提交信息的重要性：清晰、准确的提交信息有助于理解代码的变更和历史。
- 频繁提交：小而频繁的提交有利于保持代码的整洁和可追溯性。
- 分支的使用原则：合理使用分支，遵循团队约定的分支策略。
- 代码合并技巧：掌握正确的合并方法，避免不必要的冲突和问题。

Git 作为一种先进的版本控制系统，为前端技术和网站建设提供了强大的支持。它的分布式架构、高效的工作流程和丰富的功能特性，使得团队协作和项目管理更加顺畅和高效。通过正确使用 Git 的工作流程、高级功能和最佳实践，开发者可以更好地管理代码变更，提高开发效率，确保项目的质量和稳定性。在未来的前端开发中，Git 将继续发挥重要的作用，并不断推动行业的发展。

六、开发工具和环境

合适的开发工具和环境可以提高开发效率。这包括代码编辑器、调试工具、构建工具（如 Webpack）、测试框架等。这些工具使得开发者能够更高效地编写、调试和打包前端代码。

1. 代码编辑器

代码编辑器是前端开发中最基本的工具之一。一个好的代码编辑器应该具备以下特点：
- 语法高亮：能够对不同的编程语言进行语法着色，提高代码的可读性。
- 智能提示：根据代码的上下文提供智能的代码提示和自动补全，提高编码效率。
- 代码折叠：支持代码折叠，方便查看和管理代码结构。
- 调试工具：集成调试工具，如断点调试、变量查看等，帮助开发者快速排查问题。
- 版本控制集成：与版本控制系统（如 Git）紧密集成，方便进行版本管理和协作。
- 扩展支持：支持插件和扩展，以满足特定的开发需求。

常见的代码编辑器有Visual Studio Code、Sublime Text、Atom等，它们都提供了丰富的功能和良好的用户体验。

2. 调试工具

调试工具对于前端开发至关重要，它们可以帮助开发者发现和解决代码中的错误。以下是一些常见的调试工具：

- 浏览器开发者工具：现代浏览器都内置了强大的开发者工具，如Chrome DevTools、Firefox Developer Tools等。它们提供了网络请求监控、元素检查、控制台输出等功能，有助于调试JavaScript、CSS和HTML代码。
- 调试器：针对特定的编程语言或框架，有相应的调试器可用。例如，JavaScript调试器可以帮助开发者逐行执行代码，查看变量状态和跟踪代码执行流程。
- 日志工具：通过记录日志信息，可以了解程序的运行状态和错误情况，便于分析和解决问题。
- 错误监控工具：如Sentry、Bugsnag等，能够实时监控和收集应用程序中的错误信息，提供及时的错误反馈和通知。

熟练使用调试工具可以大大提高开发效率，减少错误排查的时间。

3. 构建工具（如Webpack）

构建工具在现代前端开发中扮演着重要的角色。Webpack是一种流行的构建工具，它具有以下主要功能：

- 模块打包：将多个JavaScript文件和其他资源打包成一个或多个模块，提高加载性能。
- 代码分割：根据需要将代码分割成多个块，实现按需加载，减少初始加载时间。
- 资源处理：支持对CSS、图片、字体等资源的处理，如压缩、合并等。
- 插件体系：通过插件可以扩展Webpack的功能，满足各种个性化需求。
- 开发服务器：提供实时刷新和热重载功能，加快开发迭代速度。

使用构建工具可以优化前端应用的性能、提高开发效率，并使代码结构更加模块化和可维护。

4. 测试框架

测试是确保前端代码质量的重要环节。以下是一些常用的测试框架：

- 单元测试框架：如Jest、Mocha等，用于对单个模块或函数进行测试，确保代码的正确性和可靠性。
- 集成测试框架：例如Cypress、Selenium等，用于测试整个前端应用的功能和交互性。
- 代码覆盖率工具：如Istanbul、Codecov等，可以测量测试用例对代码的覆盖程度，发现未覆盖的部分。
- 持续集成工具：如Jenkins、Travis CI等，结合测试框架实现自动化测试和构建，确保代码的质量和稳定性。

通过编写测试用例，可以在开发过程中及时发现问题，提高代码的质量和可维护性。

合适的开发工具和环境对于前端技术和网站建设至关重要。代码编辑器提供了高效的编码体验，调试工具帮助排查错误，构建工具优化了代码打包和性能，测试框架确保了代码质量。选择和合理使用这些工具能够提升开发效率、保证项目质量，并使开发过程更加顺畅和可控。开发者应根据项目需求和团队偏好，选择适合的工具和环境，不断探索和优化前端开发的工作流程。

七、性能优化和用户体验

性能优化和用户体验是相互关联的。通过优化性能，可以提高网站的加载速度和响应性，使用户能够更快地获得所需信息，提升用户满意度。同时，关注用户体验可以使网站更加易用和吸引人，增加用户的参与度和忠诚度。在前端技术与网站建设中，追求性能优化和用户体验的提升是至关重要的。

性能优化是网站建设中至关重要的环节，它直接影响着用户的体验和网站的可用性。在前端技术中，性能优化可以从多个方面入手，包括加载优化、代码优化和服务器优化等。

- 加载优化的关键在于减少页面加载时间和提高资源加载效率。这可以通过以下措施实现：
- 合并和压缩资源：将多个 JavaScript、CSS 文件合并为一个或少数几个文件，并使用压缩工具减小文件大小，减少 HTTP 请求次数。
- 图片优化：采用合适的图片格式，如 JPEG 或 WebP，并根据需要进行压缩，同时使用懒加载技术，仅在需要时加载图片。
- 缓存利用：合理设置浏览器缓存和服务器端缓存，避免重复加载资源，提高加载速度。
- 代码优化：涉及减少不必要的 DOM 操作、优化 JavaScript 代码和压缩合并代码等方面。避免频繁的 DOM 操作可以通过使用事件委托和批量更新来实现。同时，合理使用 JavaScript，避免全局变量和复杂计算，可以提高脚本执行效率。压缩和合并代码可以减少文件传输时间。
- 服务器优化：包括优化服务器配置、使用内容分发网络（CDN）和实施缓存机制等。适当调整服务器的硬件和软件设置可以提高服务器的响应速度。利用 CDN 将静态资源分布到全球各地的服务器上，使用户能够从最近的节点获取资源，加速加载过程。

用户体验是网站成功的关键因素之一。以下是提升用户体验的一些重要方面。

- 可用性设计：确保网站的布局简洁、导航清晰，提供易于使用的菜单、搜索功能和明确的链接。使用合适的字体和颜色，保证内容的易读性。
- 交互设计：设计直观的用户界面，使按钮、表单等交互元素易于操作和理解。及时反馈用户的操作结果，增强用户的感知。
- 响应式设计：使网站能够适应不同设备的屏幕尺寸，提供一致且良好的跨设备体验。
- 性能与体验的平衡：在优化性能的同时，也要考虑用户的实际体验。进行性能测试和分析，了解不同网络环境和设备下的加载情况，根据测试结果进行针对性的优化。

此外，收集用户反馈和进行A/B测试也是不断改进用户体验的有效方法。通过用户反馈可以了解用户的需求和问题，从而进行相应的改进。A/B测试可以比较不同设计或功能的效果，选择最优化的方案。

八、响应式设计与流式布局

响应式设计是一种能够使网页在不同终端和屏幕尺寸下自动调整布局和样式的技术。流式布局是响应式设计的一种实现方式，通过设置元素的百分比宽度或使用弹性布局单位，使得页面能够根据屏幕大小动态调整布局，以适应不同的设备和分辨率。

（一）响应式设计

响应式设计是一种设计理念，旨在使网站能够根据不同的设备屏幕尺寸和浏览器窗口大小进行自适应调整。其目标是无论用户使用桌面电脑、平板设备还是移动手机访问网站，都能提供一致且良好的用户体验。

实现响应式设计的关键在于采用灵活的布局和媒体查询。通过媒体查询，可以根据设备特性动态地调整页面的布局、字体大小、图片尺寸等元素，以适应不同的屏幕尺寸。

此外，响应式设计还需要考虑不同设备的交互方式。例如，触摸交互在移动设备上更为常见，因此需要设计适合触摸操作的按钮和交互元素。

响应式设计的目的是使网站能够适应不同尺寸的设备屏幕，提供良好的用户体验。例如，一个响应式网站可能在桌面端显示为多列布局，而在移动端则自动调整为单列布局，以方便用户在小屏幕上浏览内容。

以下是一个简单的响应式设计的示例：

```css
/* 基础样式 */
.container {
  max-width: 1200px;
  margin: 0 auto;
}

/* 桌面端样式（大于 768px）*/
@media (min-width: 768px) {
  .container {
    /* 在桌面端设置特定的样式 */
  }
}

/* 平板端样式（大于 480px 且小于 768px）*/
@media (min-width: 480px) and (max-width: 767px) {
  .container {
```

```
      /* 在平板端设置特定的样式 */
    }
  }
  /* 移动端样式（小于 480px）*/
  @media (max-width: 479px) {
    .container {
      /* 在移动端设置特定的样式 */
    }
  }
```

上述示例中使用了媒体查询来根据不同的屏幕尺寸设置不同的样式。@media 规则中的 min-width 和 max-width 用于定义特定的屏幕范围。通过在不同的媒体查询中设置相应的样式，网站可以在不同设备上呈现出合适的布局。

（二）流式布局

流式布局是一种极具灵活性和适应性的布局方式，基于容器和内容之间的紧密关联。内容会聪明地依据容器的大小自动进行调整，从而达成自适应布局的目标。

流式布局常常借助相对单位（如百分比、em）来明确元素的尺寸和间距，而非一味坚守固定的像素值。这样布局便拥有了良好的弹性，能够适应不同的屏幕尺寸。

流式布局方式的优点很多，它能够有效地利用屏幕空间，无论是在大屏幕设备上还是在小屏幕设备上，都能展现出最佳的效果；它为用户带来了更为流畅和舒适的浏览体验，无须用户频繁地进行缩放或滚动操作。

流式布局也有其缺点，在实际应用中，可能会面临一些挑战。例如，对于某些复杂的页面布局，可能需要更加精细的控制和调整。此外，在不同的浏览器和设备上，可能会出现一些兼容性问题，需要进行针对性的测试和优化。

为了更好地发挥流式布局的优势，开发者需要注意以下几点：

- 合理选择相对单位，以确保布局的弹性和适应性。
- 对不同屏幕尺寸进行充分的测试，确保页面在各种情况下都能正常显示。
- 注意元素之间的比例关系，避免出现布局混乱的情况。
- 结合其他布局方式，如浮动布局、网格布局等，以满足复杂页面布局的需求。

流式布局是一种强大的布局方式，通过与响应式设计的结合，能够为用户提供更加优质的页面布局体验。在面对其挑战时，开发者需要充分发挥创造力和技术能力，打造出令人惊艳的页面布局效果。

（三）技术实现与挑战

响应式框架和库的使用能够大大提高开发效率，它们提供了一些常用的组件和功能，帮助开发者更快地实现响应式设计。然而，在实践中面临着不少挑战。兼容性问题是其中之一，不同的浏览器和设备对各种技术的支持程度可能存在差异。为了解决这个问题，需要进行广泛的测试，确保网页在各种常见的浏览器和设备上都能正常显示。

图像适配也是一个关键挑战。不同尺寸的设备需要不同大小和比例的图像，以保证最佳的视觉效果。这可能需要开发者根据不同的设备和屏幕尺寸，对图像进行适当的裁剪、缩放或压缩。

性能优化尤为重要，因为响应式网页可能包含大量的资源，如图片、脚本和样式文件。为了提高页面加载速度，可以采取压缩文件、合并资源、优化代码等措施。

除此之外，还需要考虑用户体验。在不同的设备上，用户的操作方式和习惯可能不同，需要确保网页的交互设计在各种场景下都能提供良好的用户体验。

为了克服这些挑战，开发者需要进行充分的测试和优化工作。在测试阶段，要覆盖常见的设备和浏览器，检查网页的显示效果、功能是否正常。在优化阶段，要不断寻找性能瓶颈，并采取相应的优化措施。

总之，实现响应式设计和流式布局需要综合考虑技术、兼容性、性能和用户体验等多个方面。通过合理运用各种技术和工具，并进行充分的测试和优化工作，才能打造出高质量的响应式网页，满足用户在不同设备上的需求。

（四）最佳实践与案例分析

为了更好地理解响应式设计和流式布局的应用，本章节将提供一些最佳实践和案例分析。通过实际案例的展示和分析，读者可以学习到如何在不同场景下应用这些技术，以及如何解决常见的问题。

流式布局是根据内容的宽度来自动调整元素的排列方式。例如，在一个流式布局的页面中，当内容宽度变小时，元素会自动换行，以适应屏幕宽度。

以下是一个简单的流式布局示例：

```css
.container {
    font-size: 16px; /* 定义基础字体大小 */
    width: 80%; /* 设置容器宽度 */
    margin: 0 auto; /* 水平居中 */
}
.container p {
    display: block; /* 将段落显示为块级元素 */
    margin-bottom: 16px; /* 段落之间的间距 */
}
```

上述示例中定义了一个容器container，设置了基础字体大小和宽度。容器中的段落元素p被设置为块级元素，并设置了一定的间距。当内容宽度变小时，段落会自动换行，形成流式布局。

在实际开发中，可能需要更复杂的样式和布局调整，以满足不同项目的需求，需要根据实际需求灵活应用。

第五章

网站后端开发

网站后端开发是构建一个强大、高效网站的关键环节。其中，服务器端编程语言与框架起着核心作用。不同的服务器端编程语言，如Python、Java、Node.js等，各自具有独特的优势和特点。Python以其简洁易读和丰富的库支持，在快速开发和数据科学领域表现出色；Java则以稳定性和强大的企业级应用能力而备受青睐；Node.js则擅长处理高并发的网络请求。

服务器端框架更是为开发提供了高效的架构和工具。例如，Django（Python框架）提供了完善的数据库管理、用户认证等功能；Spring（Java框架）以其强大的依赖注入和面向切面编程能力，为企业级应用提供坚实基础。

数据库管理与接口开发同样至关重要。后端开发需要选择合适的数据库，如MySQL、PostgreSQL、MongoDB等，并进行有效的管理。这包括数据的存储、检索、更新和备份等操作。

同时，接口开发使得服务器端能够与数据库进行高效交互，确保数据的准确性和完整性。通过优化数据库查询语句、建立索引等方式，可以提高数据库的性能，为网站的快速响应提供保障。

第一节

服务器端编程语言与框架

一、服务器端语言

在网站后端开发中，Python、Java 和 PHP 是最常用的服务器端编程语言，每种语言都具有其独特的特性与优势。三种语言的对比见表 5.1.1 所示。

表 5.1.1　三种语言的对比

比较项目	Python	Java	PHP
语法简洁性	简洁易懂	相对复杂	较为简洁
面向对象特性	支持	强烈支持	支持
跨平台性	优秀	优秀	优秀
应用领域	数据科学、机器学习、Web 开发等	企业级应用、大型系统开发等	Web 开发为主
性能	中到高	高	中
安全性	相对较好	较好	较好
社区支持	丰富	丰富	丰富
可扩展性	高	高	高

Python 以其语法的简洁性而著称，使其成为应用广泛的语言，不仅适用于初学者，也适用于经验丰富的开发者，其应用领域广泛，涵盖数据科学、机器学习以及人工智能等前沿领域。Python 拥有丰富的库和框架，为各种任务提供了强有力的支持，使得开发者能够迅速实现复杂的功能。然而，Python 的性能相对较慢，但在特定场景下可通过优化提升性能，尽管本身相对安全，开发者仍需高度关注代码的安全性，以防范潜在的漏洞。

Java 作为面向对象编程的典范，具备强大的企业级支持。其跨平台特性使代码能在不同操作系统上运行，提供了高度的可移植性。在企业级应用、Web 开发和移动开发等领域广泛应用。其性能通常较好，能够应对复杂大型项目。Java 的安全性编程模型为企业应用提供了可靠保障。它具备严格的内存管理和异常处理机制，有助于降低安全风险。丰富的类库和框架为开发者提供高效工具与功能。

PHP 则是专门为 Web 开发而设计的语言。在构建动态网站方面具有广泛应用和丰富扩展。PHP 的优势在于其在 Web 开发领域成熟的生态系统，提供大量扩展和框架选择。通过优化，PHP 性能可得到提升以满足高流量网站需求。但因其广泛使用和开放性，代码安全性需开发者特别关注，以防范漏洞和攻击。

就性能而言，Java 在处理大型企业级应用时表现优异，得益于其成熟的性能优化技术和强大的服务器端能力；Python 在数据处理等领域也能满足需求，可通过算法和数据结构优化提升性能。

在安全性方面，三种语言均可通过合理编程与配置确保安全性，这包括规避常见安全漏洞、进行代码审查、实施访问控制等措施。可扩展性方面，它们皆拥有丰富的社区和资源支持。开发者可从社区获取帮助并分享经验，同时利用各种扩展和框架增强语言功能。

Python、Java 和 PHP 在网站后端开发中各自发挥着重要作用，选择使用哪种语言取决于项目的具体需求、团队的技术背景和偏好等因素，无论选择何种语言，合理的编程实践和强烈的安全性意识都是确保项目成功的关键要素。

二、服务器端框架

随着信息技术的飞速发展，服务器端框架在软件开发中的地位日益凸显，它们是支撑着各类应用程序的构建与运行的基础。Django、Spring 和 Laravel 这三个框架在众多的服务器端框架中，以其独特的特点和优势脱颖而出。

Django 以其简洁、高效的设计理念而闻名。它提供了一套完整的解决方案，包括强大的 URL 路由、模型映射和管理界面等功能。Django 的优势在于其快速开发和易于维护的特点，使开发者能够在短时间内构建出功能齐全的应用。

Spring 作为一个成熟且广泛应用的框架，具有高度的灵活性和可扩展性。它的核心思想是依赖注入和面向切面编程，为企业级应用提供了强大的支持。Spring 还拥有丰富的生态系统，能够与各种其他技术和框架进行集成。

Laravel 则以其优雅、简洁的语法和丰富的社区资源吸引了众多开发者。它提供了一系列便利的工具和功能，如自动化的路由、模板引擎和数据库迁移等。Laravel 的易用性使得开发者能够更快速地推出高质量的应用。

三个框架的对比见表 5.1.2 所示。

表 5.1.2 三个框架对比

框架	Django	Spring	Laravel
编程语言	Python	Java	PHP
适用场景	Web 应用开发、API 开发	企业级应用开发、微服务架构	Web 应用开发、API 开发
模型-视图-控制器支持	内置	支持	支持

（续表）

框架	Django	Spring	Laravel
路由系统	内置	内置	内置
数据库访问	支持多种数据库，如MySQL、PostgreSQL、SQLite等	支持多种数据库，如MySQL、PostgreSQL、Oracle等	支持多种数据库，如MySQL、PostgreSQL、SQLite等
模板引擎	内置模板引擎，支持Jinja2	支持多种模板引擎，如Thymeleaf、Freemarker等	内置模板引擎，支持Blade
安全性	内置安全功能，如用户认证和授权	提供安全框架和配置	内置安全功能，如用户认证和授权
社区支持	活跃的社区，提供丰富的文档和插件	庞大的社区，提供丰富的文档和插件	活跃的社区，提供丰富的文档和插件
学习曲线	相对较低，易于学习和上手	适中，需要一定的Java基础	适中，需要一定的PHP基础
扩展性能	提供丰富的扩展机制和插件	提供强大的扩展机制和依赖管理	提供丰富的扩展机制和插件
文档丰富度	丰富的文档和教程	丰富的文档和教程	丰富的文档和教程

（一）Django

Django是一款基于Python的开源Web框架，采用模型-视图-控制器（MVC）架构模式，以实现快速、简单且可维护的Web开发为主要目标。

1. Django设计模式——MVC模式

Django采用的MVC模式（如图5.1.1所示），是一种经典的软件设计架构，这种模式将软件系统的不同功能模块清晰地划分开来，使得整个系统的开发和维护更加高效和灵活。

Diango MVT设计模式中最重要的是视图（view），因为它同时与模型（model）和模板（templates）进行交互。当用户发来一个请求（request）时，Django会对请求头信息进行解析，解析出用户需要访问的url地址，然后根据路由uris.py中定义的对应关系把请求转发到相应的视图处理。视图会从数据库读取需要的数据，指定渲染模板，最后返回响应数据。

模型（Model）定义了数据结构，明确应用程序中数据库表与字段间的映射关系。视图（View）作为处理HTTP请求并生成响应的组件，承担着接收请求、处理业务逻辑，并生成相应HTML或JSON响应的重要职责。控制器连接模型与视图，接收用户输入，调用模型进行数据处理，并将结果传递给视图渲染。

模板（Template）则借助Django的模板语言生成HTML响应，用于渲染数据和展示页面内容。路由系统（Routing System）将HTTP请求灵活映射至对应的视图函数，使开发者能自由定义网站的URL结构。

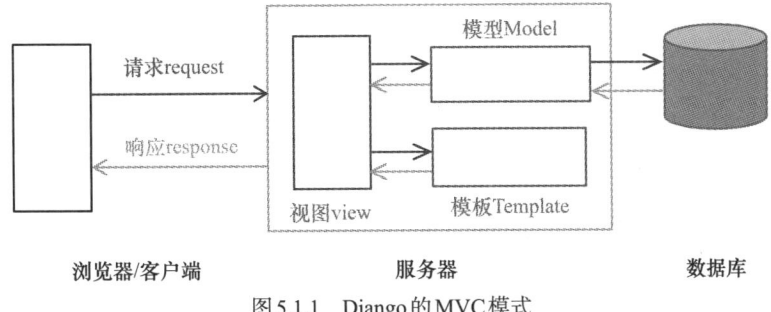

图 5.1.1　Django 的 MVC 模式

在 Django 中，模型、视图和控制器之间存在着密切的关系，它们共同协作来构建和运行 Web 应用程序。

模型（model）是应用程序的数据表示和业务逻辑部分。它定义了数据库表的结构和字段，以及它们之间的关系。模型还包含了用于处理数据的方法，如创建、读取、更新和删除数据等。

视图（view）负责处理用户与应用程序的交互，它接收用户的请求，并根据请求生成相应的响应。视图主要用于呈现数据给用户，通常使用模板来生成 HTML 页面。

控制器（controller）在 Django 中并没有明确的对应部分，其功能由视图和路由系统共同承担。路由系统根据用户的请求 URL 找到对应的视图函数，然后视图函数处理请求并返回响应。

它们之间的关系如下：
- 视图通过访问模型来获取和处理数据，将数据呈现给用户。
- 模型提供了数据的结构和操作方法，视图使用这些方法来处理数据。
- 路由系统将用户的请求导向相应的视图函数，实现了控制器的部分功能。
- 视图、模型和路由系统共同协作，构成了完整的 Web 应用程序。

这种关系的优点包括：
- 职责分明：各部分各司其职，提高了代码的可维护性和可扩展性。
- 松散耦合：模型和视图可以独立开发和修改，不会相互影响。
- 复用性高：模型和视图可以在不同的应用中重复使用。
- 开发效率高：分工明确，便于团队协作开发。

例如，当用户请求一个产品详情页面时，路由系统将请求导向对应的视图函数，视图函数从模型中获取产品数据，并使用模板生成产品详情页面的 HTML 响应。

Django 示例代码如下：

```
from django.urls import reversefrom django.http import JsonResponse
def my_view(request):
    # 处理请求的逻辑
    data = {
        'essage': '这是一个 Django 示例'
    }
```

```
        return JsonResponse(data)
# 在 urls.py 中添加对应的路由
urlpatterns = [
        path('my_view/', my_view),]
```

这段代码是一个简单的 Django 视图函数示例。它定义了一个名为 my_view 的视图函数，用于处理请求并返回一个包含消息的 JSON 响应。

在视图函数中，通过定义一个包含消息的字典 data，并使用 JsonResponse 类将其作为响应返回。在 urls.py 文件中，通过添加对应的路由将 my_view 视图与特定的 URL 路径进行关联。这样，当访问对应的 URL 时，Django 将会调用 my_view 视图函数并返回相应的响应。

2. Django 的特色

在提高开发效率与代码质量方面，Django 表现出色。其丰富的功能与工具使快速开发成为可能，自动管理功能如数据库迁移和 URL 路由，大大减少手动配置工作量。Django 倡导遵循 DRY 原则，鼓励重用代码和模板，降低冗余，提升代码的可维护性与可扩展性。安全方面，内置强大的安全功能，满足用户认证和授权需求，为 Web 应用程序提供全面可靠的安全防护。

Django 庞大的社区为开发者提供了丰富文档、教程及第三方库，助力开发过程加速。其架构与主要组件紧密配合，协同工作。

另外，Django 内置的后台管理界面为开发者管理和编辑模型数据提供了极大便利。

综上所述，Django 在 Web 开发领域具有重要地位，其丰富的功能、高效的开发模式、强大的安全性以及活跃的社区支持，使其成为众多开发者的首选框架之一。通过合理利用 Django 的架构和组件，开发者能够更加高效地构建出高质量、可维护的 Web 应用程序。

（二）Spring

Spring 是基于 Java 的开源框架，专为构建企业级应用程序而设计。它所提供的一系列模块与工具，为开发者处理常见的企业级开发问题提供了有力支持。

在提升开发效率与代码质量方面，Spring 表现卓越。依赖注入（DI）的运用实现了松耦合设计，使代码更易测试、维护及扩展。控制反转（IOC）机制让开发者无需手动管理对象的创建与依赖关系，提高了代码的可维护性与灵活性。面向切面编程（AOP）的支持允许开发者在不影响原始代码的前提下，添加通用功能，如日志记录、事务管理与安全验证等。模板引擎如 Thymeleaf 和 Freemarker 的存在，使开发者能够轻松生成动态 HTML 页面。数据访问支持方面，Spring 对多种数据库提供支持，涵盖关系型与 NoSQL 数据库，其数据源抽象与事务管理功能让开发者能轻松管理数据库连接与事务。

Spring 的架构与主要组件相辅相成。核心容器提供依赖注入与控制反转功能，有效管理对象的创建与依赖关系。AOP 支持的模块为面向切面编程提供支撑，使开发者可在不改动原始代码的情况下添加通用功能。数据访问支持模块为多种数据库提供支持。Web 支持模块为 Web 应用程序开发提供包括 HTTP 请求处理、视图渲染及控制器注解等功能。测试支持模块则提供对测试的支持，包括模拟对象与测试框架集成等。

下面是一个简单的Spring架构示例代码，展示了如何创建一个Spring项目并使用其中的一些核心功能。

```java
java代码
import org.springframework.context.ApplicationContext;
import org.springframework.context.support.ClassPathXmlApplicationContext;
public class Main {
    public static void main(String[] args) {
        // 创建 Spring 应用上下文
        ApplicationContext context = new ClassPathXmlApplicationContext("applicationContext.xml");

        // 从上下文获取 Bean
        MyService myService = context.getBean("myService", MyService.class);
        myService.doSomething();
    }}
// 定义一个服务接口
interface MyService {
    void doSomething();}
// 实现服务接口的具体类
class MyServiceImpl implements MyService {
    @Override
    public void doSomething() {
        System.out.println("Doing something in MyServiceImpl...");
    }}
```

在上述示例中，

（1）通过ClassPathXmlApplicationContext创建Spring应用上下文。

（2）通过context.getBean()方法从上下文中获取名为myService的Bean，并强制转换为MyService类型。

（3）调用doSomething()方法执行具体的业务逻辑。

Spring的出现极大地推动了企业级应用程序开发的发展，为开发者提供了更强大、更便捷的开发工具和技术支持。

（三）Laravel

Laravel作为基于PHP的开源Web框架，以其所采用的模型－视图－控制器（MVC）架构模式，在Web开发领域占据着重要地位。它的设计目标是提供一个优雅、简洁且易用的框架，以显著提升Web开发的效率与质量。

就提高开发效率和代码质量而言，Laravel展现出众多显著优势。快速开发方面，其丰富的功能与工具使开发者能够迅速构建Web应用程序。自动路由和Artisan命令行工具极大减少了手动配置的工作量。模板引擎方面，所使用的Blade模板引擎具备强大的模板语法和继承功能，使得生成动态HTML页面变得轻松。数据库迁移方面，自动的数据库迁移功能让开发者能够轻松管理数据库结构的变更，提升了数据库管理的效率。认证和授权方面，内置的强大认证和授权功能为实现用户认证与授权提供了便捷途径。

Laravel的架构和主要组件也具备独特的特性。路由系统将HTTP请求准确映射到相应的控制器和方法，使开发者能够灵活定义网站的URL结构。控制器作为处理HTTP请求并生成响应的关键组件，接收请求后调用模型进行数据处理，再将结果传递给视图进行渲染。模型定义了应用程序的数据结构，明确了数据库表与字段之间的映射关系。视图则用于生成HTML响应的组件，借助Laravel的模板语言渲染数据并展示页面内容。数据库迁移轻松管理数据库结构变更，自动生成迁移脚本，确保数据库的稳定性和一致性。Artisan命令行工具提供了一系列命令，辅助开发者完成各种任务。

在未来，随着技术的不断进步，Laravel有望继续发展和完善，为Web开发带来更多的便利和创新。持续适应新的技术趋势方面，随着技术的演进，Laravel将不断更新以适应新的需求和趋势。提供更强大的功能方面，可能会增加更多的特性和功能，以满足日益复杂的Web应用开发需求。优化性能和扩展性方面，进一步提升框架的性能和可扩展性，以支持更大规模的应用。加强与其他技术的集成方面，更好地与新兴技术和框架进行集成，提供更广泛的技术选择。

同时，Laravel的社区也将继续壮大，为开发者提供更多的资源和支持。丰富的文档和教程将不断更新和完善，帮助开发者更好地理解和使用Laravel。更多的扩展和插件将由社区成员贡献，丰富Laravel的生态系统。活跃的交流和分享将促进Laravel的发展和创新。

Laravel作为一款优秀的Web框架，将继续在Web开发领域发挥重要作用，为开发者提供更强大、便捷的开发工具和技术支持。它将不断适应技术的发展，满足开发者的需求，推动Web开发的进步。

第二节 数据库管理与接口开发

数据库用于存储和管理各种类型的数据，这些数据涵盖了多种领域，除了用户信息、文章和产品等，还包括订单记录、交易信息、客户反馈等关键业务数据。接口作为不同网页模块之间的桥梁，发挥着连接和协同的关键作用，它使得各个模块能够相互通信和协作，实现数据的共享和交换。

在网页制作与网站建设过程中，数据库管理和接口开发发挥着重要的作用，对于小型个人网站而言，精心设计和管理数据库可以确保数据的准确性和可靠性，为用户提供良好的体验；对于大型企业级应用，高效的数据库管理和合理的接口设计更是至关重要。

通过合理的数据库设计，能够提高数据访问的效率，减少数据冗余，确保数据的完整性和一致性。同时，设计良好的接口可以提高系统的可扩展性，便于后续功能的添加和改进。

合理的接口设计还能为用户提供更好的交互体验。它可以使得不同模块之间的通信更加流畅和高效，从而提升网站的整体性能和用户满意度。

此外，随着业务的发展和变化，数据库管理和接口开发需要具备灵活性和可扩展性，能够适应不断变化的需求，为网站的持续发展提供有力支持。

一、数据库管理

（一）数据库技术

在网站建设中，数据库用于存储和管理网站中的数据，常见的数据库技术包括关系型数据库和非关系型数据库。这两种类型的数据库对比见表5.2.1所示。

表 5.2.1　数据库类型对比

对比项	关系型数据库	非关系型数据库
数据结构	基于表格，结构化	多样化，灵活
范式遵循	严格遵循	不一定遵循
查询语言	主要使用 SQL	无固定查询语言
数据一致性	强一致性	根据场景选择一致性级别

（续表）

对比项	关系型数据库	非关系型数据库
性能	对于复杂查询性能较好	对大规模数据和高并发访问性能较好
适用场景	结构化数据、复杂查询	大数据量、高并发、分布式系统等
扩展性	相对较复杂	更易于扩展
数据模型	基于表和关系	多样化的数据模型
数据存储	相对较为固定	更灵活

1. 关系型数据库

关系型数据库是一种基于关系模型来组织和管理数据的数据库。它以表格形式存储数据，每行代表一个记录，每列代表一个字段。这种结构化的存储方式使得数据具有良好的可读性和可维护性。

遵循严格的范式规则是关系型数据库的重要特点之一。通过遵循这些规则，可以确保数据的完整性和一致性。这意味着数据之间的关系清晰明确，避免了冗余和不一致的数据。

关系型数据库还提供了结构化查询语言（SQL），它是一种用于管理和操作数据的标准化语言。SQL的强大功能使得用户可以方便地进行数据的插入、更新、查询和删除等操作。它具有简洁、直观的语法，使得数据库管理变得简单和高效。

由于这些特点，关系型数据库适用于需要复杂查询和数据一致性要求高的场景。例如，企业的业务系统通常需要对大量的结构化数据进行复杂的查询和分析。关系型数据库可以提供高效的查询性能和数据的完整性保证。

在金融领域，关系型数据库可以用于存储和管理交易数据、客户信息等重要数据。在电子商务领域，它可以处理订单、库存和用户信息等。总之，对于那些对数据的准确性和一致性有严格要求的场景，关系型数据库是一种可靠的选择。

2. 非关系型数据库

非关系型数据库突破了传统关系型数据库的限制，具有一些独特的特点。它的数据存储方式更加灵活，可以处理各种类型的数据结构。这使得它能够更好地适应多样化的数据需求。

非关系型数据库在处理大规模数据和高并发访问时具有更好的性能。它可以轻松应对海量数据的存储和快速访问需求，能够支持高并发用户的访问。

与关系型数据库不同，非关系型数据库不一定严格遵循传统的数据库范式。这使得它可以更加灵活地存储数据和管理数据，根据具体的业务需求进行数据模型的设计。

非关系型数据库常用于处理分布式系统、大数据量和实时数据等场景。在分布式系统中，它可以提供更好的数据分布和容错能力。在处理大数据量时，它可以提供高效的存储和查询性能。

例如，在社交网络应用中，非关系型数据库可以处理大量的用户动态和关系数据。在物联网领域，它可以用于存储和处理海量的设备数据。在实时数据处理场景中，它能够快速响应和处理实时产生的数据。

总的来说，非关系型数据库为处理多样化和大规模的数据提供了一种有效的解决方案。它的灵活性和高性能使其在现代应用中发挥着重要的作用。在实际应用中，根据具体的需求和场景选择合适的数据库类型是至关重要的。无论是结构化数据还是灵活的数据结构，都可以找到适合的数据库来满足业务的需求。

数据库技术的选择可根据数据结构和访问模式进行选择。对于结构化、关系紧密的数据，关系型数据库可能是更好的选择；对于非结构化、灵活的数据，非关系型数据库可能更适合。在选择数据库技术后，进行合理的索引设计和数据模型设计是关键。索引可以大大提高数据库的查询性能，避免全表扫描，减少查询时间。数据模型的设计应遵循规范化原则，确保数据的完整性和一致性。

在实际应用中可能会遇到各种问题，为了优化数据库查询性能，可以采取以下措施：避免全表扫描，通过合理的索引设计和查询优化来减少查询开销；避免重复查询，尽量一次性获取所需的数据，减少数据库负载；使用数据库事务可以确保数据的一致性，即使在并发访问的情况下也能保证数据的正确性。

考虑数据库可扩展性也是必须的。随着业务的增长，数据量可能会迅速增加，因此需要选择具有良好扩展性的数据库技术，可以采用分布式数据库架构或进行水平分片等方式来应对数据量的增长。

在进行数据库设计时，还需要考虑数据的安全性，设置合适的用户权限，加密敏感数据，防止数据泄露和恶意访问。数据库的备份和恢复也是至关重要的。定期备份数据，以便在发生故障或数据丢失时能够快速恢复。

在网页制作与网站建设中，数据库技术的选择和应用需要综合考虑多种因素。通过合理的设计和优化，对常见问题提供有效的解决方法，可以确保数据库的高效运行，为用户提供良好的体验。

（二）数据库设计原则

当今数字化时代，网页制作与网站建设已然成为各个领域不可或缺的一部分，而数据库作为网站核心组件之一，直接关乎整个网站的性能和用户体验。一个设计优良的数据库能够实现快速的数据访问，确保数据的完整性与一致性，且为网站的稳定运行提供坚实支撑。

数据库设计中最重要的两个原则是规范化和索引优化，它们有利于提升数据库的性能、可靠性以及可维护性。在设计数据库时，应当综合考量这些原则，并依据具体的业务需求进行合理设计。规范化是数据库设计的核心原则之一，它对于减少数据冗余、确保数据的完整性和一致性具有重要意义。通过遵循规范化原则，将数据库结构合理分解为多个相关但独立的表，可以避免诸如数据重复、插入异常、删除异常和更新异常等问题。

规范化的优点众多，首先，它能提高数据质量，减少冗余数据，降低数据出错的风险。例如，在一个客户信息表中，如果同时存储客户的姓名、地址、电话等信息，当多个表需要这些信息时，就会出现数据冗余。通过规范化，可以将这些信息分别存储在不同的表中，以避免数据的重复。其次，规范化有助于简化数据管理，使数据的插入、更新和删除操作更加方便。以订单系统为例，如果将订单信息和客户信息存储在同一个表中，当需要修改客户信息时，可能需要同时更新多个订单记录，这样就增加了数据管理的复杂性。

索引优化是提高数据库查询性能的关键原则。合理选择索引可以显著提升查询效率。在设计数据库时，需要根据业务需求确定经常用于查询的字段，并为其创建索引。确定关键字段是索引优化的重要步骤。例如，在一个电子商务网站中，商品名称、类别等字段可能经常用于查询，为这些字段创建索引可以加快查询速度。然而，也要避免创建过多索引，因为过多的索引会导致插入、更新和删除操作的性能下降。例如，当大量数据需要频繁更新时，过多的索引会增加数据库的负担。

除了规范化和索引优化，数据库设计原则还包括：

（1）数据完整性：确保数据的准确性和一致性，这对于保证业务逻辑的正确性至关重要。例如，在一个金融系统中，账户余额的准确性必须得到保证。

（2）避免数据孤立：保持数据之间的关联和一致性，以便更好地支持业务流程。例如，客户订单与库存信息之间的关联。

（3）考虑数据增长：为未来的数据扩展预留空间，避免频繁的数据库结构调整。例如，一个快速发展的企业，其客户数据可能会迅速增长。

（三）数据建模

依据业务需求进行数据建模是网站建设中的关键步骤，它需要深入理解业务流程和数据需求，精心设计表结构和关系，同时关注数据的扩展性、查询性能和安全性。一个优秀的数据建模能够为网站的成功运行和发展提供坚实的支持，使其在功能、性能和可维护性方面达到理想状态。通过不断优化和改进数据建模，能够打造出更加高效、稳定和用户友好的网站，为用户提供卓越的服务和体验。

在深入开展根据业务需求进行数据建模之前，全面深入地理解业务流程和数据需求至关重要，包括明确网站的功能与目标、确定所需存储和处理的数据类型和梳理数据间的关联。

在表结构设计方面，需细致考虑以下因素。

（1）定义主键：为主键赋予唯一标识符，以便有效区分不同记录。这一举措不仅有助于提高数据的唯一性和可识别性，还能为数据管理和查询提供有力支持。

（2）选择适宜的数据类型：依据数据的特性选取恰当的数据类型，从而节省存储空间并提升查询效率。合理的数据类型选择可优化数据库性能，确保系统的高效运行。

（3）设计合理的字段：确保字段能够精确描述数据的内涵。精准的字段设计有助于提高数据的可用性和可理解性，为后续的数据处理和分析创造有利条件。

（4）避免冗余：减少重复数据能够显著提升数据的一致性和准确性。冗余数据可能引发一系列问题，如数据不一致、维护困难等。

以电子商务网站为例，必须要设计有如下表格：

（1）用户表：涵盖用户的基本信息，如用户名、密码、电子邮件等，为用户提供个性化的服务和管理。

（2）商品表：囊括商品的名称、价格、描述等信息，便于商品的展示和销售。

（3）订单表：详细记录订单的相关信息，包括订单号、用户ID、商品ID等，实现订单的有效管理和跟踪。

确定表间的关系通过建立外键约束可以实现。如上述电子商务网站中，订单表中的用户ID和商品ID分别与用户表和商品表中的主键紧密关联，这种关联关系有助于确保数据的一致性和完整性，避免出现数据错误和不一致的情况。

以社交网站为例，必须设计有以下表格：

（1）用户表：记载用户的基本资料，构建用户个性化的社交网络。

（2）动态表：收集用户发布的动态内容，促进用户之间的信息共享和交流。

（3）评论表：记录对动态的评论，增强用户之间的互动和参与。

在进行数据建模时，需特别关注以下三点。

1. 考虑数据的扩展性。

在进行数据建模时，考虑数据的扩展性是至关重要的，为将来可能的需求预留足够的空间，以适应业务的发展和变化。随着时间的推移，业务需求可能会发生变化，新的功能可能会被添加，数据量也可能会增长。如果数据模型没有足够的扩展性，可能会导致以下问题：首先，无法满足新的业务需求。当业务发展需要添加新的字段或数据关系时，现有的数据模型可能无法容纳这些变化，从而限制了业务的发展。其次，可能需要进行大规模的重构。如果没有预留足够的空间，可能需要对整个数据模型进行重大修改，这将带来高昂的成本和风险。为了避免这些问题，在设计数据模型时，应该考虑以下几个方面：要预见未来的业务需求。通过与业务部门密切合作，了解业务的发展趋势和潜在的变化，从而在数据模型中预留相应的空间；采用灵活的设计。使用模块化的设计方法，将相关的数据分组，以便于扩展和修改；避免过度耦合。确保各个模块之间的独立性，减少它们之间的依赖关系，这样在需要扩展时可以更容易地进行修改；确定数据的粒度。合理划分数据的粒度，既不过于粗粒度，也不过于细粒度，以平衡扩展性和查询性能；定期审查和优化数据模型，随着业务的发展，定期评估数据模型的扩展性，并进行必要的调整。

2. 优化查询性能。

合理设计索引是优化查询性能的关键步骤。索引可以大大提高数据库的查询速度，但不当的索引设计也可能会导致性能下降。在设计索引时，需要考虑以下几个因素：了解数据的访问模式。通过分析业务流程和查询需求，确定哪些字段经常用于查询和排序；避免过多的索引。虽然索引可以提高查询性能，但过多的索引会增加数据插入、更新和删除的开销；选择合适的索引类型，不同的索引类型适用于不同的场景，例如普通索引、唯一索引等；考虑数据的分布情况，如果数据分布不均匀，可能需要针对性地设计索引。

除了索引设计，还可以采取以下措施来优化查询性能：对查询进行优化，通过调整查询语句的结构和算法，提高查询效率；使用缓存技术，将常用的数据缓存起来，减少对数据库的访问次数；分表或分区，对于大型数据表，可以考虑将其分为多个较小的表或分区，提高查询性能；对数据库进行性能调优，包括调整数据库的参数、优化服务器配置等；进行性能测试和监控，在实际环境中测试查询性能，并实时监控数据库的运行状态，及时发现和解决性能问题。

109

3. 确保数据的安全性。

设定合适的权限和约束是保护用户数据安全和隐私的重要手段。以下是一些在数据建模中确保数据安全性的方法：明确用户的角色和权限，为不同的用户角色分配不同的权限，确保他们只能访问和操作授权范围内的数据；对敏感数据进行加密，例如，用户的密码、信用卡信息等；建立数据审计机制，记录数据的访问和操作记录，以便于追溯和审计；设置数据完整性约束，保证数据的一致性和准确性。除此之外，还需要注意以下几点：及时更新安全策略。随着业务的发展和安全形势的变化，及时调整安全策略；对员工进行安全培训，提高员工的安全意识和防范能力；定期进行安全审计，发现和修复潜在的安全漏洞；与安全领域的专业人士保持沟通，了解最新的安全技术和趋势。

在进行数据建模时，要特别关注数据的扩展性、查询性能和安全性。只有这样，才能构建一个高效、稳定、安全的网站，为用户提供优质的服务和体验。

（四）数据库安全

数据库中存储着大量的敏感信息，这些信息对于组织和个人来说具有很高的价值。随着信息技术的飞速发展，数据库面临着越来越多的安全威胁，确保数据库的安全性成为了至关重要的任务，用户认证和数据加密作为数据库安全的关键措施，发挥着不可或缺的作用。

用户认证是数据库安全性的重要一环，它对于网站的安全具有至关重要的意义。

（1）明确用户身份是确保只有授权用户能够访问数据库资源的基础。通过要求用户提供唯一的标识符，如用户名和密码，可以初步确认用户的身份。为了提高安全性，可以采取以下措施：设置强密码策略，要求用户设置复杂的密码，并定期更改密码，以增加破解难度；采用双重认证或多因素认证，除了密码外，还可以结合短信验证码、动态口令、智能卡或生物识别等方式进行身份验证，进一步增强认证的安全性。

（2）用户认证管理也至关重要。创建和管理用户账户时，应根据不同用户的角色和权限，为其设置相应的访问权限。这可以避免用户拥有过大的权限，减少潜在的安全风险。定期审查用户权限可以确保用户的权限与他们的工作职责相匹配，及时调整不合理的权限设置。实施单点登录可以减少用户需要记住的密码数量，提高使用的便利性。

（3）对用户认证过程进行监控和审计非常必要。记录登录尝试，包括成功和失败的登录尝试，以便于后续的审计和分析。通过实时监测异常行为，如大量失败的登录尝试，可以及时发现可能存在的攻击或恶意活动。提供用户认证的教育和培训可以帮助用户增强安全意识，了解如何保护自己的账户安全，如不随意泄露账户信息、避免使用简单密码等。

（4）数据加密是保护数据库中敏感信息的关键措施。选择合适的加密算法对于保障数据安全至关重要。应根据数据的重要性和安全性要求，选择强大的加密算法。在加密数据的存储和传输过程中，需要注意以下几点：加密静态数据可以确保即使数据库系统受到攻击，加密的数据也难以被读取；加密传输中的数据可以防止数据在网络传输过程中被窃取。

（5）密钥管理是数据加密的核心环节。安全地存储密钥，避免密钥泄露；定期更新密钥可以增加安全性，防止密钥被破解。在实施加密策略时，需要平衡安全性和性能之间的关系。过于复杂的加密可能会影响系统性能，导致用户体验下降。因此，需要在安全性和性能之间找到合适的平衡点。

（6）为了确保数据库的安全可靠，用户认证和数据加密需要与其他安全措施协同配合。如与防火墙协同工作，阻止外部攻击；利用入侵检测系统，及时发现异常活动。

下面以一个电子商务网站为例，在这个电子商务网站中，存储了大量用户的个人信息、订单记录、支付信息等敏感数据。在用户认证和数据加密方面的具体做法如下。

（1）当用户注册时，要求用户设置强密码，这意味着密码应包含多种字符类型、足够的长度和复杂性，同时，还可提供多因素认证选项，例如通过短信验证码或邮箱验证来增强账户的安全性。

（2）在登录过程中，采用SSL/TLS协议或者哈希函数等加密技术传输用户名和密码，防止它们在网络传输过程中被窃听或篡改，加密技术可以有效地保护用户的认证信息，使其不被第三方恶意获取。

（3）在后台管理系统中设置严格的权限管理，只有经过授权的人员才能访问和操作数据库。这种权限分级制度可以确保不同级别的人员只能访问他们所需的信息，减少潜在的安全风险。

为了进一步增强用户认证的安全性，还可以采取以下措施：
- 定期提醒用户更改密码，以防止密码被破解。
- 实施实时的风险评估，对于异常登录行为进行及时预警。
- 采用双重身份验证，增加额外的安全层。

通过以上扩展的用户认证措施，极大地提高电子商务网站的安全性，保护用户的个人信息和交易安全。

当存储用户的敏感信息时，应采用先进的加密算法进行加密，这样，即使数据库遭到泄露，加密的数据也几乎不可能被破解。

在处理用户的支付信息时，使用安全的加密协议，能够确保支付过程的安全性。同时，还可以采取了以下措施来加强数据加密。
- 对加密密钥进行严格的管理，确保只有授权人员能够访问和使用。
- 定期更新加密算法和密钥，以应对不断变化的安全威胁。
- 对数据进行分类和分级，根据不同的敏感程度采用不同的加密策略。

除此之外，还对数据的传输过程进行加密，无论是用户在网站上进行操作还是与第三方合作伙伴共享数据，都要采用加密技术来保护数据的机密性和完整性。

通过以上扩展的数据加密措施，可以让用户放心地在电子商务网站上进行交易和信息共享，增强用户对网站的信任。

除了用户认证和数据加密，还可以采取了其他一些安全措施来确保数据库的安全。
- 定期进行安全审计，检测异常登录行为和数据访问模式。通过安全审计，可以及时发现潜在的安全威胁，并采取相应的措施进行处理。
- 安装防火墙来限制外部对数据库的访问。防火墙可以根据预设的规则过滤访问请求，防止来自外部的恶意攻击。
- 对服务器进行实时监控，包括性能监控和安全监控。通过实时监控，可以及时发现服务器的异常情况，并采取措施进行修复。
- 定期备份数据库，以防止数据丢失或损坏。备份数据应存储在安全的位置，并进行加密保护。
- 提供安全意识培训，让员工了解安全威胁和如何保护数据库的安全。

通过以上综合的安全措施，可以构建一个安全可靠的电子商务网站，保护用户的隐私和数据安全，增强用户对网站的信任，促进电子商务的健康发展。

二、后端开发与数据库集成

后端开发通过服务器端语言与数据库进行交互，以实现数据的读取、写入、更新和删除等操作。

（一）数据读取

数据读取是后端开发与数据库交互的重要环节之一，它的主要目的是从数据库中获取存储的数据。根据特定的条件进行查询，开发者能够从庞大的数据库中筛选出所需的数据，这使得数据的检索和提取变得更加高效和准确。

常见的 SQL 查询语句 SELECT 语句是数据库操作中最为常用的命令之一，它允许开发者明确指定要检索的列，并可以通过各种条件组合来精确地定位所需的数据。

1. 简单的列选择

简单的列选择是指在数据库查询中，通过指定列名来选择特定的列数据，这有助于获取所需的关键信息，因为无须获取整张表的数据，减少了数据传输量，提高了查询效率。

【示例1】 假设有一个学生表 students，包含列 id、name 和 age。获取学生的姓名和年龄，可以使用以下查询语句：

```sql
SELECT name, age FROM students;
```

这样就只会返回 name 和 age 列的数据。

2. 条件过滤

条件过滤是基于特定的条件来筛选数据，可以精确地找到符合要求的记录。

【示例2】 要查询年龄大于 20 岁的学生记录，查询语句为：

```sql
SELECT * FROM students WHERE age > 20;
```

只有满足年龄大于 20 岁的学生记录会被返回。

3. 排序

排序是指按照指定的列对结果进行升序或降序排列，方便按照特定的顺序查看数据。

【示例3】 如果要求按照年龄升序排列学生记录，查询语句为：

```sql
SELECT * FROM students ORDER BY age ASC;
```

这样查询结果会按照年龄从小到大的顺序排列。

4. 聚合函数

聚合函数用于进行求和、计数等统计操作，以实现对数据进行汇总和分析。

【示例4】 要计算学生的总数，可以使用COUNT函数，语句如下：

```
SELECT COUNT(*) FROM students;
```

该语句将返回学生的总数。

聚合函数还包括求平均值的AVG函数、求和的SUM函数等。

为了提高查询效率，开发者还需要注意以下几点：

> 索引的合理使用：对于经常用于查询的列，可以创建适当的索引，加快查询速度。
> 查询优化：避免过于复杂的查询语句，尽量减少全表扫描。
> 条件的精确性：明确和准确地定义查询条件，避免不必要的数据返回。

此外，随着数据量的增大和业务需求的复杂，还需要考虑分布式数据库、缓存技术等以进一步提升数据读取的性能和效率。

数据读取是数据库交互中不可或缺的一部分，合理使用查询语句和优化策略能够提高数据检索的效率和准确性，为应用程序提供更好的数据支持。

（二）数据写入

数据写入是将新的数据插入到数据库中的过程，在执行数据写入操作时，通常需要明确指定要插入的数据字段和对应的值。数据写入时要考虑以下几个因素。

（1）准确性和完整性：准确性是确保插入的数据与实际情况一致，没有错误或偏差。完整性则要求数据符合数据库的字段要求，如数据类型、长度、格式等。这两者对于数据的质量和可信度至关重要。错误或不完整的数据可能导致后续的分析和决策出现偏差。

（2）数据验证：在插入数据之前，进行必要的数据验证非常重要。例如，检查必填字段是否有值，可以避免数据的缺失或不一致。此外，还可以验证数据的合法性、逻辑性等。通过数据验证，可以提高数据的质量，减少错误和异常。

（3）性能考虑：对于大规模的数据插入，采用批量插入的方式可以显著提高性能。批量插入可以减少与数据库的交互次数，从而降低系统开销。此外，还可以考虑优化数据库架构、索引等方面，以提高数据写入的效率。

（4）并发控制：在多用户环境下，多个用户可能同时尝试对同一数据进行写入操作。为了确保数据的一致性，需要进行并发控制。这可以通过锁定机制、事务处理等方式来实现，以确保在并发写入时数据的正确性和一致性。

（5）数据库设计：合理的数据库设计可以提高数据写入的效率和可维护性。例如，合理划分表结构、减少冗余字段、优化索引等。良好的数据库设计可以减少数据插入时的冲突和错误，提高系统的性能和稳定性。

【示例5】 假设有一个订单表orders，包含字段order_id、customer_id 和 order_date。可以使用如下代码将新的订单数据插入到表中：

```
INSERT INTO orders (order_id, customer_id, order_date)
```

```
VALUES (123, 456, '2023-09-05');
```

在这个示例中，指定了要插入的字段和对应的值。

为了提高性能，对于大量的数据插入，可以使用批量插入的方式。例如，创建一个包含多个插入语句的脚本，然后一次性执行。

此外，还可以根据具体的业务需求，在数据写入时进行其他相关的操作，例如，记录操作日志、触发其他业务逻辑等。

（三）数据更新

数据更新是数据库管理中的重要操作，用来修改已存在的数据记录，通过更新操作可以对单个或多个字段的值进行修改，以反映数据的变化。

在实际应用中，数据更新具有以下重要性：

（1）保持数据的准确性：随着时间的推移，各种因素可能会导致数据发生变化。例如，客户信息可能会过时，产品价格可能会调整，或者业务流程可能会改变。通过及时更新数据，可以确保数据与现实情况保持一致，避免基于错误或过时数据做出决策。

及时更新数据还可以帮助用户更好地了解业务状况。如果数据不准确，可能会导致误判或错误的决策，从而影响业务的发展。

此外，准确的数据还有助于提高客户满意度。客户希望获得准确的信息，如果提供的信息有误，可能会导致客户的不满。

（2）适应业务需求的变化：业务需求的变化是不可避免的。新的业务流程或规则可能需要对数据进行修改，以满足新的要求。

例如，企业可能推出新的产品或服务，需要更新相关的数据字段。或者，业务策略的改变可能要求对数据进行重新分类或标记。

适应业务需求的变化可以帮助企业保持竞争力。如果不能及时修改数据以适应变化，就会导致业务效率低下，无法满足市场需求。

同时，更新数据还可以支持新的业务功能的实现。例如，根据新的业务规则生成报告或分析。

（3）提高数据的可用性：更新数据可以使其更符合用户的需求，从而提高数据的可用性。

例如，用户可能需要更详细、更实时的数据来支持他们的工作。通过更新数据，可以提供更有价值的信息。在执行数据更新时，需要注意以下几点：

- 谨慎操作：确保对数据的修改是正确的，避免误操作导致数据错误。
- 权限控制：只有授权的用户才能进行数据更新操作，以保证数据的安全性。
- 事务管理：如果更新涉及多个操作，应使用事务来确保要么所有操作都成功，要么都回滚，以保持数据的一致性。
- 性能考虑：大量的数据更新可能会对系统性能产生影响，需要合理规划和优化。

【示例6】对特定条件下的记录进行更新，代码如下：

```
UPDATE users SET age = 30 WHERE name = 'John';
```

表示将名为'John'的用户的年龄更新为30。

为了提高数据更新的效率和准确性，可以采取以下措施：
- 优化查询语句，减少不必要的开销。
- 对频繁更新的表进行适当的索引优化。
- 分批进行大规模的数据更新，避免一次性处理过多数据。

（四）数据删除

数据删除是数据库管理中的一个重要操作，它的主要目的是从数据库中移除不再需要的数据记录。通过根据特定条件筛选并删除符合要求的记录，可以有效地管理数据库的存储空间和数据质量。

数据删除的重要性不可忽视。首先，它有助于提高数据库的性能。随着时间的推移，数据库中可能会积累大量不再需要的记录，这些记录会占用存储空间并降低查询效率。通过定期删除这些记录，可以优化数据库的性能。其次，数据删除有助于保持数据的准确性和完整性。最后，当某些数据已经过时、错误或不再相关时，及时删除它们可以避免误导后续的分析和决策。

在执行数据删除操作时，需要谨慎处理，以确保不会误删重要的数据。
- 仔细审查删除条件，确保不会删除仍然需要的记录。
- 在必要时进行备份，以便在误删后可以恢复数据。
- 考虑使用事务来确保删除操作的原子性和一致性。

【示例7】 根据特定条件删除数据的方式，代码如下：

```
DELETE FROM users WHERE age > 30;
```

表示删除users表中年龄大于30的用户记录。

例如，在一个人力资源管理系统中，可以根据员工的离职日期来删除不再需要的员工记录。或者在一个电子商务系统中，可以删除超过一定时间未成交的订单记录。

为了确保数据删除的安全性和准确性，可以采取以下措施：
- 建立完善的审核机制，确保删除操作经过适当的审批。
- 记录删除操作的日志，以便追踪和审查。
- 对重要的数据进行备份，以防止意外删除。

数据删除是数据库管理中的一个必要操作，但需要谨慎处理，以确保数据的安全性、准确性和完整性，通过合理地使用数据删除操作，可以优化数据库的性能，保持数据的质量。

三、接口开发

在网站后端开发技术中，通过进行API开发，后端开发人员可以定义一组规则和方法，使得前端或其他外部系统能够与后端进行通信和数据交换。

API（application programming interface）即应用程序编程接口，是一组定义了软件组件之间交互的规则和约定。

（一）API 设计原则

API 设计的原则对于 API 的质量和成功至关重要。

1. 简洁性原则

简洁性原则是 API 设计中的关键要素之一。一个简洁明了的 API 能够让开发者快速理解和使用，从而提高开发效率。在实际项目中，可以看到许多成功的案例，比如，某知名社交媒体平台的 API 设计就非常简洁，其函数和参数的命名具有明确的含义，使得开发者能够迅速上手，轻松集成到自己的应用中，这不仅促进了该社交媒体平台的生态系统发展，还吸引了更多的开发者加入。

2. 易用性原则

一个优秀的 API 必须具备良好的文档，清晰地描述每个接口的功能、参数和返回值。同时，还需要提供清晰的错误反馈，以便开发者能够及时发现和解决问题。以某电子商务平台的 API 为例，其详细的文档为开发者提供了极大的便利。开发者可以通过阅读文档，快速了解如何使用 API 来获取商品信息、管理订单等。此外，当出现错误时，API 能够给出明确的错误提示，帮助开发者快速定位和解决问题，大大降低了开发的难度和成本。

3. 可扩展性原则

可扩展性原则对于适应不断变化的业务需求至关重要。随着业务的发展和变化，API 需要能够方便地添加新功能或修改现有功能。在金融领域的 API 中，这一点尤为明显。随着新的金融产品和服务的推出，API 需要及时支持这些新的业务需求。例如，某银行的 API 设计充分考虑了可扩展性，使得添加新的交易类型或修改现有规则变得相对容易，从而能够更好地满足客户的需求。

（二）接口类型

API 接口类型有多种，其中 RESTful API 和 SOAP API 是最常见的类型，这两种类型各有特点，适用于不同的场景和需求。

1. RESTful API

RESTful API 是一种基于 REST（representational state transfer，描述性状态迁移）架构风格的接口。它利用了 HTTP 协议的特性，使用标准的 HTTP 方法（如 GET、POST、PUT、DELETE）来操作资源，以简洁、灵活和易于理解的方式提供服务。

RESTful API 的主要特点包括：

（1）基于资源。将系统中的实体抽象为资源，通过 URL 来标识和访问这些资源。这种基于资源的设计理念使得系统的架构更加清晰和易于理解。资源可以是任何具有明确身份和属性的实体，例如用户、订单、产品等。通过将实体抽象为资源，我们可以更好地组织和管理系统中的数据。以用户资源为例，每个用户都可以被视为一个独立的资源，具有唯一的标识符（如用户 ID）和相关的属性（如姓名、电子邮件等）。URL 可以用来标识和访问这些用户资源，例如 /users/{user_id} 可以用来获取特定用户的信息。

这种设计方式具有以下优点：

➢ 清晰的架构：使得系统的模块划分更加明确，便于开发和维护。

> 易于理解：开发者可以通过URL直观地了解到所需操作的资源。
> 可扩展性：新的资源可以很容易地添加到系统中。
> 一致性：遵循统一的资源命名和组织方式，提高了系统的整体一致性。

（2）使用标准的HTTP方法。使用标准的HTTP方法包括GET、POST、PUT、DELETE等。

GET请求用于从服务器获取资源。它不应该对服务器上的资源状态产生影响。例如，获取用户的信息、查询产品列表等都可以使用GET请求。POST请求用于在服务器上创建新的资源。例如，创建一个新用户、发布一篇新文章等。PUT请求用于更新服务器上已有的资源。它应该将整个资源替换为提供的新数据。DELETE请求用于从服务器上删除指定的资源。

这种设计方式具有以下优点：
> 标准化：遵循广泛认可的HTTP规范，降低了学习成本。
> 易懂性：使得API的使用非常直观，容易理解。
> 工具支持：各种开发工具和框架都对标准HTTP方法有很好的支持。

（3）无状态。每个请求都是独立的，不依赖于之前的请求状态。这意味着服务器在处理每个请求时不需要保存任何与客户端相关的状态信息。在无状态的API中，服务器不会记住之前的请求信息，每个请求都是一个独立的事务。这带来了以下好处：
> 可扩展性：无需担心状态管理带来的复杂性，容易进行水平扩展。
> 稳定性：减少了因为状态管理导致的故障风险。
> 并发处理：可以更好地处理大量并发请求。
> 简洁性：降低了服务器的负担，使架构更加简洁。

（4）层次化的设计。资源之间可以通过URL的层次结构进行组织。这种层次化的设计有助于提高系统的可读性和可维护性。通过合理的层次结构组织资源，可以使API更易于理解和使用。例如，/users可以表示用户资源的根节点，/users/{user_id}可以表示特定用户的资源。层次化设计具有以下优点：
> 结构清晰：方便开发者快速找到所需的资源。
> 易于管理：可以更好地组织和管理系统中的各类资源。
> 可扩展性：新的资源可以按照层次结构方便地添加。

（5）缓存友好。可以利用HTTP的缓存机制提高性能。通过正确设置缓存策略，可以减少客户端与服务器之间的数据传输，提高系统的响应速度。缓存友好的API具有以下优点：
> 性能提升：减少了网络传输和服务器负载。
> 用户体验：使应用更加流畅和快速。
> 降低成本：节省了带宽和服务器资源。

2. SOAP API

SOAP API是基于SOAP（simple bbject access protocol，简单对象访问协议）协议的接口，它在消息传递中采用了严格的XML格式。它具有以下特点。

（1）基于XML：XML作为一种标记语言，为SOAP API提供了以下优势。首先，

XML的结构化特性使得数据的表达和组织更加清晰，便于计算机处理和解析。最后，它具有良好的可扩展性，能够适应各种不同的数据结构和业务需求。此外，XML还具备跨平台和语言无关性，使得不同系统之间的交互变得更加容易。

（2）具有严格的规范：包括消息结构和数据类型等方面。这种严格规范的好处在于，它确保了不同系统之间的互操作性和兼容性。规范明确了消息的格式和语义，使得各方都能够理解和处理消息。同时，这也有助于提高系统的稳定性和可靠性。

（3）提供丰富的错误处理机制：当出现错误或异常情况时，SOAP API能够提供详细的错误信息。这有助于开发人员快速定位和解决问题。通过准确的错误报告，开发人员可以采取适当的措施进行修复，提高系统的健壮性。

SOAP API的优势方面在于，强大的语义和数据类型支持使其能够处理复杂的数据结构和业务逻辑，这使得SOAP API适用于各种企业级应用场景。如企业资源规划（ERP）系统、客户关系管理（CRM）系统等。它能够确保数据的准确性和一致性，支持复杂的业务流程。

对于复杂的企业级应用集成，它具有以下优点。首先，能够跨越不同的技术平台和操作系统，实现异构系统之间的无缝集成。其次，由于其严格的规范，能够保证系统之间的交互具有高度的可靠性和稳定性。最后，它还提供了安全和权限控制的机制，确保企业数据的安全性。

然而，SOAP API也存在一些不足之处。相对复杂的结构和规范增加了学习和使用的成本。开发人员需要花费更多的时间和精力来理解和掌握SOAP API的相关知识。这可能会导致项目开发周期的延长和成本的增加。

消息开销较大也是一个问题。由于XML的冗余性和开销，SOAP API在传输过程中可能会产生大量的网络流量，从而影响性能。这对于对性能要求较高的应用场景可能会带来一定的挑战。

例如，在企业内部的各种系统之间，可能使用SOAP API进行集成以实现数据共享和业务流程协同。通过SOAP API，可以将不同的系统连接起来，实现信息的流通和共享，这有助于提高企业的运营效率和决策准确性。

总的来说，SOAP API在企业级应用集成中具有重要的地位，但也需要在使用时权衡其优势和不足，根据具体的业务需求和技术环境进行选择。

综上所述，RESTful API和SOAP API都有其适用的场景，RESTful API适用于简洁、快速的互联网应用，而SOAP API则在企业级应用集成中具有一定的优势。在选择接口类型时，需要考虑项目的需求、技术栈、性能要求等因素，以确保选择最合适的接口类型。

（三）数据传输格式

常用的数据传输格式有JSON和XML两种。

JSON（JavaScript Object Notation，JavaScript对象表示法），是一种轻量级的数据交换格式。它的定义简洁明了，以键值对的形式来组织和表示数据。

JSON的语法规则如下：

➢ JSON语法是JavaScript语法的子集；

➢ 数据通过键值对（key-value）的形式存储，键和值之间用冒号：分隔；
➢ 数据之间用逗号，分隔；
➢ 对象用大括号{}保存，数组用中括号[]保存，数组中也可以包含对象。

在语法方面，JSON 具有以下特点。

➢ 易于理解和使用：JSON 的键值对结构类似于日常生活中对对象的描述方式，使得无论是开发者还是非技术人员都能够轻松理解和使用。这种直观的表示方式减少了学习成本，提高了开发效率。
➢ 简洁高效：它的简洁性使得数据传输量小，传输速度快。在网络通信中，能够快速传递数据，减少带宽占用和传输时间，提升系统的性能和响应速度。
➢ 支持多种数据类型：包括字符串、数字、布尔值、数组、对象等。字符串可用于表示文本信息，数字用于数值计算，布尔值表示逻辑状态。数组可存储多个相关元素，对象则用于组织复杂的数据结构。

JSON 的应用非常广泛，尤其在现代网站制作中具有重要地位：

➢ 前后端数据交互：它常被用于前端向后端发送请求和接收响应，以实现动态数据的展示和处理。
➢ 移动应用开发：在移动端与服务器之间传输数据。
➢ API 设计：为不同的应用程序提供数据接口。

JSON 的示例代码如下：

```
{
  "stringValue": "这是一个字符串",
  "numberValue": 42,
  "booleanValue": true,
  "nullValue": null,
  "objectValue": {
    "nestedKey": "嵌套的值"
  },
  "arrayValue": ["元素 1", "元素 2", "元素 3"]
}
```

在这个示例中，stringValue：表示字符串类型的数据。numberValue：表示数值类型的数据。booleanValue：表示布尔类型的数据。nullValue：表示空值。objectValue：是一个嵌套的对象，其中包含一个键值对。arrayValue：是一个数组，包含了多个元素。

（四）接口安全性

接口安全性对于确保系统的稳定性和保护用户的隐私至关重要。身份验证、授权和数据加密等安全措施是构建安全接口的关键组成部分。

身份验证是确保只有授权用户能够访问接口的第一道防线。它通过验证用户的身份信息，如用户名和密码、证书或其他身份验证因素，来确认用户的合法性，有效的身份验证可以防止未经授权的访问，减少潜在的安全威胁。以在线银行系统为例，用户需要输入正确的账号和密码才能登录，这就是身份验证的一种形式。

授权则决定了用户在系统中具有的权限和所能执行的操作。通过精细的授权管理，可以确保用户只能访问和操作他们被授权的资源和功能，从而降低了数据泄露和非法操作的风险。在企业内部系统中，不同部门的员工可能具有不同的权限，只能访问和操作与其职责相关的资源和功能。

数据加密则是保护接口传输中数据的机密性和完整性的关键措施。加密技术可以将敏感数据转换为难以理解的密文，只有拥有正确密钥的接收方才能解密和读取数据。这有效地防止了数据在传输过程中被窃取或篡改。例如，在电子商务网站中，用户的支付信息等敏感数据在传输过程中会被加密。

在实际应用中，这些安全措施需要协同工作。例如，身份验证和授权可以结合使用，以确保用户不仅是合法的，而且具有适当的权限。同时，数据加密可以为传输中的数据提供额外的保护。例如，在金融领域，身份验证和授权结合使用，只有通过严格的身份验证和授权，用户才能进行资金操作。

然而，要实现有效的接口安全性，还需要注意以下几点：

（1）密码策略：鼓励用户使用复杂密码可以增加破解难度，降低被攻击的风险。复杂密码应包含大小写字母、数字和特殊字符，并避免使用常见词汇或个人信息。定期更新密码能进一步提升安全性，防止密码泄露带来的潜在威胁。例如，企业可以设定密码更新周期，强制用户更换密码。

（2）密钥管理：加密密钥是保护数据安全的关键。安全地存储密钥，如使用加密算法或硬件安全模块，能防止密钥被非法获取。同时，密钥的管理也需要严格的流程和制度，包括密钥的生成、分发、使用和销毁等环节。只有确保密钥的安全性，才能有效保护数据的机密性和完整性。

（3）安全审计：定期进行安全审计是发现潜在漏洞的重要手段。通过专业的安全工具和技术，对系统进行全面的检测和分析，及时发现可能存在的安全隐患。安全审计还可以帮助企业制定合理的安全策略，优化系统的安全性。

（4）员工培训：提高员工的安全意识，让他们了解安全威胁的形式和后果，以及如何正确地处理敏感信息。通过培训，员工能够避免一些人为失误，如点击不明链接、泄露密码等。同时，员工也能成为企业安全的守护者，及时发现和报告安全问题。

总之，身份验证、授权和数据加密等安全措施是保护接口安全性的重要手段。它们的有效实施可以大大提高系统的安全性和可靠性，保护用户的隐私和数据安全。在设计和实现接口时，必须充分考虑这些安全措施，并不断加强和完善它们，以应对日益复杂的安全威胁。

（五）接口测试

网站的稳定、可靠对于用户体验至关重要，而接口测试则是确保网站质量的关键环节之一，接口作为网站各个模块之间的桥梁，其稳定性和可靠性直接影响着整个系统的性能和用户满意度。

进行接口测试的重要方面包括定义测试目标、准备测试环境、设计测试用例、执行测试、检查响应、案例分析、分析测试结果以及持续优化等内容。

（1）定义测试目标：在网站开发中，明确接口的功能和性能要求是至关重要的。这需要深入理解系统的业务需求和用户期望。以购物网站的商品查询接口为例，测试目标不仅包括验证能否正确查询到指定商品，还包括检查查询结果的准确性、完整性和及时性。此外，还需关注在大量用户同时进行查询时，接口的响应速度和稳定性。明确这些目标有助于我们更有针对性地设计测试用例，全面评估接口的性能和功能。

（2）准备测试环境：搭建测试服务器并进行相关参数配置是接口测试的重要基础。为了模拟真实的生产环境，需要仔细考虑服务器的硬件配置、操作系统、数据库设置、网络环境等因素。以购物网站为例，可能需要配置多个服务器来模拟不同的组件，如数据库服务器、应用服务器等。同时，还需要设置合适的负载均衡策略，以确保系统在高并发情况下的稳定性。

（3）设计测试用例：根据详细的接口文档，设计全面的测试用例，覆盖各种正常和异常情况。对于商品查询接口，正常情况下的测试用例可以包括输入正确的商品名称、分类、价格范围等进行查询。而异常情况则包括输入空值、错误的参数格式、超出范围的数值等。还可以考虑边界情况，如查询极大量商品或极少数特定商品。

（4）执行测试：使用合适的工具或代码发送接口请求。工具如Postman提供了方便的界面来构建和发送请求，并能够直观地查看响应结果。通过代码进行自动化测试可以提高效率和覆盖范围。在执行测试时，需要记录每个请求的相关信息，以便后续分析。

（5）检查响应：详细验证返回的数据格式是否符合预期，包括字段的完整性、数据类型的正确性等。检查状态码是否表示成功或失败，并根据状态码进行相应的处理。对于商品查询接口，需要确保返回的商品列表包含正确的信息，如商品名称、价格、图片等。

（6）案例分析：在购物网站中，测试商品查询接口时，正常情况下输入有效的商品信息，应返回准确完整的商品列表，且列表的排序和显示方式符合预期。异常情况下，如输入空值或错误的参数，接口应返回明确的错误提示，而不是导致系统崩溃或显示混乱的结果。

（7）分析测试结果：确认接口在大量请求下的稳定性，观察系统在高并发情况下的性能指标，如响应时间、吞吐量等。评估接口对各种异常和边界情况的处理能力，确保系统的可靠性。

（8）持续优化：根据测试结果，对接口设计和实现进行改进。可能需要优化数据库查询语句以提高查询性能，调整业务逻辑以更好地处理异常情况。

通过深入细致的接口测试，可以在网站上线前发现潜在问题，提高系统的稳定性和可靠性，为用户提供优质的购物体验。

为提高接口测试效率，可使用接口测试工具，常用的接口测试工具包括Postman、JMeter和SoapUI。

Postman是一款广为使用的接口测试工具，具有直观的界面，使用户能够轻松构建、发送和查看HTTP请求。它不仅提供了便捷的操作方式，还支持多种请求方法，满足不同的测试需求。用户可通过其轻松管理和组织测试用例，便于后续的维护和复用。Postman

的参数化测试功能，能极大提高测试效率。例如，在测试用户注册接口时，可设置请求头和请求体参数，验证接口能否正确处理注册信息，确保系统的稳定性和可靠性。

JMeter作为强大的性能测试工具，同样适用于接口测试。它能模拟大量并发用户请求，帮助评估接口的性能。通过设置线程组、定时器等，模拟真实的用户行为，检测接口在高负载下的稳定性。其丰富的监听器可收集和分析各类性能指标，帮助发现潜在问题。此外，JMeter支持自定义脚本，满足特殊的测试需求，为测试提供了更大的灵活性和扩展性。

SoapUI专门针对SOAP接口测试而设计。它提供了可视化的操作界面，使用户能方便地构建和执行SOAP测试用例。支持WSDL导入，自动生成测试套件，大大减少了测试的工作量。同时，SoapUI能够对SOAP消息进行详细的检查和验证，确保接口的功能和性能符合预期。在面对复杂的SOAP接口时，SoapUI能够提供有效的测试解决方案。

以上三种接口测试工具对比见表5.2.2所示。

表 5.2.2　接口测试工具对比

工具	Postman	JMeter	SoapUI
适用接口类型	各种类型的HTTP请求	各种类型的接口	主要用于SOAP接口测试
可视化操作	支持，操作简单直观	支持，提供图形化界面	支持，可视化程度高
性能测试	较简单的性能测试	强大的性能测试能力	性能测试功能相对较弱
脚本支持	不支持脚本编程	支持通过脚本来扩展功能	支持脚本编程
数据参数化	支持	支持	支持
报告生成	提供基本的报告功能	提供丰富的报告功能	提供详细的报告功能
社区支持	广泛的社区支持	广泛的社区支持	较广泛的社区支持
学习成本	相对较低	学习成本适中	学习成本适中
适用场景	适用于单人或小团队进行接口测试	适用于大规模、复杂的接口测试	主要用于SOAP接口测试

在接口测试工具中，Postman使用广泛，下面重点介绍Postman接口测试工具。

（1）安装与启动：Postman可以在其官方网站上进行下载。安装完成后，通过双击应用程序图标或在操作系统的应用程序列表中找到并启动Postman。

（2）创建请求：在Postman的主界面中，用户可以选择不同的请求方法，如GET、POST、PUT、DELETE等。然后，在相应的输入框中填入接口的URL。

（3）设置请求参数：如果接口需要传递参数，用户可以在请求体或请求头中设置相应的参数。这可能包括键值对、文件上传等。

（4）发送请求：点击发送按钮后，Postman会将请求发送到指定的接口，并等待接口返回响应。

（5）查看响应：接收到的响应包括状态码、响应头信息和响应体数据。状态码表示请求的成功与否，用户可以根据状态码判断接口的运行情况。

（6）进行测试：
> 验证响应状态码：根据接口的定义和预期，确保接收到的状态码符合期望。例如，200表示成功，404表示未找到资源等。
> 检查响应数据：检查响应体中返回的数据是否准确、完整，与预期的数据格式和内容是否一致。
> 进行参数化测试：可以通过改变请求中的参数值，来测试接口在不同参数条件下的行为。

例如，对于一个用户登录接口的测试，具体操作如下。

（1）在Postman中创建一个POST请求，指定登录接口的URL。

（2）在请求体中设置用户名和密码等参数，可以使用相应的字段名称和对应的值进行设置。

（3）击发送请求后，观察返回的状态码。如果是200，表示登录请求成功。

（4）仔细检查响应体中是否包含了登录成功的相关信息，如用户的身份验证令牌、用户信息等。

通过使用 Postman 进行接口测试，能够方便地对接口进行各种测试，确保其功能的正确性和稳定性，同时，测试用例可以保存下来，以便后续重复使用和维护。

第六章

网站测试与优化

　　网站开发完成后,进行网站测试与优化工作是必要的。网站测试是评估网站功能、可用性和可靠性的过程。这包括了多种测试方法,如功能测试、性能测试、安全测试等。通过功能测试,可以确保网站的各项功能正常运行;性能测试则关注网站在不同负载下的响应速度和稳定性;安全测试旨在发现潜在的安全漏洞。

　　优化则是根据测试结果进行改进网站的过程。它可能涉及多个层面,包括代码优化、数据库优化、服务器配置优化等。通过优化代码,可以提高网站的执行效率;优化数据库可以改善数据访问性能;合理配置服务器则能提供更好的稳定性和扩展性。

第一节 功能测试与性能测试

功能测试与性能测试是网站建设过程中不可或缺的环节。它们有助于确保网站的质量和性能，提升用户满意度，为网站的成功运营奠定坚实的基础。

网站功能测试旨在确保网站的各项功能正常运行，满足用户的期望和需求。这包括用户注册/登录、搜索功能、数据输入/输出、购物车等核心功能。通过精心设计的测试用例，可以验证网站是否能够准确无误地执行这些功能。

性能测试则关注网站在各种负载条件下的表现。它涉及评估网站的响应时间、吞吐量、稳定性和可伸缩性等方面。性能测试有助于确定网站在高流量和大量用户访问时是否能够保持良好的性能，从而提供流畅的用户体验。

在进行功能测试时，通常采用界面测试、逻辑流程测试、边界值测试等方法。这些方法有助于发现潜在的功能缺陷，并确保网站的可靠性和稳定性。

性能测试则常常借助工具进行，如负载测试工具、性能监控工具等。通过模拟真实的用户负载，可以评估网站的性能瓶颈，并采取相应的优化措施。

一、网站功能测试

网站功能测试，是确保网站能满足用户需求与期望的关键环节，具有重要意义。它不仅能确保网站质量，满足用户需求，提升用户体验，还能支持业务流程，降低风险成本。通过测试，能发现潜在问题，保障网站的稳定性和可靠性，使其在不同浏览器和操作系统中兼容运行。同时，有助于建立信任关系，增强竞争力，促进开发优化，符合法规要求，并为业务增长提供支持。

网站功能测试方法多种多样。下面重点论述界面测试，逻辑流程测试，兼容性测试和回归测试。

（一）界面测试

1. 定义和目的

界面测试是针对网站或应用程序用户界面进行的测试。它的定义在于评估界面的可用性、易用性和视觉效果，以确保用户能够轻松、高效地与系统进行交互。其目的主要是验证界面的各项特性是否符合用户需求和期望，主要包括以下几点：

检查界面的布局、颜色、字体等元素是否美观、协调，能否提升用户的使用体验。

确保界面的操作流程和功能设计合理，方便用户快速完成任务。

验证界面的信息展示是否清晰、准确，使用户能轻松理解和获取所需信息。

通过界面测试，发现并解决可能影响用户体验的问题，提高产品的质量和竞争力。

2. 测试要点和案例

界面测试的测试要点主要围绕界面的各项特性展开，包括布局设计、色彩搭配、文字内容、交互操作等方面。测试人员会关注界面是否美观整洁、元素布局是否合理、操作流程是否简单易懂。同时，也会检查文字是否清晰准确、图标是否具有明确的含义。

例如，在针对一款在线购物网站的界面测试中，可以从多个方面进行详细的评估。

➢ 布局设计：是界面测试的重要一环，需要仔细检查页面整体布局是否合理，各模块之间的分布是否清晰明确。导航栏应易于找到且使用方便，能够帮助用户快速找到所需功能。商品图片和文字描述的排版也需要整齐有序，以便用户轻松浏览和获取信息。

➢ 色彩搭配：将评估颜色搭配是否协调，是否与品牌形象相符合。合适的色彩搭配能够营造出舒适的视觉效果，提升用户的使用体验。同时，背景色和文字颜色的对比度需合适，以确保文字清晰可读，避免给用户带来视觉上的困扰。

➢ 文字内容的准确性和清晰度：对于用户理解和操作至关重要。将验证文字描述是否准确无误、不存在歧义，让用户能够明确理解商品的各项信息。商品名称、价格、规格等关键信息应易于辨认，方便用户进行购物决策。

➢ 交互操作的顺畅性：直接影响用户的使用感受。测试购物车添加、删除商品的功能是否正常运行，确保用户能够顺利完成购物车的管理。结算流程的测试尤为重要，需要检查整个流程是否顺畅，有无错误提示出现，以保障用户的购物流程顺利无误。搜索功能的准确性也是测试的重点，确保用户能够通过搜索准确找到所需商品。

➢ 性能方面的评估：包括页面加载速度的测量，确保页面能够快速显示，减少用户的等待时间。同时，检测按钮点击后的响应时间，避免出现过长的延迟，影响用户的操作体验。

➢ 用户体验：是界面设计的核心目标。通过模拟不同用户场景，来检查界面是否易于操作，满足各类用户的需求。评估界面的友好程度，是否能够吸引用户，提升用户的满意度和购物意愿。

通过对以上各个方面的全面测试和细致评估，能够全面了解该购物网站的界面质量。及时发现可能存在的问题，并提出改进建议，以优化用户体验，提高用户的满意度和忠诚度。一个优秀的界面设计不仅能够提升用户的购物效率，还能增强用户对应用的信任和依赖，从而为应用的成功运营奠定坚实的基础。

（二）逻辑流程测试

1. 原理和应用场景

逻辑流程测试的原理是基于对网站系统的全面理解和分析。它旨在确保网站的各个组件和功能按照预期的逻辑顺序运行，以提供可靠、高效和一致的用户体验。该原理主要包含以下几个方面的内容。

> 流程建模：通过创建详细的流程图和状态转换图，明确网站的各个流程和状态。
> 边界条件测试：考虑各种极端和特殊情况，以确保系统在各种条件下的稳定性。
> 数据完整性验证：检查数据的准确性、一致性和完整性，确保数据在整个流程中不受损坏。
> 交互性测试：验证不同组件之间的交互是否符合预期，避免出现冲突和错误。

网站逻辑流程测试的应用场景十分广泛。在电子商务网站中，必须确保购物车、结账与订单处理等关键流程的正确性和可靠性；在社交媒体平台上，需要验证用户注册、登录、发布内容及互动等功能的流畅性；在线教育平台方面，要保证课程注册、学习进度跟踪与评估等流程的正常运行。此外，企业门户网站的信息展示、用户认证与后台管理等功能的逻辑性；医疗保健网站的患者信息管理、预约系统与医疗记录等流程的准确性；金融服务网站的交易处理、账户管理与安全认证等功能的完整性；政府公共服务网站的公民服务申请、信息查询与通知等流程的可靠性，都需通过此类测试来予以保障。

通过有效的网站逻辑流程测试，可发现以下问题：流程中断，如购物车结算过程出错导致交易无法完成；数据丢失或不一致，可能出现在用户注册或信息更新时；功能缺失，即某些预期功能在系统中无法正常实现；交互错误，是不同组件间通信出现问题影响整体性能。

为进行有效的网站逻辑流程测试，需要以下步骤：规划测试策略，明确测试范围、重点与方法；设计测试用例，根据流程模型与需求创建详细测试场景；执行测试，依据测试用例进行实际测试并记录结果；分析测试结果，识别问题与缺陷，确定修复优先级；重复测试，确保修复后系统功能正常。

网站逻辑流程测试是确保网站质量与用户满意度的关键环节，有助于提前发现问题，提升系统的稳定性与可靠性，为用户提供优质的在线体验。

2. 实际案例分析

在电子商务网站的购物流程中，进行逻辑流程测试的具体案例分析如下：

（1）用户注册环节。

输入无效的电子邮件地址或错误密码时，需仔细观察系统能否精准地提示出相应错误。

尝试使用已存在的用户名进行注册操作，以验证系统是否具备检测到用户名冲突的能力。

（2）登录过程。

输入错误的用户名或密码，密切关注系统给出的反馈信息。

成功登录后，进行注销操作并再次登录，以确保登录状态的准确性和稳定性。

（3）商品浏览部分。

执行特定商品的搜索操作，仔细检查搜索结果的准确性和完整性。

依照不同的排序方式浏览商品列表，验证排序功能是否正常运行。

（4）购物车功能。

将商品添加到购物车中，核查商品数量和价格的准确性。

执行清空购物车的操作，确认该操作是否成功完成。

（5）结算流程。

选择不同的支付方式，验证系统能否正确处理各种支付情况。

在结算过程中有意中断操作，检查系统的恢复能力和应对异常情况的能力。

（6）订单管理。

查看订单的状态，确认其与实际情况是否完全一致。

尝试取消订单，验证相关功能的可行性和准确性。

通过对这些关键流程的细致测试，可能会发现以下问题：

➢ 用户可能会遭遇注册或登录失败的情况，进而无法进行后续的操作。

➢ 商品浏览功能的不正常运行可能会导致用户无法顺利找到所需商品。

➢ 购物车数据的错误，将对用户的购物体验产生不良影响。

➢ 结算过程中出现的错误，可能导致交易无法顺利完成。

➢ 订单管理功能的异常，会使用户无法及时准确地了解订单状态。

在实际的测试工作中，需要详细且精确地记录每个测试用例的执行结果，包括成功和失败的具体情况。对于失败的情况，需及时且有效地反馈给开发团队，以便他们进行修复工作，从而确保网站的逻辑流程准确无误，为用户提供优质的在线购物体验。

（三）兼容性测试

对于不同浏览器和操作系统的考虑是网站兼容性测试中不可或缺的一部分，通过采用合适的技术和方法，可以确保网站在各种环境中都能稳定运行，为用户提供一致、优质的体验。这对于提升网站的可用性、用户满意度和品牌形象都具有重要意义。

1. 不同浏览器和操作系统的考虑

在现今的互联网环境之下，用户会采用多种浏览器和操作系统来访问网站。由此可见，保证网站能在这些不同的环境中平稳运行，并给予用户始终如一的体验，其重要性不言而喻。

不同的浏览器具备不同的特性以及渲染引擎。譬如Chrome、Firefox、Safari等常见的浏览器，在针对HTML、CSS以及JavaScript的解释和执行上可能存在差异，这就需要在测试的过程中，充分考虑这些差异，确保网站在不同的浏览器上所呈现出的显示效果和具备的功能能够保持一致。

操作系统的丰富多样同样也为网站的兼容性带来了不小的挑战。Windows、Mac OS、Linux等操作系统拥有各不相同的内核以及用户界面，这有可能会对网站的布局、字体渲染以及交互功能产生影响。

为了有效地解决这些问题，需要采取一系列的措施。首先，在网站的设计和开发阶段，就需要充分考虑到不同浏览器和操作系统的特点，遵循相关的标准和规范，尽量减少兼容性问题的出现。其次，在测试阶段，需要使用多种不同的浏览器和操作系统进行全面的测试，发现并解决可能存在的问题。

再次，还需要不断关注浏览器和操作系统的更新和发展，及时调整网站的设计和开发，以适应新的环境和需求。最后，建立有效的反馈机制，及时收集用户在不同环境下遇到的问题和建议，以便不断改进和优化网站。

在当今的互联网世界中，浏览器和操作系统的多样性是无法避免的。必须认真对待这些差异和挑战，不断努力，才能确保网站在各种环境下都能为用户提供优质、一致的服务和体验。只有这样，才能赢得用户的信任和满意，从而在激烈的竞争中脱颖而出。

2. 相关测试技术和方法

为了确保网站能够在各种浏览器和操作系统上提供一致、稳定和高效的用户体验，需要掌握一些测试技术和方法。

> 多浏览器测试：使用多种主流的浏览器进行测试，包括桌面端和移动端的浏览器。例如，桌面端的谷歌浏览器、火狐浏览器、微软Edge浏览器、苹果Safari浏览器，移动端的苹果iOS系统自带的Safari浏览器、安卓系统自带的浏览器、谷歌浏览器的移动版等。

> 自动化测试工具：使用自动化测试工具能够大大提高测试效率和覆盖范围。它们可以自动执行一系列测试用例，模拟用户在不同浏览器和操作系统上的操作，快速检测网站在各种环境下的兼容性问题。通过使用自动化测试工具，不仅可以节省大量的时间和人力成本，还能够确保测试的准确性和全面性。它能够检测到人工测试可能忽略的细节问题，从而提高网站的稳定性和可靠性。此外，这些工具还可以生成详细的测试报告，帮助开发人员快速定位和解决问题，进一步提升开发效率和质量。常见的自动化测试工具见表6.1.1所示。选择适合的自动化测试工具需要考虑项目需求、预算、团队技能和工具的易用性等因素。

表 6.1.1 常见的几种自动化测试工具

名称	说明
Selenium	广泛使用的开源自动化测试工具，支持多种浏览器和操作系统
TestComplete	提供全面的功能，包括浏览器兼容性测试
CrossBrowserTesting	支持在各种真实的浏览器和操作系统环境中进行测试
LambdaTest	可以进行跨浏览器和设备的测试
BrowserStack	提供广泛的浏览器和设备兼容性测试。
Ranorex	功能强大的自动化测试工具，支持浏览器兼容性测试
Appium	主要用于移动应用的测试，但也可用于浏览器测试
Cypress	现代的前端测试工具，适用于浏览器兼容性测试

（四）回归测试

回归测试的主要作用在于确保系统或软件在进行修改、更新或扩展后，仍然能够保持原有的功能和性能。这不仅是对系统稳定性和可靠性的重要保障，也是确保用户体验和满意度的关键环节。

通过回归测试，能够验证系统或软件的核心功能是否依旧正常运行。无论是对关键业务流程的校验，还是对核心功能模块的检测，都能在修改、更新或扩展后确保其符合预期的功能需求。

回归测试还有助于维持系统的性能水平。在面对系统规模的扩大、用户数量的增加或者新功能的引入时，能够及时发现可能出现的性能瓶颈，并进行优化和调整。

它还可以保障系统的兼容性。无论是与其他软件的交互，还是在不同的硬件设备和操作系统上的运行，都能通过回归测试来确保其兼容性和稳定性。

回归测试能够增强对系统变更的信心。让开发团队和相关人员更加放心地进行修改、更新或扩展操作，而无需担心对系统原有功能和性能产生负面影响。

1. 实施策略

回归测试的实施策略需要精心规划和执行。

首先，明确测试的范围和目标至关重要，通过深入分析系统的变更历史和需求文档，确定需要覆盖的功能模块和测试场景。例如，在一个电子商务系统中，某次更新涉及到了购物车功能的改进，那么在回归测试中就需要重点关注购物车相关的功能模块，确保添加、修改和结算等操作的正常运行。

其次，选择合适的测试用例是关键步骤。这些用例犹如敏锐的探针，能够有效地检测系统的功能、性能和兼容性等多方面的表现。据统计，在一些大型项目中，测试用例的数量可能高达数千甚至上万条。

再次，为了提升效率，运用自动化测试工具是明智之选，它们能够高效地执行重复的测试任务。以某软件公司为例，采用自动化测试后，测试效率提高了50%以上，大大缩短了测试周期。

然后，团队协作在回归测试中也起着关键作用。测试人员、开发人员和其他相关人员需密切配合，及时沟通和协调，共同推动回归测试的顺利进行。

最后，在实施过程中，要严格遵循测试计划和流程，确保测试工作的规范性和科学性。

2. 案例说明

以电子商务网站更新为例，下面为回归测试各个步骤的具体实现和使用的工具。

（1）购物车功能测试：在模拟用户操作时，需细致地进行以下步骤。点击添加商品按钮，选择各类商品并添加至购物车；接着，对已添加商品的数量进行修改，包括增加或减少；进入结算流程，检查结算页面中商品信息的准确性，包括商品名称、数量、价格等。同时，验证结算流程是否顺畅，如支付环节是否正常跳转、订单信息是否准确无误等。利用Selenium等自动化测试工具编写测试脚本，通过编写特定的脚本，模拟用户在购物车中的一系列操作，实现自动化测试。

（2）用户登录和注册流程测试：针对有效和无效的用户名及密码进行测试。有效情况下，验证登录过程中账号和密码的匹配是否准确，登录后用户信息是否正确显示；无效情况时，检查系统对错误输入的反馈和处理是否合理，例如，提示错误信息是否明确、是否允许重新输入等。人工测试与自动化测试相结合。人工测试用于发现特殊情况和边界情况，自动化测试则通过Selenium等工具执行重复的登录和注册操作，提高测试效率。

（3）搜索功能测试：输入不同的关键词，包括常见关键词、模糊关键词、特定领域的专业词汇等。检查搜索结果的准确性，即是否能找到与关键词相关的商品或信息；评估搜索结果的完整性，看是否包含了所有相关的内容；同时，监测搜索速度，判断是否在可接受的时间范围内返回结果。采用性能测试工具如 JMeter，对搜索功能进行压力测试。设置大量并发用户进行搜索操作，评估系统在高负载情况下的性能表现。

（4）页面加载速度测试：使用专业的性能测试工具，如 WebPageTest 等，测试页面加载的时间。需选择不同的网络环境和设备类型，以全面评估页面加载速度在各种情况下的表现。借助专业工具提供的详细页面加载性能指标，分析加载速度的瓶颈所在，如图片过大、脚本加载缓慢等。

在进行回归测试时，还应考虑以下几点：
> 建立详细的测试计划：明确测试用例和测试场景，包括各种正常和异常情况的覆盖。
> 详细记录和分析测试结果：及时发现问题并追溯原因。
> 与开发团队密切合作：及时反馈测试结果和缺陷，促进问题的解决。
> 定期重复回归测试：随着系统的更新和演变，持续保障系统的稳定性和可靠性。

通过以上的步骤和工具的运用，可以更有效地进行电子商务网站的回归测试，确保新功能的正常运行并提升用户体验。

总之，深入研究与恰当应用网站功能测试方法与工具，对提升测试效率与质量意义重大，这不仅关乎网站之成功与否，更对用户体验与商业价值产生深远影响。

二、网站性能测试

网站性能测试是指评估网站在各种负载条件下的性能表现，包括确定系统的承载能力、发现性能瓶颈、优化性能以及预测未来增长需求。通过网站性能测试，可获取关键性能指标，如响应时间和吞吐量等，从而确保网站的可靠性、可用性和用户满意度。它不仅能提供更好的用户体验，还能为企业带来更好的业务成果，帮助企业识别和解决可能影响网站性能的问题，优化网站架构和代码，为系统扩展提供依据，进而增强企业在数字领域的竞争力和影响力。

（一）网站性能测试方法

1. 负载测试

负载测试是通过模拟大量用户访问，对系统进行测试的方法。其原理是在系统上施加逐渐增加的负载，以观察系统在不同负载水平下的性能表现。

负载测试涉及到系统性能评估、资源分配理论以及容量规划等领域的知识，它基于对系统的深入理解和分析，以确保测试的准确性和有效性。

负载测试的应用场景广泛，其目标也十分明确，常应用于评估系统的性能容量，以确定系统在高流量和高负载情况下是否能够稳定运行。通过负载测试，可以发现系统中的性能瓶颈，如服务器资源不足、数据库性能受限等问题。

以某知名电子商务网站为例。在重大促销活动期间，网站面临着巨大的流量和访问压力。为了确保系统的稳定性和可靠性，进行了负载测试。

在测试过程中,模拟了大量用户同时访问网站,包括浏览商品、添加购物车、下单等操作。通过监测系统的性能指标,如响应时间、吞吐量、服务器资源利用率等,发现了一些潜在的问题。

随着负载的逐渐增加,发现服务器的 CPU 和内存利用率过高,导致响应时间延长。进一步分析发现,部分数据库查询操作效率低下,成为系统的性能瓶颈。

针对发现的问题,采取了以下优化措施:

➢ 优化数据库查询语句,提高查询效率。
➢ 增加服务器资源,提升系统的处理能力。
➢ 对系统进行性能调优,优化代码逻辑。

经过优化后,再次进行负载测试,结果显示系统在高负载下的性能得到了显著提升,能够满足大量用户同时访问的需求。

通过这个案例可以看出负载测试的重要性。它能够发现系统中的潜在问题,提前进行优化和改进,确保系统在实际运行中能够稳定可靠地提供服务。

总之,负载测试是保障系统性能和稳定性的重要手段。在实际应用中,需要结合具体情况,选择合适的测试方法和工具,制定合理的测试策略。通过负载测试,可以评估系统的性能容量,发现性能瓶颈,确定系统在高负载下的稳定性,从而为系统的优化和改进提供有力的支持。

2. 压力测试

压力测试是一种评估系统在极端条件下性能的测试方法。它与负载测试有所区别,压力测试侧重于确定系统在面临高强度、高负荷等极端情况时的表现,而负载测试更关注系统在正常和高峰负载下的性能状况。在实施压力测试时,有几个关键要点需要特别留意。

首先,确定测试的压力级别是至关重要的一步,这不仅需要对系统承受能力进行全面评估,还需深入了解预期压力的情况。系统的承载能力取决于多个因素,如硬件配置、软件设计、网络环境等。评估过程中,需要综合考虑这些因素,以制定出合理的压力级别。

其次,选择合适的测试工具和监控指标同样至关重要。测试工具应具备可靠性、准确性和适用性,能够真实地模拟系统所面临的压力情况。监控指标则应能够全面反映系统的性能状况,包括响应时间、吞吐量、资源利用率等。只有选择了合适的工具和监控指标,才能确保压力测试的准确性和有效性。

再次,实施压力测试时会面临着一些严峻的挑战。准确模拟真实的压力情况具有一定难度。实际情况中的压力可能受到多种因素的共同影响,如用户行为、网络延迟、数据分布等。这些因素的复杂性使得完全模拟真实压力变得极为困难。

然后,识别和解决性能瓶颈也是一项充满挑战的任务。这需要深入分析测试结果和系统架构,找出可能导致性能下降的关键环节。例如,在一个电子商务系统的压力测试中,发现订单处理速度随着并发用户数量的增加而显著下降。经过深入分析,发现数据库的查询效率是性能瓶颈所在。

最后,为了应对这些挑战,测试人员可以采取多种方法。例如,通过对系统的深入了解和分析,尽可能地模拟真实的压力场景。可以参考历史数据、用户行为模式和业务需求,构建贴近实际的压力模型。同时,利用先进的监控工具和技术,实时监测系统的各项性能指标。一旦发现性能瓶颈，及时采取相应的优化措施。例如，优化数据库查询语句、增加服务器资源、调整系统配置等。

以某在线金融交易平台为例，在进行压力测试时，测试人员首先根据平台的历史交易数据和业务峰值，确定了适当的压力级别。然后，选择了专业的压力测试工具，并设置了关键的监控指标，如交易响应时间、系统吞吐量和服务器资源利用率等。

在测试过程中，测试人员发现并发交易数量达到一定程度时，系统的响应时间明显延长。通过深入分析，确定了数据库的写入操作是性能瓶颈的主要原因。针对这一问题，优化了数据库的架构，采用了分布式存储和缓存技术，显著提高了系统的性能和稳定性。

综上所述，压力测试在系统性能评估中起着重要的作用。通过合理确定压力级别、选择合适的工具和指标，并采取有效的应对方法，测试人员能够更好地应对挑战，确保系统在各种压力情况下的稳定运行。

3. 性能基准测试

性能基准测试是一种用于评估系统或组件性能的重要方法。它通过建立一套标准的测试流程和指标，来衡量系统在特定条件下的性能表现。

建立基准具有重要意义。首先，它为系统性能提供了一个可比较的基准。这使得我们能够客观地评估不同系统、版本或配置之间的性能差异。例如，在软件开发中，通过基准测试可以确定新版本的性能是否有所提升。其次，基准测试有助于发现系统的性能瓶颈。通过对系统进行全面的测试，可以找出影响性能的关键因素，为优化工作提供明确的方向。

基准测试的步骤通常包括以下几个方面：

> 明确测试目标：确定所需评估的关键性能指标，如系统响应时间、吞吐量、资源利用率等，以及典型的业务场景。
> 设计测试用例：依据测试目标，精心设计具体测试方案。包括模拟不同用户负载、数据量和操作频率等情况。
> 搭建测试环境：合理配置硬件资源，如服务器、存储设备等，选择适宜的操作系统、数据库及中间件等软件，并确保网络连接稳定、带宽充足。
> 执行测试：严格按照测试用例进行测试，记录详细的测试结果，包括各项性能指标的数据。
> 分析测试结果：深入研究测试数据，找出性能瓶颈和潜在问题。可能用到性能分析工具和技术，如监控系统资源使用情况、排查日志等。

以某企业的 Web 应用为例，在评估新上线的系统在高并发情况下的性能表现时的具体步骤如下。

步骤一：明确关键指标。

在评估企业新上线的 Web 应用的高并发性能时，先要详细探讨响应时间和吞吐量这两个关键指标的重要性和意义。

响应时间是指用户发出请求到接收到响应的时间间隔。这是提供良好用户体验的关键因素之一。在高并发情况下，较长的响应时间可能导致用户不满和流失。深入研究各种用户交互场景，并确定各个场景下可接受的响应时间范围。通过对用户需求和行为的深入分析，制定明确的目标，以确保系统能够在合理的时间内响应用户请求。

吞吐量则反映了系统在单位时间内处理请求的能力。它是评估系统性能和处理能力的重要指标。较高的吞吐量意味着系统能够有效地处理大量并发请求，从而支持更多的用户同时使用系统。考虑系统的设计容量、预期的用户负载和业务需求，以确定所需的吞吐量水平。

步骤二：设计测试用例。

针对企业的具体 Web 应用，需要设计模拟大量用户同时访问系统的测试用例。这些测试用例包括并发登录、查询数据和提交表单等操作。

对于并发登录，需要考虑多种情况，如大量用户同时登录系统的场景。通过模拟多个用户并发进行登录操作，可以评估系统在登录过程中的性能表现，涉及关注登录的响应时间、成功率和稳定性等方面。

查询数据用例旨在评估系统的数据检索效率。可以设计各种复杂的查询场景，包括大规模数据查询、多条件查询等。通过模拟用户同时进行数据查询操作，可以检测系统在处理大量查询请求时的性能。

提交表单用例主要考察系统处理用户提交数据的能力。考虑不同类型的表单数据和并发提交的情况，以确保系统能够可靠地处理大量用户同时提交表单的操作。

在设计测试用例时，还可以考虑以下因素：用户行为模式、业务流程、数据分布和系统的特点等。通过综合考虑这些因素，可以确保测试用例能够真实地反映系统在实际使用中的性能情况。

步骤三：搭建测试环境。

为了满足高并发需求，可配置多台高性能服务器。在搭建测试环境时要进行详细的规划和设计。根据系统的规模和预期的并发用户量，确定所需的服务器数量和配置。选择具备强大处理能力、高速存储和可靠网络连接的服务器，以确保系统在高负载情况下仍能稳定运行。在资源分配方面，合理分配 CPU、内存、磁盘空间和网络带宽等资源。根据不同组件的需求和性能特点，进行优化配置，以提高系统的整体性能和资源利用率。还可建立可靠的监控系统，实时监测服务器的性能指标和系统的运行状态。通过实时监控，能够及时发现潜在的问题，并采取相应的措施进行调整和优化。

步骤四：执行测试。

在执行测试时，使用专业的性能测试工具。这些工具能够实时监测系统在执行测试用例过程中的各项性能指标。通过工具收集的数据，全面了解系统的性能状况。包括响应时间、吞吐量、并发用户数、服务器资源利用率等指标。密切关注这些指标的变化，并与预期的目标进行对比分析。在测试过程中，还可进行各种压力测试和负载测试。逐步增加并发用户数和请求量，以评估系统在不同负载水平下的性能表现。同时，记录测试过程中的所有异常情况和错误信息。通过对这些信息的分析，能够找出系统中存在的问题和瓶颈，并进一步深入研究和解决。

步骤五：分析测试结果。

测试结果显示，数据库查询效率低下是系统性能的瓶颈之一。经过深入分析，发现是索引设置不合理导致查询效率不佳。

对数据库中的相关表和字段进行详细的分析和评估，发现一些索引的缺失或不合理设置，导致查询引擎无法有效地利用索引进行查询优化。

通过对查询语句的分析，发现一些查询语句的写法可能不够优化，导致数据库在执行查询时消耗了过多的资源和时间。

步骤六：优化与调整。

根据分析结果，优化数据库的索引。根据数据的访问模式和查询需求，重新构建合理的索引结构。确保索引能够有效地支持查询操作，提高查询效率。同时对查询语句进行调整和优化。通过优化查询逻辑、避免不必要的表连接和子查询等方式，减少数据库的计算负担，提高查询的执行效率。

步骤七：重新测试。

在完成优化和调整后，再次执行测试用例。这次测试的重点是观察优化后的系统性能变化，特别是数据库查询效率的提升情况。通过重新测试，发现优化后的系统在高并发情况下的性能得到了显著提升，响应时间明显缩短，用户能够更快地得到系统的响应。吞吐量增加，系统能够处理更多的并发请求，满足了企业业务的需求。最终，优化后的系统具备了更好的性能和稳定性，能够为用户提供更优质的服务。这使得企业的 Web 应用能够更好地应对高并发场景，提升了用户满意度和业务效率。

总之，性能基准测试是评估系统性能的重要手段。通过建立基准，可以更好地了解系统的性能特点，发现潜在问题，并为优化工作提供有力的支持。在实际应用中，需要根据具体情况合理设计测试方案，确保测试结果的准确性和可靠性。

（二）常用的网站性能测试工具

网站性能测试工具可以快速地评估和优化网站的性能。它们通过模拟大量用户的访问行为，对服务器的负载能力进行测试，以确定网站在高流量情况下的稳定性和响应速度。这些工具能够帮助发现潜在的性能瓶颈，例如服务器资源利用率过高、数据库查询缓慢等问题。通过详细的测试报告和分析，开发人员可以确定需要优化的区域，并采取相应的措施来提升网站的性能和用户体验。性能测试工具还可以在网站上线前进行预评估，避免可能出现的性能问题，减少业务风险。同时，它们有助于监控网站的性能变化，确保其在不同时间和场景下都能保持良好的运行状态。网站性能测试工具是确保网站高效、稳定运行的重要手段。

下面列举几种常用的网站性能测试工具。

- ➢ JMeter 是一款开源的性能测试工具，功能强大且灵活。可以用于测试各种服务器的负载能力，支持多种协议和应用类型。通过自定义测试脚本，能模拟复杂的用户行为，还提供直观的图形化界面来监控和分析测试结果。
- ➢ LoadRunner 作为功能强大的企业级性能测试工具，能模拟大量用户并发访问。它拥有全面的监控和分析功能，可帮助识别系统瓶颈和性能问题，常用于企业级应用的性能测试，且能与其他工具集成。
- ➢ Apache Bench 是简单易用的基准测试工具，可快速评估服务器的基准性能。适用于小型项目或初步性能评估，无须复杂配置，就能得到基本的性能数据。
- ➢ WebLOAD 专注于 Web 应用的性能测试，可测试网页加载时间和事务处理等。它支持多种浏览器和操作系统环境，可提供详细的性能报告和分析。
- ➢ Gatling 基于 Scala 编写，高效且灵活，能处理高并发用户流量。适合大型复杂系统的测试，实时监控和数据分析功能让测试过程和结果一目了然。
- ➢ Siege 是开源的用于评估网站性能的工具，能设置不同负载级别和测试场景。操作简单，能快速得到网站的性能指标统计。
- ➢ Locust 架构简洁，脚本语法易懂，可扩展性强。支持分布式部署，提升测试规模和效率，能满足不同规模项目的性能测试需求。
- ➢ New Relic 提供全面的应用性能监控和分析，实时监测性能并报警。深入的性能分析和故障排查工具能帮助快速定位和解决问题。

（三）案例分析

以某电子商务网站为例，该电子商务网站具有大量的商品信息和用户数据，需要保证在高峰期能够快速响应用户的请求。采用负载测试方法，在进行负载测试时，使用专业工具模拟大量用户同时访问网站，这些用户可能进行诸如浏览商品、添加购物车、下单等操作。测试结果显示，在特定负载下，网站的响应时间较长。这意味着用户在执行这些操作时需要等待较长时间才能得到反馈，可能导致用户体验较差。此外，部分页面出现加载失败的情况，这可能会导致用户无法正常浏览商品或完成交易，从而影响网站的业务量和用户满意度。进一步分析发现，数据库查询效率低下是导致性能瓶颈的主要原因。可能是由于数据库设计不合理、索引缺失或不恰当、查询语句优化不足等因素导致的。数据库在处理大量并发查询时无法及时返回结果，从而影响了整个网站的性能。

以新闻资讯网站的压力测试为例，该新闻资讯网站拥有大量的实时新闻和热门话题，吸引了众多用户访问。在运用压力测试方法时，利用相关工具施加高并发访问，以模拟用户在特定时间段内集中访问网站的情况。测试结果表明，当用户数量急剧增加时，服务器的 CPU 利用率过高。这意味着服务器需要花费更多的计算资源来处理用户的请求，导致网站响应变慢。用户可能会遇到页面加载缓慢、刷新困难等问题。通过深入分析，发现代码中存在一些资源消耗较大的逻辑。这可能是由于某些算法复杂度过高、循环次数过多、数据处理方式不当等原因导致的。这些逻辑消耗了大量 CPU 资源，影响了服务器的处理能力和响应速度。

第二节 代码优化与安全测试

在网页制作与网站建设的过程中,代码是构建网站的基石,其质量和效率直接影响着网站的性能和安全性。为了打造一个出色的网站,必须高度重视代码优化与安全测试。

代码优化旨在提高网站的性能和用户体验。通过对代码进行精简和优化,减少冗余代码,提高代码的执行效率,从而使网站能够更快地加载和响应。这包括合理使用数据结构、优化算法、避免不必要的计算等方面。

安全测试则关注保护网站免受潜在的威胁和攻击。通常会检测代码中可能存在的安全漏洞,如SQL注入、跨站脚本漏洞等,并采取相应的防范措施。同时,还会对用户认证和授权机制进行测试,确保网站的安全性和用户数据的保护。

一、代码优化

(一)算法和数据结构优化

网站建设中,选择合适的算法和数据结构可以提高系统的性能。对于搜索、排序等操作,选择高效的算法可以减少计算时间。同时,根据数据特点选择合适的数据结构,如链表、树等,可以提高数据的存储和检索效率。

1. 分析不同算法的时间复杂度和空间复杂度

时间复杂度和空间复杂度是评估算法性能的重要指标。时间复杂度反映了算法执行所需的时间随问题规模增长的变化趋势,而空间复杂度则关注算法所需的存储空间。通过对不同算法的时间复杂度和空间复杂度进行分析,可以评估它们在特定场景下的性能。例如,在排序算法中,快速排序的时间复杂度在平均情况下较好,但在最坏情况下可能较差;而归并排序的时间复杂度始终较好,但需要更多的额外存储空间。

在具体分析时,需详细探讨各种常见算法的时间复杂度和空间复杂度特点。例如,对于排序算法,冒泡排序、插入排序、快速排序等算法的时间复杂度和空间复杂度各不相同。

为了选择最适合特定场景的算法,需要考虑以下因素:

➢ 数据规模:根据数据量的大小来判断算法的效率。
➢ 数据结构:不同的数据结构适用于不同的算法,需要结合数据特点进行选择。
➢ 算法特性:例如,某些算法可能更适合静态数据,而另一些算法则更适合动态数据。

➢ 硬件资源：考虑系统的硬件配置，以确保算法能够在现有硬件上高效运行。

在网页制作与网站建设中，不同场景可能具有不同的需求。例如，在实时数据处理场景中，可能需要选择具有较低时间复杂度的算法，以保证实时性；而在数据存储场景中，可能需要考虑空间复杂度，以避免过度占用存储资源。

还需要对算法的性能进行实际测试和评估，以验证其在特定场景中的表现。通过实验和模拟，可以确定算法在实际数据集上的性能，并根据结果进行优化和调整。

强调在选择算法时，不仅要考虑时间复杂度和空间复杂度，还需要综合考虑其他因素，如算法的可读性、可维护性等。只有在综合考虑各方面因素的基础上，才能选择出最适合特定场景的算法，提高网页制作与网站建设的效率和质量。

2. 研究常见数据结构的特点和适用场景

在网站建设的过程中，数据结构的选择和应用对于系统的性能和效率起着关键作用。在实际应用中，根据具体情况选择合适的数据结构，能够提高系统的性能和效率，优化数据存储和处理方式。常见的数据结构包括数组、链表、树等。

在数据结构的领域中，数组、链表和树是常见的三种数据结构。它们各自具有独特的特点和适用场景。

数组具有固定大小，元素在内存中连续存储，这使得它能够实现随机访问。这种特性适用于那些需要快速随机访问元素的情况，并且适用于已知数据量大小且不会频繁变化的场景。由于其固定大小的限制，当数据量需要动态增长时，数组就可能不再适用。

链表则具有动态增长的特点，可以灵活地进行插入和删除操作。它的元素采用非连续存储的方式，通过指针进行连接。链表常用于需要频繁进行插入和删除操作的场景，以及数据量不确定或变化较大的情况。它能够很好地适应数据的动态变化。

树作为一种具有层次结构的数据结构，支持高效的搜索和排序操作。适用于需要进行分类、组织和检索数据的情况，尤其是在对搜索和排序效率要求较高的场景中，树的作用尤为明显。

在实际应用中，选择合适的数据结构需要综合考虑多个因素。首先是数据的访问方式，是需要随机访问还是顺序访问。不同的数据结构在访问方式上可能存在差异，需要根据具体需求进行选择。其次，数据的操作需求也是重要的考虑因素。最后，是否需要频繁进行插入、删除或搜索等操作，不同的数据结构在这些操作上的效率和实现方式可能不同。

数据的规模和变化情况也需要纳入考虑范围。如果数据量较大且增长较为稳定，可能适合选择某种数据结构；如果数据量不确定或变化频繁，可能需要选择另一种数据结构。

对性能的要求包括时间复杂度和空间复杂度。某些数据结构在时间复杂度上表现优异，但可能会占用较多的空间；而另一些数据结构可能在空间复杂度上较为节省，但时间复杂度可能会相应增加。

了解数组、链表和树的特点和适用场景，并根据实际应用中的数据访问方式、操作需求、规模和变化情况以及性能要求等因素，选择合适的数据结构，能够提高数据处理的效率和质量。

3. 探讨如何根据具体问题设计高效的算法和数据结构

根据具体问题设计高效的算法和数据结构是网站测试与优化的关键环节。通过深入分析问题、选择合适的算法和数据结构，并进行优化和测试，可以提高网站的性能和用户体验。

需要明确具体问题的需求和约束条件，包括解数据的规模、访问模式、操作频率等关键因素。通过深入分析问题，确定所需算法和数据结构的基本特征。

设计高效算法时，应考虑以下几个方面：
- 选择合适的算法：不同的算法适用于不同的问题场景。例如，对于排序问题，冒泡排序、快速排序、归并排序等算法具有不同的时间复杂度和适用范围。
- 考虑时间复杂度：尽量选择时间复杂度较低的算法，以提高程序的运行效率。
- 利用数据的特性：如果数据具有某些特定的规律或特征，可以利用这些特性设计更高效的算法。

在设计数据结构时，需要注意以下几点：
- 选择合适的数据结构：例如，数组适用于随机访问，链表适用于频繁插入和删除操作，树结构适用于分类和检索等。
- 考虑存储空间：避免过度使用存储空间，尤其是在处理大规模数据时。
- 优化数据访问：通过合理的数据组织方式，提高数据的访问效率。

为了设计高效的算法和数据结构，可以采用以下方法：
- 分析算法和数据结构的性能：使用数学分析或实际测试来评估算法和数据结构的效率。
- 进行算法和数据结构的优化：根据分析结果，对算法和数据结构进行改进。
- 借鉴现有优秀的算法和数据结构：了解领域内的经典算法和数据结构，借鉴使用。

在实际应用中，还需要注意以下几点：
- 考虑硬件环境和资源限制：例如内存大小、处理器速度等。
- 对代码进行测试和调试：确保算法和数据结构的正确性和可靠性。
- 根据实际情况进行调整：随着问题规模和需求的变化，可能需要对算法和数据结构进行进一步的优化。

4．一些常见的算法优化技巧

通过减少循环次数和避免不必要的重复计算等算法优化技巧，可以提高网站的性能和用户体验。在进行优化时，还需要综合考虑各种因素，以达到最佳的优化效果。

减少循环次数是优化算法的重要手段之一。通过合理的算法设计和数据结构选择，可以减少不必要的循环。例如，在查找数据时，可以使用更高效的查找算法，如哈希查找，而不是简单的顺序查找，从而显著减少循环次数。另外，对于一些循环，可以通过提前结束循环的条件判断来避免无用的循环执行。

避免不必要的重复计算也是重要的优化技巧之一。重复计算会浪费计算资源和时间，可以通过以下方式避免：
- 缓存计算结果：将已经计算过的结果存储起来，下次需要时直接使用，而不是重新计算。
- 利用递推或递归的方式：通过巧妙的算法设计，避免重复计算。
- 分解复杂问题为简单问题：将复杂的计算分解为多个简单的计算，避免重复计算。

此外，还可以采用以下一些优化技巧：
- 优化数据结构：选择合适的数据结构可以提高算法的效率。
- 减少内存访问次数：合理组织数据，减少不必要的内存访问。
- 并行计算：对于适合并行处理的任务，可以采用多线程或多进程的方式提高计算效率。
- 代码精简和优化：去除冗余代码，优化代码逻辑，提高执行效率。

在实际的网站开发中，需要根据具体情况选择合适的优化技巧。对于一些关键模块和性能瓶颈，需要进行深入分析和优化。同时，要注意优化的权衡，避免过度优化导致代码复杂度过高或可读性降低。

（二）代码精简和重构

代码精简和重构是网站测试与优化中不可或缺的部分。它们有助于提高代码的质量、可读性和性能，使网站更易于维护和扩展。

1. 代码精简的方法和原则

代码精简是在软件开发过程中通过去除冗余和不必要的代码，使代码更加简洁、易读和高效的一种重要手段。

提高可读性是代码精简的显著优势之一。简洁的代码结构清晰，逻辑直观，更容易被开发者理解。这降低了维护和扩展代码的难度，使得后续的开发工作更加顺利。易于阅读的代码使团队成员之间的沟通和协作更加高效，减少了因为理解困难而导致的错误。

减少错误是另一个重要好处。代码量的减少意味着潜在错误的概率降低。通过消除重复代码和不必要的复杂结构，可以减少代码中的错误源。这有助于提高软件的稳定性和可靠性，降低故障发生的风险。

提高性能是代码精简的关键优势之一。减少不必要的计算和操作能够提升程序的运行效率，使其在处理大量数据或高并发情况时表现更出色。优化的数据结构选择可以进一步提高内存占用效率和访问速度，从而提升整体性能。

为了实现代码精简，可以采取以下方法：

（1）去除重复代码。在代码开发过程中，重复代码是一个常见的问题。通过仔细审查代码，寻找那些在多个地方出现的相同或相似的代码块。将这些重复部分提取出来，封装为函数或模块。这样做不仅可以避免代码的冗余，还能提高代码的可复用性。当需要在其他地方使用相同功能时，只需调用封装好的函数或模块即可，无需重复编写代码。而且，可维护性也得到了提升。如果需要修改某个功能，只需要在一个地方进行修改，而不需要在多个地方进行相同的修改。这减少了维护成本和错误发生的可能性。此外，通过去除重复代码，代码的整体结构更加清晰，可读性也会大大提高。其他开发者在阅读和理解代码时会更加容易，从而减少了沟通和协作的成本。

（2）优化数据结构。选择合适的数据结构对于提高代码效率起着关键作用。不同的数据结构具有不同的特点和适用场景。例如，在需要快速查找和访问元素时，哈希表可能是一个好的选择；在需要按照特定顺序访问元素时，列表可能更合适。在选择数据结构时，需要考虑数据的特性，如数据的大小、访问模式、增删操作的频率等。通过优化数据结构的选择，可以最小化内存占用。避免不必要地消耗内存资源，从而提高程序的性能和效率。同时，合适的数据结构能够提高访问效率，使数据的检索、插入和删除等操作更加高效。这对于处理大规模数据或对性能要求较高的场景尤为重要。此外，合理的数据结构选择还能够提高代码的可扩展性。当需求发生变化时，能够更容易地对代码进行修改和扩展。

（3）避免过度设计。保持代码的简单性是软件开发中的一个重要原则。不添加不必要的复杂性可以减少代码的复杂度和维护成本。过度设计可能导致代码变得复杂、难以理解和维护。它增加了代码的复杂性，使其他开发者难以理解代码的逻辑和功能。在编写代码时，应该专注于实现当前的需求，而不是过度考虑未来可能的变化。当然，这并不意味着不考虑可扩展性，但应该在必要时进行适当的设计。简单的代码更容易测试和调试，错误更容易被发现和修复。它也更容易进行重构和改进，因为代码的结构和逻辑更加清晰。而且，简单的代码通常具有较高的可读性，这对于团队协作和知识传递非常重要。其他开发者能够更快地理解代码的功能和逻辑，从而提高开发效率。

下面通过实际项目中的代码示例，展示如何进行代码精简。某个电子商务项目中，有一段用于处理订单的代码。原始代码中存在一些重复的逻辑和复杂的条件判断，导致代码可读性较差，维护困难。

以下是原始代码示例：

```
if order.status == 'pending':
    if order.amount < 100:
        process_pending_small_order(order)
    else:
        process_pending_large_order(order)
elif order.status == 'completed':
    if order.payment_method == 'credit_card':
        process_completed_credit_card_order(order)
    elif order.payment_method == 'bank_transfer':
        process_completed_bank_transfer_order(order)
else:
    handle_unknown_status(order)
```

为了进行代码精简，可以采用以下方式：
- 提取函数：将重复的逻辑提取为单独的函数。
- 使用字典：替代复杂的条件判断。

改进后的代码如下：

```
order_processing_map = {
    'pending': {
        'small': process_pending_small_order,
```

```
            'large': process_pending_large_order
        },
        'completed': {
            'credit_card': process_completed_credit_card_order,
            'bank_transfer': process_completed_bank_transfer_order
        }
    }
    order_processing_func = order_processing_map.get(order.status, handle_unknown_status)
    order_processing_func(order)
```

通过这种方式，代码变得更加简洁、易读，并且更易于维护。当需要添加新的状态或支付方式时，只需要在字典中进行相应的添加，而不需要修改主要的业务逻辑代码。

2. 代码重构的方法和原则

重构是在不改变代码外部行为的基础上，对其内部结构进行调整和优化的过程。它着重于提升代码的质量、可维护性以及可扩展性。

重构不仅仅是简单地修改代码，它更是一种有意识地改善代码结构、提高代码质量和可维护性的过程。下面详细论述重构的规则和方法。

小步迭代是一种有效的重构方法。每次只进行小规模的改动可以降低风险。这样做的好处是可以更容易地控制变更的影响范围，减少引入新问题的可能性。通过逐步改进代码，能够及时发现和解决潜在的问题，确保代码的稳定性。小步迭代还可以使重构过程更加可管理，便于跟踪和评估重构的效果。

保持代码的可测试性是至关重要的。在重构过程中，充分的测试是必不可少的。它可以确保代码的功能在重构后仍然正常工作。通过编写测试用例，可以覆盖代码的各种运行情况，包括正常和异常情况。这样可以增加对代码的信心，减少错误的发生。可测试性还可以帮助开发者更快地发现问题，并及时进行修复。

进行代码的抽象和封装是提高代码质量的关键。通过抽象，可以将相关的功能和逻辑封装在一起，形成独立的模块。这样可以提高代码的复用性，使代码更加灵活和可扩展。封装还可以隐藏代码的内部实现细节，减少代码的耦合性，提高模块的独立性。例如，通过创建抽象类或接口，可以定义通用的行为和功能，便于后续的扩展和修改。

在实际应用中，开发者可以结合具体的项目需求和代码特点，合理运用这些规则和方法。例如，对于一个存在大量重复代码的模块，可以通过提取公共方法或创建抽象类来进行重构。对于过长的方法，可以将其分解为多个更小、更专注的方法。

下面通过一个实例来说明重构的实现过程。假设有一个订单处理模块，其中包含一个处理订单的方法，该方法中有大量重复的代码用于计算订单总价。原始代码如下：

```
public double calculateTotalPrice() {
    double total = 0;
    for (OrderItem item : orderItems) {
```

```
            total += item.getPrice() * item.getQuantity();
        }
        return total;
    }
```

在这个例子中，可以通过提取一个私有方法来重构代码，以减少重复。

```
    private double calculateItemPrice(OrderItem item) {
        return item.getPrice() * item.getQuantity();
    }
    public double calculateTotalPrice() {
        double total = 0;
        for (OrderItem item : orderItems) {
            total += calculateItemPrice(item);
        }
        return total;
    }
```

通过这种方式，将重复的代码提取为一个单独的方法，使代码更加清晰和易于维护。

（三）缓存技术的应用

在当今数字化的时代，数据处理和访问速度对于各种应用程序和系统的性能至关重要。为了提升数据访问效率和响应速度，缓存技术应运而生，并在众多领域得到了广泛的应用。缓存技术犹如一座快捷的桥梁，连接着用户与数据之间的高速通道。

下面详细探讨缓存技术的应用，包括解释缓存的基本原理和作用、讨论不同类型的缓存、介绍缓存策略的设计和优化，以及探讨缓存失效和更新的机制等方面。

1. 缓存的基本原理和作用

缓存的基本原理是将经常访问的数据存储在靠近请求源的位置，以便快速获取和响应。它的作用主要体现在以下几个方面：缓存通过存储之前已经处理过的请求结果，减少了对后端数据源的重复访问，从而降低了服务器的负载，节省了计算资源和网络带宽。缓存能够显著提高数据的访问速度，使请求能够更快地得到响应。用户可以获得更流畅、更高效的体验。缓存还可以提高系统的稳定性和可靠性。它减少了对后端系统的依赖，降低了因为后端系统故障或高负载而导致的服务中断风险。通过缓存，可以对数据进行筛选和预处理，只返回必要的信息，减少了数据传输量。缓存的存在使得系统能够更好地应对突发的流量高峰。它可以吸收部分请求，避免后端系统被瞬间压垮。

缓存技术在提升系统性能、优化用户体验和保障系统稳定性方面发挥着重要作用。

2. 不同类型的缓存

不同类型的缓存各有特点和适用场景。它们可以单独使用，也可以结合使用，以提供更高效的缓存解决方案。在实际应用中，需要根据系统的需求和特点选择合适的缓存类型，并进行合理的配置和管理。

浏览器缓存是在客户端（浏览器）上存储的数据缓存。它主要用于保存网页中的静态资源，如图像、样式表、脚本等。当用户再次访问同一网页时，浏览器可以直接从缓存中获取这些资源，而无需再次向服务器发送请求。

服务器端缓存则是在服务器上存储的数据缓存。服务器可以根据请求的特征和访问模式，将经常访问的数据缓存在内存或磁盘中。

除了浏览器缓存和服务器端缓存，还有其他类型的缓存，例如：应用程序缓存：在应用程序内部实现的缓存机制。数据库缓存：用于加速数据库操作的缓存。内容分发网络（CDN）缓存：分布在全球各地的缓存服务器网络。

3. 缓存策略的设计和优化

缓存策略的设计和优化是提高缓存效率和命中率的关键，以下是一些常见的方法。

过期策略是缓存管理的重要一环。确定缓存数据的有效时间可以避免缓存中的数据过时或不准确。通过合理设置过期时间，可以在保证数据新鲜度的同时，最大程度地利用缓存的优势，过期时间的设置需要综合考虑数据的变更频率、业务需求和系统资源等因素。例如，在电子商务网站中，商品信息通常会设置过期时间。例如，某热门商品的库存信息会在缓存中保留一段时间，一旦超过有效时间，系统将重新从数据库获取最新的库存数据。

热点数据识别是提高缓存效率的关键步骤。识别出经常被访问的数据，并将其优先缓存，可以有效提高缓存的命中率。这可以通过分析访问日志、流量特征等方式来实现。对于热点数据，可以采用更高级的缓存策略，如单独的缓存层级或更频繁的更新策略。例如，社交媒体平台上，热门话题或热门用户的相关数据可以被识别为热点数据，并优先缓存，当大量用户访问这些热点内容时，可以快速响应。

缓存粒度控制需要根据数据的特点和访问模式进行调整。较细的缓存粒度可以提供更精确的缓存，但也会增加管理和更新的复杂性。相反，较粗的缓存粒度可能会导致一些不必要的数据被缓存，降低命中率。因此，需要在两者之间找到平衡。例如，在线视频平台根据视频的不同清晰度设置不同的缓存粒度。较热门的高清视频可能会有更细的缓存粒度，以提供更好的观看体验。

缓存预热在系统启动或更新时非常有用。提前将常用数据加载到缓存中，可以减少初始访问时的延迟，提高用户体验。这特别适用于一些具有固定访问模式的系统。例如，在新闻资讯类应用中，在系统启动时提前将热门新闻加载到缓存中，使用户在打开应用时能快速浏览到最新的热门资讯。

结合业务场景制定个性化的缓存策略可以更好地满足特定业务的需求。不同的业务可能具有不同的访问特点和数据需求，因此需要针对性地设计缓存策略。例如，在线教育平台根据不同课程的特点和用户访问模式，为不同类型的课程内容制定个性化的缓存策略。

分布式缓存通过分布式系统实现了缓存的水平扩展和高可用性。它可以提高缓存的容量和性能，同时增强系统的可靠性。例如，大型互联网公司采用分布式缓存系统，将缓存数据分布在多个服务器上，以应对高并发的访问需求。

缓存策略的设计和优化是一个复杂而又关键的过程。需要综合考虑多种因素，根据具体的业务场景和系统特点进行定制化的设计和调整。通过合理运用上述方法和技巧，可以提高缓存的效率和命中率，提升系统的性能和用户体验。

（四）数据库查询优化

在网站建设中，数据库查询优化是一个持续的过程，需要不断根据业务需求和数据特点进行调整和优化。

1. 设计合理的数据库结构

在数据库设计中，数据库结构的合理性对于数据的存储、管理和查询效率具有至关重要的影响。

首先，明确数据关系是设计数据库表的关键步骤。通过仔细分析网站所需存储的数据，确定各数据之间的关系。这些关系可以是一对一、一对多或多对多等。例如，在电子商务网站中，一个用户可能拥有多个订单，而一个订单只对应一个用户，这就是典型的一对多关系。

其次，遵循数据库设计的范式可以确保数据的完整性和一致性。范式提供了一套规则和指导原则，用来设计结构合理的数据库，它有助于避免数据冗余、插入异常、更新异常和删除异常等问题。

再次，划分表将相关但不同的信息划分到不同的表中也是非常重要的。以电子商务网站为例，将用户信息、商品信息和订单信息分别存储在不同的表中具有多种好处。这样的划分可以提高数据的组织性和可维护性。每个表专注于特定的信息，使得数据管理更加简单和高效。

然后，索引的创建在提高查询效率方面起着关键作用。选择合适的列创建索引是根据业务需求进行的。那些经常用于查询的列应该被优先考虑创建索引。例如，在电子商务网站中，商品名称和类别等列可能会频繁地用于查询商品信息。创建索引可以加速这些查询操作，提高系统的响应速度。

最后，需要注意的是，过多的索引可能会增加数据插入和更新的开销。因此，需要谨慎选择创建索引的列，避免过度索引。联合索引是一种对于多个经常一起查询的列创建的索引，它可以进一步提高查询效率，特别是在多个列组合查询的情况下。

通过为商品名称和类别等列创建索引，电子商务网站能够更快地检索到用户所需的商品信息，提供更好的用户体验。在实际应用中，还需要综合考虑数据库的性能需求、数据量和访问模式等因素，来优化数据库结构和索引的设计。

综上所述，合理的数据库结构设计和索引创建是确保网站高效运行的重要基础。它们能够提高数据的存储和管理效率，提升查询性能，为用户提供快速和准确的信息服务。

下面以构建电子商务网站数据库为例，数据库结构设计如下。

- ➢ 商品表（products）：存储商品信息，包括商品ID、名称、价格、描述、所属分类ID、创建时间和更新时间等。
- ➢ 订单表（orders）：存储订单信息，包括订单ID、用户ID、订单总额、订单状态、创建时间和更新时间等。
- ➢ 订单详情表（order_details）：存储订单详情信息，包括订单详情ID、订单ID、商品ID、商品数量和商品价格等。
- 用户表（users）：存储用户信息，包括用户ID、用户名、用户邮箱、密码、创建时间和更新时间等。

各表之间的关系如下：
- 商品表与分类表之间存在多对一的关系，一个分类下有多个商品。
- 订单表与用户表之间存在多对一的关系，一个用户可以有多个订单。
- 订单表与订单详情表之间存在一对多的关系，一个订单可以有多个订单详情。
- 在查询数据时，可以使用以下示例查询：
- 查询所有商品：

SELECT * FROM products;

- 查询某个用户的订单及详情：

SELECT orders.id, orders.total, order_details.product_id, order_details.quantity FROM orders JOIN order_details ON orders.id = order_details.order_id WHERE orders.user_id = 1;

2. 优化查询语句

在编写查询语句时，避免全表扫描是提高查询效率的重要手段。具体的优化查询语句方法如下。

- 明确查询需求：在编写查询语句之前，需要细致且全面地梳理出所需获取的具体信息。这样做的好处是能够避免执行不必要的查询操作，从而减少系统资源的消耗。通过清晰、明确地定义查询需求，可以更加精准地选择相关数据，进而提高查询结果的准确性和效率。
- 使用合适的连接方式（如INNER JOIN）：INNER JOIN是一种用于根据相关列将两个或多个表连接起来的方式，它能够获取到相互匹配的数据。这种连接方式的优势在于可以确保只返回满足连接条件的行，有效减少不必要的数据返回。
- 条件筛选：在查询语句中尽可能地加入条件限制，以减少返回的数据量。例如，可以根据订单的状态（如已完成、未完成）或日期范围进行筛选。通过设置条件筛选，可以只获取与特定需求相关的数据，显著提高查询的效率。
- 避免使用*通配符：使用*通配符会导致返回表中的所有列，其中可能包含大量不需要的数据。明确指定需要的列，可以减少数据传输量和处理时间，进一步提升查询效率。
- 合理使用排序和分组：根据业务需求，对查询结果进行合理的排序，以便更好地组织和呈现数据，使结果更具条理性和可读性。分组操作能够将相关的数据分组在一起，方便进行汇总和统计分析。
- 使用聚合函数：诸如COUNT、SUM等聚合函数可以对数据进行汇总和统计，减少数据返回量。通过使用这些聚合函数，可以在一次查询中获取到所需的汇总信息，避免了多次查询的繁琐操作。

以下是一个简单的案例。

假设有一个名为 sales 的表，包含 sale_id、customer_id 和 sale_date 列，以及名为 customers 的表，包含 customer_id 和 customer_name 列。

要查询特定日期范围内（如2023年）进行销售的客户名称，可以使用以下查询语句：

```
SELECT c.customer_name
FROM sales s
INNER JOIN customers c ON s.customer_id = c.customer_id
WHERE s.sale_date BETWEEN '2023-01-01' AND '2023-12-31';
```

该查询首先使用 INNER JOIN 将两个表连接，然后根据销售日期进行条件筛选，只返回特定日期范围内的客户名称。

在实际应用中，还可以结合使用索引、分区等技术进一步优化查询语句的性能。通过综合运用这些方法，可以提高查询效率，提供更好的用户体验。

3. 对频繁查询的字段进行索引优化

索引优化有助于提升查询性能，尤其针对高频查询的字段。在一个电商平台中，商品信息表中的商品名称字段经常被用于搜索查询。通过索引优化，可以极大地提高用户搜索商品的速度，使用户能够更快地找到所需商品，提升购物体验。

深入剖析查询日志，明确哪些字段在查询操作中高频出现。例如，在一个客户关系管理系统中，通过分析查询日志发现，客户姓名字段被频繁用于查询客户信息。通过精细地分析日志信息，能够精准定位这些关键字段。

为这些高频字段创建索引，相当于为数据库查询提供了一条"快速通道"。以银行交易系统为例，账户号码字段是高频查询的字段。为该字段创建索引后，查询账户信息的速度会大幅提升，减少了用户等待时间。

定期对索引进行维护，以保障其持续的有效性。在一个社交媒体平台中，随着用户数量的增长和数据分布的变化，索引可能需要调整或重建。例如，用户关注字段的索引可能需要重新优化，以适应新的查询模式。

索引优化在实际应用中发挥重要的作用，它能够提高查询性能，为用户提供更好的体验。同时，定期维护索引可以确保其有效性，适应数据的变化和增长。

（五）页面加载速度优化

页面加载速度对于用户体验和网站的成功非常关键。快速的页面加载能够提高用户满意度，减少跳出率，并对网站的性能和可用性产生积极影响。压缩页面资源，如压缩图片、CSS 和 JavaScript 文件，是提高页面加载速度的关键手段之一。

压缩图片是减小文件大小的一种极为有效的方法。通过运用适当的压缩算法，能够在维持图片质量的基础之上，大幅度降低图片的存储空间。这一举措不仅有利于加快图片在网络中的传输速度，还能够显著减少服务器的带宽消耗和存储成本。

对于 CSS 和 JavaScript 文件而言，压缩的意义同样不可小觑。通过压缩这些文件，可以去除其中多余的空格、注释以及不必要的代码，从而有效减小文件的体积。这样的操作不仅能够提升传输速度，还可以降低服务器的负载。

在实际应用中,可以采用以下方法来实现页面资源的压缩。
- ➢ **选择合适的图片格式**:根据图片的特性和具体使用场景,精心挑选最适宜的格式,例如 JPEG 适用于色彩丰富且包含连续色调的图片,而 PNG 则更适合需要保留透明背景或图像中包含清晰线条的情况。
- ➢ **使用专业的图片压缩工具**:常用的压缩图片工具见表6.2.1所示。这些工具能够在不过多损失图片质量的前提下,最大限度地减小图片的尺寸。一些先进的工具甚至可以根据图片的特点自动进行优化,以达到最佳的压缩效果。
- ➢ **优化 CSS 和 JavaScript 代码**:仔细审查和清理代码,避免不必要的代码重复和冗余。这包括删除无用的代码段、合并重复的代码块,以及优化代码的结构和逻辑。
- ➢ **使用压缩工具对文件进行压缩**:常见的压缩工具具备自动去除无用代码和空格的功能,从而进一步减小文件的体积。

表 6.2.1　常用的图片压缩工具

名称	简介
TinyPNG	TinyPNG 使用智能有损压缩技术来减小 WEBP、JPEG 和 PNG 文件的文件大小。通过有选择地减少图像中的颜色数量,存储数据所需的字节数更少。图片效果几乎是没有变化,但文件大小却有很大差异
Optimizilla	提供在线压缩服务,可对 JPG 和 PNG 格式的图片进行高效压缩
Kraken.io	支持多种图片格式,具有快速压缩和良好的质量保持效果
ImageOptim	适用于 Mac 系统的本地图片压缩工具
jpegOptim	专门用于压缩 JPEG 图片的工具
RIOT	高效的照片压缩工具,使用简单,可以快速将照片压缩到较小的大小,而且不影响图片的清晰度。同时,这款软件还支持批量压缩和内置预览功能,让操作更加方便
XnConvert。	界面简洁,使用方便,不仅可以压缩照片,还支持批量转换、调整大小、添加水印等功能。同时,它还支持多种图片格式的转换
Caesium	专门用于照片压缩,拥有精细的调节选项,可以对图片质量、分辨率等进行自定义设置,而且压缩后的图片质量和细节都保持得非常好,是一个值得一试的好工具

以某电子商务网站为例,网站中拥有大量的产品图片。在未进行图片压缩之前,页面加载速度较为缓慢,用户体验较差。通过采用高效的图片压缩技术,成功减小了图片文件的大小,显著提高了页面加载速度。这一改进直接提升了用户的购物体验和满意度,使得用户能够更快速地浏览和购买产品,进而增强了网站的竞争力和用户黏性。

二、安全测试

在数字化时代,网站和网页已经成为人们生活和工作中不可或缺的一部分。然而,随着网络技术的不断发展，各种安全威胁也日益增多。在网页制作和网站建设过程中，安全测试显得尤为重要。它不仅能够确保用户的信息安全，还可以保护网站免受各种恶意攻击。安全测试涵盖了多个方面，包括SQL注入漏洞测试、跨站脚本漏洞测试、访问控制和权限验证、密码强度和加密方式评估以及文件上传漏洞测试等。

（一）SQL注入漏洞测试

SQL注入是一种常见的网络安全漏洞，攻击者通过在用户输入中插入恶意的SQL语句，来操纵数据库并获取敏感信息。在网页上线前，进行SQL注入漏洞测试非常有必要。

SQL注入的原理是攻击者利用网站输入表单或URL参数，将恶意SQL代码注入到数据库查询中。例如，一个用户登录表单，如果没有正确验证输入，攻击者可能会尝试注入恶意代码来获取用户信息。

为了测试是否存在SQL注入漏洞，可以使用一些常见的工具和技术。例如，使用专业的安全测试工具，这些工具可以自动检测网站中的SQL注入漏洞。

SQLMap和ghauri是两款优秀的工具，用于检测和利用SQL注入漏洞。

SQLMap是一个开源的渗透测试工具，具有强大的自动化检测功能。它可以帮助安全人员发现存在SQL注入漏洞的网站，并获取数据库服务器的权限。该工具支持多种数据库类型，包括MySQL、Oracle、PostgreSQL等。其检测模式包括基于布尔的盲注和基于时间的盲注。

ghauri则是一个先进的跨平台工具，能够自动化检测和利用SQL注入安全漏洞的过程。它支持常见的数据库类型，如MySQL、Microsoft SQL Server等。ghauri可以检测多种注入类型，如基于GET/POST的注入、基于头部的注入、基于Cookie的注入等。

在实际使用中，以SQLMap为例，可以按照以下步骤进行操作。

- 确定目标网站可能存在SQL注入漏洞的页面。
- 使用SQLMap工具指定目标页面的URL。
- 配置相关参数，如数据库类型等。
- 运行工具进行检测。

通过使用这些工具，可以快速有效地检测网站中是否存在SQL注入漏洞，并采取相应的措施进行修复，以保障网站的安全性。当然，在使用这些工具时，必须遵循合法合规的原则，并且在经过授权的情况下进行操作。

例如，在一次安全检测中，安全人员发现某网站的一个查询页面可能存在SQL注入漏洞。他们使用SQLMap工具对该页面进行检测，通过设置相关参数和运行工具，成功检测出了该页面存在的SQL注入漏洞。根据检测结果，安全人员及时通知网站管理员进行修复，避免了可能的安全风险。

通过有效的SQL注入漏洞测试，可以及时发现并修复潜在的安全隐患，保护网站和用户的信息安全。

为了防范SQL注入漏洞，开发人员应该采取以下措施：
- 严格验证用户输入：不能直接将用户输入拼接到SQL查询中，因为用户输入可能包含恶意代码，若直接运用，便可能引发漏洞。在具体内容方面，开发人员应检查输入的数据类型、格式和范围，以确保其符合预期。例如，在一个用户注册页面，验证电子邮件地址的格式是否正确，避免用户输入恶意代码。
- 使用参数化查询或存储过程：通过这种方式，可以清晰区分用户输入和SQL语句，有力阻止SQL注入的发生，增强了应用程序的安全性。具体来说，参数化查询将用户输入作为参数传递给数据库，而不是直接嵌入到SQL语句中，这样一来，即使输入中包含恶意代码，也不会被解释为SQL指令。例如，在一个搜索功能中，使用参数化查询来传递搜索关键词，而不是将其直接嵌入到SQL语句中。
- 对数据库进行安全配置，限制用户的访问权限：合理限定用户的访问权限，仅赋予其必要的权限，能够显著减少潜在风险。在这一方面，开发人员可以设置不同用户的角色和权限，确保每个用户只能访问其所需的数据。例如，一个后台管理系统中，为不同的管理员角色分配不同的数据库访问权限。

通过综合运用这些措施，开发人员能够显著降低SQL注入漏洞的风险，有力保障数据库的安全，确保应用程序的平稳运行。

（二）跨站脚本漏洞测试

跨站脚本漏洞是当前网络安全领域中较为常见的漏洞之一，其对网站安全和用户隐私构成了严重威胁。

跨站脚本漏洞的原理是攻击者利用网站漏洞，将恶意脚本注入到目标网站中。当其他用户访问该网站时，恶意脚本会在用户的浏览器中执行，从而获取用户的敏感信息或执行其他恶意操作。如果社交网络网站遭受攻击，攻击者借助XSS漏洞在用户个人主页注入恶意脚本，成功获取登录凭证。

为了检测网站是否存在XSS漏洞，可以采用以下方法：

1. 手动测试。

手动测试是检测网站是否存在XSS漏洞的一种常用方法。测试人员可以在输入框中输入特殊字符或脚本代码，观察页面的反应。如果网站存在XSS漏洞，输入的特殊字符或脚本代码可能会被执行，导致数据泄漏或其他安全风险。下面是一些常见的特殊字符和脚本代码，以及可能的页面反应。

- <script>标签：用于尝试执行JavaScript代码，如果网站存在XSS漏洞，可能会弹出一个提示框。
- "><：可能导致HTML标签解析错误，页面显示异常。
- ';'：可能破坏脚本的正常执行，页面功能异常。
- '--'：可能引发注入漏洞，页面数据被篡改。
- 'javascript:'：尝试执行JavaScript代码，如果网站存在XSS漏洞，可能会导致页面样式或内容发生变化。
- 'onerror='：可能干扰错误处理机制，页面出现错误提示。
- 'eval('：用于执行动态代码，如果网站存在XSS漏洞，可能会导致安全漏洞被利用。
- 'document.write('：尝试修改页面内容，如果网站存在XSS漏洞，可能会导致页面被篡改。

> 特殊字符，如 <、>、'、" 等：可能导致 HTML 或 JavaScript 代码解析错误，页面显示异常。

需要注意的是，手动测试时要谨慎操作，避免对正常的网站功能造成不必要的影响。同时，测试人员应具备一定的安全知识和经验，以正确解读页面的反应，并判断是否存在漏洞。

这种方法具有以下优点：它可以更细致地了解网站的运行机制和漏洞情况。测试人员能够直接观察到页面在输入特殊字符或脚本代码后的反应，包括异常显示、提示信息、数据篡改等。通过仔细观察这些反应，测试人员可以更准确地判断漏洞的存在与否，并进一步分析漏洞的性质和潜在风险。

然而，手动测试也存在一些局限性。它可能较为耗时耗力，特别是在大型复杂的网站中。而且，测试结果很大程度上依赖于测试人员的经验和技能水平。

2. 使用自动化工具

使用自动化工具，如漏洞扫描器，可以快速检测网站潜在的漏洞。这种方法的优势在于高效性和全面性。自动化工具能够在短时间内对大量页面进行扫描，覆盖更多的输入点，减少遗漏的风险。同时，它可以保证测试的一致性和准确性，避免人为错误。

自动化工具也有其局限性。可能会出现误报情况，需要人工进一步核实。对于一些复杂的业务逻辑和特殊情况，自动化工具可能无法准确检测。此外，新型或变种的 XSS 漏洞也可能无法被发现。

手动测试和自动化工具各有优缺点。手动测试能够提供更深入的漏洞分析，但效率相对较低；自动化工具则具有高效和全面的特点，但可能存在误报和漏报的情况。为了提高检测效果和准确性，最佳实践是将两者结合使用。先使用自动化工具进行初步扫描，快速发现潜在问题，然后针对可疑的页面或输入点进行手动测试，进一步确认漏洞的存在。在实际操作中，还需要注意以下几点：首先，测试人员应不断更新自己的知识和技能，了解最新的漏洞类型和利用方式；其次，合理配置自动化工具，确保其能够适应不同的网站结构和业务逻辑；最后，定期进行漏洞检测，及时发现和修复潜在的安全问题，确保网站的安全性。总之，综合运用手动测试和自动化工具，能够更有效地检测网站是否存在 XSS 漏洞，保障网站的安全运行。

（三）访问控制和权限验证

访问控制和权限验证作为保障网站安全的关键环节，发挥着至关重要的作用。其目的在于限制用户对特定资源的访问，防范未授权的操作，以维护系统的安全性和数据的保密性。

在测试访问控制和权限验证时，需要着重关注以下几个关键方面。

（1）用户身份验证机制的有效性：用户身份验证机制是保护系统安全的第一道防线。其有效性至关重要，直接关系到系统的安全性。准确性方面，验证机制应能够准确识别和确认用户的身份，避免误判或漏判。可靠性方面，它需要具备抵御各种攻击和欺骗手段的能力，确保只有合法用户能够通过验证。此外，还需定期评估验证机制的安全性，及时发现并修复可能存在的漏洞。

（2）权限分配的合理性：合理的权限分配是确保系统安全运行的关键。这要求根据用户的角色和职责，为其赋予恰如其分的权限。既要避免赋予用户过多的权限，以免造成潜在的安全风险，也要确保用户拥有足够的权限来完成其工作任务。同时，还需定期审查和调整用户的权限，以适应组织结构和业务流程的变化。

（3）访问控制策略的严格性：访问控制策略的严格程度直接影响系统的安全水平。严格的策略应明确规定用户在系统中的访问权限和操作范围，防止未授权的访问和操作。它还应具备灵活性，能够根据不同用户和场景的需求进行定制化设置。并且，要定期对访问控制策略进行审查和更新，以适应不断变化的安全威胁和业务需求。只有这样，才能确保系统的安全性和稳定性。

例如，某企业内部系统由于权限验证不严格，致使普通员工能够访问敏感数据，这无疑给企业带来了巨大的安全隐患，可能导致数据泄露、恶意操作等不良后果。

有效测试访问控制和权限验证可采取以下步骤。

（1）通过模拟不同用户角色进行测试，检查他们是否能够访问不应访问的资源。这种模拟是一种全面评估系统访问控制效果的重要手段。在模拟过程中，可以深入了解系统对于不同用户角色的权限设置是否合理，是否存在潜在的漏洞。通过模拟各种可能的用户行为和场景，可以发现那些可能被忽视的安全隐患。这样的测试能够帮助我们确定系统在实际使用中是否能够有效地阻止未授权的访问，保护敏感资源的安全。

（2）尝试突破访问控制规则，观察系统的反应。这是对系统安全性和防护能力的直接验证。在这个过程中，主动挑战系统的访问控制规则，以检测其是否能够有效地应对恶意的攻击行为。系统的反应可以反映出其在面对非法访问尝试时的防护能力和应对策略。通过这种主动的突破尝试，我们可以发现系统的弱点，并及时进行修复和加固，提高系统的安全性和稳定性。同时，这也有助于评估系统的安全防护机制是否健全，是否能够及时发现和阻止潜在的安全威胁。

通过有效的访问控制和权限验证测试，能够确保只有授权用户能够访问特定资源，从而保护网站的安全性和数据的保密性。这不仅有助于防止数据泄露和恶意操作，还能提升用户对系统的信任度。

（四）密码强度和加密方式评估

密码是保护用户账户安全的关键防线，密码强度和加密方式的评估具有极其重要的意义。

密码的复杂性要求是评估密码强度的关键因素之一。一个强大的密码应该具备足够的复杂性，包括使用多种字符类型、长度要求等。较高的复杂性可以增加破解密码的难度，从而提高账户的安全性。

加密算法的安全性是确保数据保密性和完整性的核心。先进的加密算法能够有效地抵御各种攻击手段，保护用户的敏感信息。

密码存储的安全性同样不可忽视。不安全的密码存储方式可能导致密码被泄露，从而危及用户账户的安全。在实际案例中，电子邮件系统采用不安全的加密方式，致使用户密码轻易被破解，这凸显了密码存储安全性的重要性。

分析密码设置规则和要求有助于确定其强度水平。详细审查密码的组成、长度、有效期等规则，以评估其对账户安全的保障程度。

检查加密算法的安全性需要深入研究其算法原理、性能和漏洞等方面。评估其在面对各种攻击时的抵抗能力，确保算法的可靠性。

测试密码存储的安全性包括检测存储方式是否安全、是否存在明文存储等问题。通过测试可以发现潜在的安全隐患，并采取相应的措施进行改进。

为了提高密码强度和加密方式的安全性，要求用户设置复杂的密码是必要的。这可以增加密码的破解难度，提高账户的安全性。

采用强大的加密算法能够提供更高层次的保护，抵御潜在的威胁。

安全地存储密码，避免明文存储，可以有效防止密码被破解和滥用。

通过对密码强度和加密方式的评估，可以切实保护用户的账户安全，防范密码被破解和滥用的风险。这对于维护用户的隐私和信息安全具有重要意义。

（五）文件上传漏洞测试

文件上传漏洞是网络安全领域中一种较为常见的漏洞形式，指的是攻击者借助网站的文件上传功能，上传恶意文件，进而执行任意代码。

在测试此类漏洞时，重点测试以下几个方面。

1. 文件类型检查的有效性

文件类型检查的有效性非常重要，它与能否成功阻止恶意文件的上传紧密相连。有效的检查应当具备准确识别和拦截非授权文件类型的能力。系统需要有一套完善的规则和算法，能够快速、准确地判断文件的类型是否符合规定，从而防止恶意文件进入系统，保护系统的安全。

2. 文件存储路径的安全性

文件存储路径的安全性不容忽视。倘若存储路径能够被轻易访问，这将极大地增加漏洞被利用的风险。恶意攻击者可能会通过各种手段获取到存储路径的访问权限，进而对系统进行攻击和破坏。因此，必须采取严格的安全措施来保护存储路径，确保只有授权的用户或程序能够访问。

3. 上传后文件的处理方式

上传后文件的处理方式需要谨慎对待，不当的处理可能会引发安全隐患。例如，如果文件在上传后没有得到适当的加密或保护，可能会导致敏感信息泄露。此外，文件的存储位置、访问权限等也需要精心设计和管理，以避免不必要的安全风险。

例如，某论坛系统曾遭遇攻击，攻击者利用文件上传漏洞，上传恶意脚本文件，成功获取了服务器的控制权。

文件上传漏洞测试，可采取如下步骤，尝试上传各类不同类型的文件，仔细观察系统的反应，包括是否成功上传、系统是否给出提示等。同时，检查文件存储路径是否可被访问，以评估其安全性。

为防范文件上传漏洞，可采取如下措施，严格限定可上传文件的类型，只允许合法、安全的文件上传。确保文件存储路径具备足够的安全性，防止被非法访问。对上传的文件进行全面的安全性检查，及时发现和阻止潜在的恶意文件。

通过有效的文件上传漏洞测试，能够有效阻止攻击者利用该漏洞获取服务器控制权或执行其他恶意操作，从而保障系统的安全性和稳定性。

第三节

跨浏览器兼容性测试

在数字化时代，网页制作和网站建设成为了信息传播和交互的重要手段。为了确保网站能够在各种浏览器中提供一致、稳定且优质的用户体验，跨浏览器兼容性测试显得非常关键。下面将详细探讨跨浏览器兼容性测试的相关内容，包括其重要性、常见的浏览器类型和版本、测试方法和工具、常见问题和解决方案，以及如何优化网站以提高兼容性。通过对这些内容的深入研究和实践，构建出更加可靠和高效的网站。

一、跨浏览器兼容性测试的重要性

在复杂多样的网络环境中，用户使用的浏览器种类繁多，不同的浏览器具有各自独特的特性和功能。如果一个网站无法在各种主流浏览器上平稳运行，用户可能无法正常访问网站的功能和内容，例如页面布局出现错乱，图像无法正常显示，交互功能失去效用等。这些问题会让用户感到不满，从而降低他们对网站的信任感和使用意愿。然而，一个具备良好跨浏览器兼容性的网站能够确保无论用户使用何种浏览器，都能获得一致、稳定且流畅的体验。

这种优质的体验对于用户来说至关重要。它有利于提高用户的满意度，增强他们对网站的信赖，进而增加网站的流量和影响力。用户倾向于访问那些能够稳定运行、提供良好用户体验的网站，而不会花费时间和精力在经常出现问题的网站上。

例如，某些老旧的浏览器可能不支持最新的网页技术，导致一些动画效果或视频无法播放。这无疑会影响用户对网站内容的感知和享受。为了解决这一问题，可以采用渐进增强的策略。确保基本功能在所有浏览器上都能正常工作的同时，为支持的浏览器提供更丰富的功能。这样可以满足不同用户的需求，提高网站的可用性和适应性。

另外，不同浏览器对 CSS 样式的解释可能存在差异，导致页面布局混乱。通过针对不同浏览器进行兼容性测试和调整，可以有效避免这类问题的发生。这需要开发人员在开发过程中充分考虑不同浏览器的特点和差异，进行有针对性的测试和优化。

跨浏览器兼容性测试的重要性还体现在以下几个方面。首先，它有助于提高网站的可访问性，确保更多的用户能够顺畅地访问和使用网站。其次，有利于提升网站的搜索引擎排名，因为搜索引擎会将用户体验作为重要的排名因素之一。最后，它还能够减少客户支持的工作量和成本，避免因为兼容性问题导致的用户投诉和问题解决。

跨浏览器兼容性测试是确保网站能够在各种浏览器和设备上提供一致、稳定、高效体验的关键环节。开发人员和团队应该高度重视这一工作，投入足够的时间和资源进行测试和优化。只有这样，才能打造出具有卓越用户体验、受到用户喜爱和信赖的优质网站，从而在竞争激烈的网络世界中脱颖而出。

二、主流浏览器及其内核

网页的运行是通过浏览器来进行解析的，浏览器的核心部分是浏览器的内核，是浏览器最重要的部分，也称"渲染引擎"，用来解释网页语法并渲染到网页上，浏览器内核决定了浏览器如何显示网页内容以及页面的格式信息。不同的浏览器内核对网页的语法解释也不同，因此网页开发者需要在不同内核的浏览器中测试网页的渲染效果。主流浏览器的内容见表6.3.1所示。

表 6.3.1　主流浏览器的内核

浏览器	内核
IE→Edge	Trident内核，也是俗称的IE内核
FireFox	Gecko内核，俗称Firefox内核
Safari	Webkit
Chrome	以前是Webkit内核，现在是Blink内核
Opera	最初是自己的Presto内核，后来是Webkit，现在是Blink内核

目前世界上有五大主流浏览器，包括微软Edge浏览器、Google Chrome、Mozilla Firefox、Safari和Opera。

1. 微软Edge浏览器

微软Edge浏览器是微软公司推出的新一代浏览器，旨在取代传统的Internet Explorer浏览器。Edge浏览器采用了全新的渲染引擎，提高了网页加载速度和渲染效果。同时，Edge浏览器还支持与Windows系统的深度整合，如Cortana语音助手、阅读模式等，为用户提供了更加便捷的浏览体验。

2. 谷歌浏览器（Google Chrome）

谷歌浏览器是由谷歌公司开发的一款免费网页浏览器，以其简洁、快速、安全的特点受到了广大用户的喜爱。谷歌浏览器支持多标签页浏览，每个标签页都独立运行，提高了浏览器的稳定性。此外，谷歌浏览器拥有丰富的插件库，用户可以根据自己的需求安装各种插件，扩展浏览器的功能。

3. 火狐浏览器（Mozilla Firefox）

火狐浏览器是一款开源的网页浏览器，由Mozilla基金会开发。火狐浏览器注重用户隐私保护，提供了丰富的隐私设置选项。同时，火狐浏览器也支持自定义插件，用户可以根据自己的喜好定制浏览器的外观和功能。火狐浏览器的性能表现稳定，适合长时间使用。

4. Safari浏览器

Safari是苹果计算机的操作系统macOs中的浏览器，使用了KDE的KHTML作为浏览器的运算核心。Safar 是一款浏览器、一个平台，也是对锐意创新的公开邀请。无论在Mac、PC 或 iPod touch 上运行，Safari 都可提供极致愉悦的网络体验方式，更不断地改写浏览器的定义。

5. Opera浏览器

Opera浏览器（欧朋）是一款来自挪威的浏览器软件，以其轻量级、快速的特点受到用户的喜爱。Opera浏览器内置了广告拦截、VPN等功能，为用户提供了更加纯净、安全的浏览环境。同时，Opera浏览器还支持同步功能，方便用户在不同设备之间同步书签、密码等信息。

不同的浏览器版本在功能、性能和安全性方面存在差异。较新的版本通常会包含改进和修复，以提高浏览体验。用户在选择浏览器时，通常会考虑以下因素：

- 速度：快速的加载速度对于高效浏览至关重要。
- 兼容性：能够正确显示各种网站和应用程序。
- 安全性：提供良好的安全防护，保护用户的隐私和数据安全。
- 扩展和插件支持：满足用户的个性化需求。
- 用户界面和易用性：具有简洁、直观的界面，方便操作。

三、测试的基本方法和工具

跨浏览器兼容性测试是确保网页在各种浏览器上能够正常运行。

常用的测试方法包括手动测试和自动化工具测试。两种方式的对比见表6.3.2所示。

表 6.3.2 手动测试和自动化测试

手动测试	自动化测试
通过人工直接在不同浏览器上运行网站，进行观察	使用自动化工具编写和执行测试用例
可发现特定场景下的问题，适用于复杂交互和视觉效果检查，能细致评估用户体验	提高测试效率，覆盖更广测试场景
效率相对较低，覆盖范围有限，可能遗漏边界情况	可重复执行，确保测试一致性和准确性

相关的测试工具及其功能如下：

- Selenium是一种广泛应用的开源自动化测试工具，支持多种编程语言。它具备强大的功能，例如能够模拟用户操作、执行功能测试以及捕获截图等。例如，在测试电商网站的购物流程时，可以使用Selenium模拟用户的下单操作，并检查整个过程是否流畅。
- CrossBrowserTesting提供了云端的跨浏览器测试环境，支持大量的浏览器和操作系统组合。通过它，用户可以远程访问不同的测试环境，轻松进行兼容性测试。假如要测试某个企业网站在不同浏览器和操作系统上的显示效果，CrossBrowserTesting可以提供相应的环境进行测试。
- ➢ BrowserStack 提供了广泛的浏览器和设备选择，支持实时测试和自动化测试。它还能提供详细的测试报告和分析，有助于识别和解决兼容性问题。例如，在开发移动应用时，可以使用 BrowserStack 测试应用在各种手机浏览器上的兼容性。
- ➢ LambdaTest 支持跨浏览器和跨设备的测试，支持团队协作和共享测试环境。它提供了丰富的功能和高效的测试体验。比如，多个开发人员可以在 LambdaTest 上协作进行兼容性测试，共享测试环境和结果。

这些工具的主要功能包括快速发现不同浏览器中的兼容性问题，确保网页或应用在各种浏览器中呈现一致的外观和功能，同时提供大量的浏览器和操作系统组合，覆盖广泛的用户场景。它们还能提高测试效率，降低人工测试的时间和成本，并生成详细的测试报告，帮助开发团队分析和解决问题。此外，它们支持团队协作，方便不同角色的人员参与测试过程。

在进行跨浏览器兼容性测试时，需要综合考虑测试方法和工具的选择，根据项目的需求和特点选择合适的方案。同时，定期进行兼容性测试，以确保网页或应用始终保持良好的兼容性。

四、常见的兼容性问题及解决方案

网站的兼容性关乎用户体验，一个具备良好兼容性的网站，能够在各种浏览器和设备上流畅运行，为用户提供一致且优质的服务。然而，实现这一目标并非易事，需要深入了解并解决可能遇到的兼容性问题。常见的兼容性问题包括图像显示异常，如图像变形、模糊或缺失，以及布局错乱，如页面元素位置偏移、尺寸不一致等。解决这些问题需要相应的方法和技巧

图像显示异常可能会给用户带来不好的体验。图像失真、模糊或无法显示等情况会影响用户对网站内容的理解和感知。为了解决这一问题，应确保图像格式具有通用性和适应性。选择主流的图像格式，如 JPEG、PNG 等，这些格式在大多数浏览器和设备上都能得到较好的支持。同时，对图像进行优化处理也是至关重要的，压缩图像大小，减少文件体积，不仅可以提高页面加载速度，还能降低带宽消耗。

布局错乱会导致页面元素的位置、大小或排列不符合预期，从而影响网站的整体美观和功能。为避免此类问题，需要遵循主流的网页设计标准和规范。使用相对单位进行布局可以使页面在不同分辨率的设备上自适应地进行调整，保持良好的展示效果，避免绝对尺寸的依赖可以提高布局的灵活性和可维护性。

进行跨浏览器和设备的测试是解决兼容性问题的关键步骤。由前面的分析可知，不同的浏览器对网页的渲染方式不同，因此需要在多种环境下进行测试。通过测试，可以及时发现并解决可能存在的兼容性问题。在测试过程中，需要关注浏览器的版本等因素，以确保网站在各种环境下都能正常显示和运行。

在网站建设过程中，解决图像显示异常和布局错乱等兼容性问题是至关重要的。通过确保图像格式的通用性和适应性、遵循网页设计标准和规范以及进行跨浏览器的测试，可

以提高网站的兼容性和稳定性，为用户提供更好的体验。一个在各种环境下都能正常显示和运行的网站，将能够更好地满足用户的需求，提升网站的价值和影响力。

五、优化网站以提高兼容性

为提高兼容性，需要优化代码和结构。具体做法如下。

1. 简化代码

简化代码是提高网站性能和兼容性的重要步骤。通过减少冗余代码，可以降低网页加载时间，提高用户体验。冗余代码不仅会增加服务器负载，还可能导致浏览器解析困难。简化代码可以使代码更易于理解和维护，减少错误的可能性。开发人员应避免重复代码，合理规划代码结构，删除不必要的注释和空白字符。这样能够提高网站的性能，让用户在浏览时感受到更快的加载速度和更流畅的操作。

2. 确保代码的规范性

遵循行业标准是确保代码质量和兼容性的关键。行业标准为开发者提供了一套通用的准则和最佳实践，可以避免一些常见的错误和兼容性问题。采用规范的代码风格和命名约定，有助于其他开发者理解和维护代码。同时，遵循标准还可以提高代码的可移植性，使其能够在不同的平台和环境中运行良好。

3. 使用可靠的库和框架

经过广泛测试和验证的库和框架可以大大提高开发效率和兼容性。这些工具通常已经解决了一些常见的兼容性问题，并提供了稳定的功能。然而，在选择库和框架时，需要谨慎评估其适用性和稳定性。确保其与当前项目的需求匹配，并及时更新以适应新的浏览器和设备。

以某电商网站为例，进行跨浏览器兼容性测试时发现商品图片无法正常显示，页面布局混乱。通过分析，确定是图像格式和代码问题。解决方法包括更换图像格式，选择更通用的格式，以确保在各种浏览器中都能正常显示。同时，优化代码，修复可能导致布局错乱的问题。通过调整布局，使页面在不同屏幕尺寸和浏览器中都能保持良好的展示效果。最终，该网站在各种浏览器中都能正常运行，提高了用户体验。

总之，优化网站结构和代码是提高兼容性的关键。通过简化代码、确保规范性和使用可靠的库和框架，可以减少兼容性问题的发生。定期进行兼容性测试、建立响应式设计和收集用户反馈，能够及时发现和解决问题，提升用户体验，使网站在竞争激烈的市场中更具优势。

第七章

上线与维护

网站制作完成并通过测试优化后，就可以上线啦！

上线时，域名选择至关重要，应挑选与网站内容相关性强、简洁易记的域名，提升品牌关联性与用户记忆度。接着，根据预算、技术能力和业务需求确定服务器方案，可选择自己搭建服务器以获得高控制权和定制性，也可选用云服务享受便捷与低成本。同时，要熟悉FTP软件，确保正确将网站文件上传至服务器。

在安全与维护方面，需防范常见安全威胁。强化密码，避免使用简单易猜的内容并定期更改。安装杀毒软件和防火墙，构建坚固防线。定期备份与更新，依据网站特性确定合适的备份频率，选择可靠存储介质如异地存储或云存储，及时更新软件以增强安全性和改进功能。

第一节 网站上线前的准备工作

网站上线前的准备工作是确保网站能够顺利运行和取得成功的关键环节。它包括了一系列必要的步骤和内容，这些工作的必要性不可忽视。首先，通过精心准备，可以避免许多潜在的问题和风险。例如，选择合适的域名和服务器能够确保网站的稳定性和可靠性，为用户提供良好的访问体验。其次，内容上传与配置直接影响着网站的质量和价值，优质的内容和合理的布局能够吸引用户并提高用户满意度。最后，SEO优化有助于提高网站在搜索引擎中的排名，增加流量和曝光度。

一、域名注册与服务器选择

（一）域名的选择

域名是网站的重要标识，一个具有相关性、简洁易记的域名能够帮助用户更好地记忆和识别品牌。在选择域名时，需要考虑多方面因素：通过选择与业务相关的域名，可以提高品牌的关联性和可识别性；简洁易记的域名能够方便用户输入和分享，从而增加网站的访问量。

域名的后缀也需要根据需求进行选择。.com、.org等常见后缀在用户中具有较高的认知度和信任度，但也需要根据实际情况进行选择。域名由顶级域名、二级域名、次级域名和服务器名称构成，中间用点号（.）隔开，一般在一个域名中最右边的词为顶级域名。常用的顶级域名后缀见表7.1.1所示。

表 7.1.1 常用的顶级域名后缀

域名后缀	应用范围
.com	商业性的机构或公司
.cn	中国
.edu	大学或教育机构
.net	从事与网络相关的网络服务机构或公司
.org	非营利性组织或团体

（续表）

域名后缀	应用范围
.gov	政府部门
.mil	军事部门
.biz	商业性机构或公司
.info	提供信息服务的公司
.cc	商业公司

确定域名后，需要检查其可用性。如今，域名资源较为紧张，因此在注册前必须进行查询，以确保所选域名尚未被他人注册。域名由相应的域名管理机构管理，具有全球唯一性。申请并使用一个域名必须定期向域名管理机构支付相应费用，因此还需了解注册流程和费用，包括注册年限、续费规定等。目前国内最有名的域名注册商有阿里云、腾讯云、新网、西部数码、易名中国等。选择域名注册商时，应综合考虑多方因素：

> 价格和套餐：比较不同注册商的价格和套餐内容。
> 用户体验：注册流程是否简便，后台管理是否方便。
> 客户支持：包括客服的响应速度和专业程度。
> 安全性：确保域名的安全和隐私保护。
> 口碑和评价：参考其他用户的反馈和评价。

然后根据自己的具体需求和预算，选择最适合的域名注册商。

（二）服务器选择

域名选择后，需要将网站发布到Web服务器上。根据网站的规模和流量预期，选择合适的服务器配置能够确保网站的稳定运行。服务器的选择主要有两种方式：自己的服务器和服务商提供的服务器。

无论是选择自己的服务器还是服务商提供的服务器，都各有其优势和考虑因素。

自己的服务器拥有极大的控制权和灵活性。通过自行管理服务器，可以根据特定需求进行精确的配置和定制。这意味着能够自由选择硬件、操作系统、软件以及安全设置，以完美匹配业务的独特要求。

自己的服务器有很多优势，其定制性能够满足特殊的功能需求，实现与业务流程的无缝集成，完全掌控性确保了更高的数据安全性和隐私保护，可以实施最严格的安全措施，而且对故障排除和优化也会更加方便。然而自己的服务器也有一定的挑战，硬件购买、维护和升级的成本高昂，需要投入大量资金。技术要求也较高，需要具备专业知识来管理服务器，包括处理硬件故障和软件更新，而且，可靠性完全依赖自身的备份和灾难恢复策略。

与之相对的是选择服务商提供的服务器，这种方式具有诸多优势。成本通常较低，无需承担购买和维护硬件的费用。服务商负责管理和维护服务器，提供专业的技术支持，确保服务器的高可用性和稳定性。此外，快速部署使得网站能够迅速上线，节省时间和精力。可扩展性也更容易实现，可以根据业务增长灵活地增加或减少资源。专业的技术支持团队随时待命，解决问题和提供建议。目前国内主要Web服务器提供商见表7.1.2所示。

表 7.1.2　国内主要 Web 服务器提供商

服务商	特点
阿里云	依托于阿里巴巴集团，具备强大的技术实力和资源优势 对丰富的网络资源进行高效整合，构建起庞大的数据中心 在国内云主机市场处于领先地位，深受用户信赖
腾讯云	主要服务于与QQ、微信绑定的企业客户，形成紧密的合作关系 以游戏应用为重点领域，满足该类客户的特定需求 使用公共平台操作系统，提供便捷、高效的操作体验 团队全面负责云主机的维护工作，确保其稳定运行 提供丰富多样的配置类型虚拟机，满足不同用户的个性化需求 使用户能够轻松进行数据缓存、数据库处理和搭建Web服务器等关键工作
百度云	依托于百度，借助其强大的搜索流量优势吸引用户 通过搜索流量导入，为用户带来更多的曝光和机会 提供与搜索相关的特色服务和功能，提升用户的使用体验 利用百度的技术支持和资源，保障服务的稳定性和可靠性

然而，使用服务商也有一些限制，定制性可能受到一定程度的限制，无法完全按照特定需求进行配置，同时依赖性也在增加，需要依赖服务商的服务质量和可靠性。

在选择这两种服务器时，预算是一个重要因素，自行拥有服务器需要更大的初期投资，而服务商提供的服务器则通常具有更可预测的成本结构。业务需求也起着关键作用。对于大型企业或对服务器配置有特殊要求的业务，自己拥有服务器可能是更好的选择。对于中小企业或个人网站，服务商提供的服务器可能更加经济实惠和方便。安全性是不可忽视的因素。无论是自己管理还是依赖服务商，都需要确保数据的安全和保护。

综上所述，选择自己的服务器还是服务商提供的服务器取决于多个因素，包括预算、技术能力、业务需求和对控制权、定制性以及可靠性的重视程度。在做出决策之前，仔细评估各种因素，并根据自身情况权衡利弊，才能选择最适合的服务器方案，为网站的成功奠定坚实基础。

（三）域名注册与解析

域名注册是指通过域名注册商获取一个独特的网站域名，例如"example.com"。这一过程赋予了网站一个唯一的标识，使其在互联网的广阔世界中能够被识别和区分。选择一个合适的域名对于品牌建设和用户记忆至关重要。

注册域名后，域名解析将域名与服务器的IP地址进行映射，通过DNS（域名解析系统）实现这一关键步骤。这使得用户能够通过输入域名来访问网站，而无需记住复杂的IP地址。DNS充当着域名与IP地址之间的桥梁，确保了访问的顺畅和高效。

域名绑定则是将域名与网站服务器建立关联的过程。在域名注册商的管理界面中，可以设置DNS解析记录，明确地将域名指向网站所在的服务器IP地址。这一操作使得域名与服务器之间建立了联系，为用户通过域名访问网站奠定了基础。

在服务器端，配置虚拟主机（virtual host）是接收和处理用户通过域名发起的访问请求的关键步骤。虚拟主机允许多个域名在同一台服务器上运行，每个域名都可以拥有独立的配置和资源。

二、内容上传与配置

网站内容上传与配置是将精心制作的网页文档上传到网站空间，并进行适当的配置，以确保网站能够正常运行并提供良好的用户体验。

在上传网站内容之前，需要确保以下几点：

（1）对站点进行了全面的测试，包括页面的兼容性、功能的完整性和链接的有效性等方面，以确保站点在各种情况下都能正常工作。

（2）整理和准备好要上传的网页文档、图片、音频、视频等各种内容，确保它们的质量和格式符合要求。

（3）熟悉FTP软件的基本操作和功能。上传过程中，FTP软件发挥着重要作用。它提供了一种安全、可靠的方式将文件传输到服务器。选择合适的FTP软件，如CuteFTP、LeapFTP或FlashFXP等，并按照其操作指南进行连接和上传。

网站内容的配置包括多个方面：

（1）页面布局和设计。一个合理且美观的页面布局能够符合用户的视觉习惯，使用户在浏览网站时感到舒适和自然。通过精心设计，布局可以引导用户的注意力，突出重要信息，并提高信息的传达效率。

（2）清晰、简洁的导航结构设置。导航结构能方便用户快速找到所需信息。导航栏应该明确指示网站的主要板块和功能，使用户能够轻松地在不同页面之间切换，而无需花费过多的时间和精力去寻找。

（3）内容优化。它涉及到使文本简洁明了，图片和视频质量高。这样可以提供有价值的信息，并为用户创造良好的体验。高质量的内容能够吸引用户的注意力，增加他们在网站上的停留时间。

（4）数据库连接参数的设置。对于使用数据库的网站，正确设置连接参数以确保数据的安全性和稳定性是必不可少的，这有助于保护用户的信息不被泄露或损坏。

（5）性能优化。通过压缩图片、合并CSS和JavaScript文件等技术手段，可以显著提高网站的加载速度。快速的加载速度能够提升用户的满意度，减少用户的等待时间，从而提高网站的流量和转化率。

（6）兼容性测试。是确保网站在不同浏览器和设备上都能正常显示的重要环节。在如今多样化的终端设备环境下，网站必须能够适应各种浏览器和设备，以提供一致的用户体验。

网站内容的配置是一个综合性的工作，需要关注多个方面。通过精心设计和优化，可以打造一个具有吸引力、功能性和稳定性的网站，为用户提供卓越的体验，并实现网站的商业目标。

总之，网站内容上传与配置是一个复杂而至关重要的过程，需要仔细规划、精心组织和持续维护。只有通过合理的上传和配置，才能使网站顺利上线并为用户提供优质的服务和体验。在这个过程中，FTP 软件是不可或缺的工具，而对页面布局、导航结构、内容优化等方面的关注则是确保网站成功的关键要素。

三、SEO优化

SEO（search engine optimization）优化，即搜索引擎优化，是通过一系列方法和策略，提高网站在搜索引擎中的自然排名，从而获得更多的有机流量。网站上线前的SEO优化策略，包括关键词优化、内链建设、外链策略等，以及提升网站在搜索引擎中排名的方法。

（一）关键词优化

关键词优化是提升网站在搜索引擎中排名和可见性的常用优化策略之一。

确定网站相关的主关键词和长尾关键词是关键词优化的第一步，需要根据网站的主题和目标受众的需求来确定。

主关键词是与网站核心主题相关的重要词汇。例如，如果是一个关于健身的网站，主关键词可能包括"健身""锻炼""健康"等。这些关键词通常具有较高的竞争度，但它们对于网站的定位和核心概念的传达非常重要。

长尾关键词则是更加具体和针对性更强的关键词短语。它们通常由主关键词加上其他相关词汇组成。例如，"家庭健身计划""办公室锻炼技巧""孕期健康锻炼"等。长尾关键词的竞争相对较低，但它们能够吸引有更明确需求的特定受众。

在网站的标题、Meta标签、URL和内容中合理地使用关键词是关键。网站标题是吸引用户点击和搜索引擎关注的重要元素。例如，一个关于健身的文章标题可以是"10分钟家庭健身计划，轻松塑造完美身材"，其中包含了相关的关键词。

Meta标签提供了有关网页内容的简要描述。在Meta描述中巧妙地融入关键词可以帮助搜索引擎更好地理解页面的主题。例如在HTML中可使用如下代码进行定义。

```
<meta name="keywords" content="健身,锻炼,健康,家庭健身计划,办公室锻炼技巧,孕期健康锻炼">
```

在上述代码中，meta标签用于提供关键词信息。通过设置keywords属性，可以指定与页面相关的关键词，如"健身""锻炼""健康"等。

URL 中的关键词也能起到一定的优化作用。将关键词融入URL可以使其更具描述性和相关性。

内容是关键词优化的核心。在文章或页面内容中自然地使用关键词，但要避免过度堆砌。这意味着不要过度频繁地使用关键词，以免被搜索引擎视为垃圾信息。

在实践中，要注意以下几点：
➢ 进行关键词研究，找到与网站相关的热门和有潜力的关键词。
➢ 分析竞争对手的关键词策略，从中获取灵感和借鉴。

> 关注用户需求，以提供有价值的内容为首要目标。
> 避免过度优化，确保内容质量和可读性。

通过合理的关键词优化，网站能够更好地与用户的需求匹配，提高在搜索引擎中的排名，吸引更多有针对性的流量。

（二）内链建设

在网站内部进行合理的内链建设也是优化网站结构和提高搜索引擎排名的策略之一。通过将相关页面之间进行链接，可以提高页面之间的相关性和权重传递，同时使用相关关键词作为锚文本进行内链建设，有助于搜索引擎更好地理解页面之间的关联性。

这里通过一个案例来理解内链建设的重要性。假设有一个关于旅游的网站，其中包含多个页面，如目的地介绍、旅行攻略、酒店推荐等，在这些页面之间建立内链，可以增强它们之间的相关性。

例如，在目的地介绍页面中提到了某一个城市的著名景点，可以使用相关关键词作为锚文本，链接到对应的景点介绍页面。这样，搜索引擎可以根据锚文本和链接关系，理解页面之间的关联性，从而提高整个网站的权重。

内链建设的好处不仅在于提高搜索引擎排名，还能提升用户体验。当用户在浏览网站时，合理的内链可以帮助用户更方便地找到相关信息，延长用户在网站上的停留时间。

为了实现合理的内链建设，可以遵循以下原则：

> 相关性：确保链接的页面之间具有高度的相关性。
> 自然性：内链应该自然地融入页面内容，而不是强行插入。
> 多样性：使用不同的关键词作为锚文本，避免过度重复。

以下是一个简单的 HTML 代码示例：

```html
<a href="destination-page.html">[城市名称]著名景点</a>
```

在上述代码中，destination-page.html 是目标页面的链接，[城市名称]著名景点是作为锚文本的相关关键词。

在进行内链建设时，需要注意以下几点：

> 控制内链数量：过多的内链可能会被搜索引擎视为作弊行为。
> 避免死链接：确保所有链接都是有效的，避免出现死链接。
> 定期检查：定期检查内链的有效性和合理性，及时进行调整。

内链建设是网站优化中不可忽视的环节。通过相关关键词作为锚文本，将相关页面之间进行链接，能够帮助搜索引擎更好地理解网站的结构和内容，提高网站的权重和排名。同时，也能为用户提供更好的浏览体验，增加网站的流量和转化率。

（三）外链策略

外链，即其他网站链接到你的网站，对于提升网站排名具有至关重要的作用。通过建立高质量的外部链接，可以增加网站的权重和信誉，从而在搜索引擎中获得更好的排名。

通过寻找高质量的外部网站并建立合作关系以获取有价值的外链，是外链策略之一。

下面通过一个案例来介绍外链策略。假设有一个健身器材销售网站，为了提升网站的排名和流量，可以寻找一些与健身相关的高质量网站，如知名的健身博客、运动社区或专业的健身杂志网站。

与这些网站建立合作关系，通过以下方式实现：
- 内容合作：与对方网站的编辑或所有者联系，提供优质的原创内容，以换取外链。例如，撰写一篇关于如何选择适合自己的健身器材的专业文章，并在文章中适当提及自己的网站。
- 产品评测：向合作网站提供健身器材产品，邀请他们进行评测，并在评测文章中包含指向自己网站的链接。
- 活动合作：共同举办线上或线下的健身活动，在活动页面上展示彼此的链接。

外链通常以 HTML 链接的形式呈现，例如：

```
<a href="http://yourwebsite.com">健身器材销售网站</a>
```

其中 "http://yourwebsite.com" 就是指向自己网站的链接。

在建立外链时，需要注意以下几点：
- 质量胜过数量：追求高质量的外链，而不是大量低质量的链接。
- 相关性：争取与自己网站相关的网站建立链接，这样的外链更有价值。
- 多样性：来源多样化，包括博客、社区、媒体等不同类型的网站。
- 稳定性：确保外链的稳定性，避免频繁更换或失效。

寻找高质量的外部网站，可以采取以下方法：
- 行业权威网站：寻找在行业内具有较高影响力和信誉的网站。
- 内容优质的网站：关注那些提供有价值内容的网站。
- 同行合作伙伴：与同行业但非直接竞争对手的网站建立合作。
- 社交媒体平台：利用社交媒体上的影响力，获得外链。

通过以上方式，可以逐步建立起高质量的外部链接网络，为网站的排名提升提供有力支持。

总之，外链建设是提升网站排名的重要手段之一。通过寻找高质量的外部网站并建立合作关系，可以获得有价值的外链，从而提高网站的可见性和流量。在实践中，需要注重外链的质量、相关性和稳定性，以实现最佳的效果。

（四）内容优化

提供高质量、原创、有价值的内容是建立一个成功网站或在线平台的关键要素之一，它不仅要符合用户的需求，还需要满足搜索引擎算法的要求。

（1）高质量的内容意味着它具有深度、准确性和专业性。这需要作者或团队具备丰富的知识和经验，能够深入研究和理解相关主题。通过提供详细、全面的信息，满足用户对于特定领域的知识需求。

（2）原创性是至关重要的。复制和粘贴他人的内容不仅缺乏诚信，还可能导致法律问题。原创内容展示了作者的独特见解和创造力，使其与众不同。它为用户带来新鲜的观点和独特的价值。

（3）有价值的内容应该能够解决用户的问题、提供实用的建议或启发新的思考。了解目标用户的需求和痛点是关键。通过市场调研、用户反馈和分析，确定用户最关心的主题和问题，并针对性地提供解决方案。

（4）在内容中自然地融入关键词是一项重要的技巧。然而，这并不意味着过度堆砌关键词，而是要确保它们的使用是自然而合理的。关键词应与内容紧密相关，并且有助于提高内容的相关性和可搜索性。

（五）网站结构优化

（1）网站速度优化是优化结构和布局的关键要素之一。快速加载的网站能够提供更好的用户体验，减少用户的等待时间。这不仅有助于增加用户的黏性，还能满足搜索引擎对性能的要求。为了实现网站速度优化，可以采取以下措施：压缩图像和文件，减少HTTP请求，优化数据库查询等。

（2）响应式设计使网站能够在各种设备上自适应地显示，无论是桌面电脑、平板还是手机。这对于提供良好的用户体验至关重要，因为越来越多的用户通过移动设备访问网站。响应式设计还能提高网站在搜索引擎中的排名，因为搜索引擎更倾向于推荐具有良好移动体验的网站。

（3）网站地图可以帮助搜索引擎更好地理解网站的结构和内容。它为搜索引擎爬虫提供了一个清晰的导航，有助于更全面地索引网站内容。

（4）定期更新网站内容是保持网站活跃性和新鲜度的关键。新鲜的内容能够吸引用户的注意力，并促使他们更频繁地访问网站。定期更新还向搜索引擎表明网站是活跃的，并且提供有价值的信息。

（5）通过社交媒体、博客等渠道进行内容推广可以增加网站的曝光度和流量。社交媒体平台为网站提供了广泛的传播渠道，能够将内容推荐给更多的潜在用户。在进行内容推广时，需要注意以下几点：

> 选择适合目标受众的社交媒体平台。
> 制定吸引人的内容策略，包括图像、视频等多种形式。
> 与用户进行互动，回复他们的评论和问题。

优化网站的结构和布局，定期更新内容，提升用户体验，以及进行有效的内容推广是提升网站在搜索引擎中排名的关键方法。这些方法相互配合，能够吸引更多的用户访问网站，提高网站的知名度和影响力。在实施这些策略时，需要持续关注用户需求和搜索引擎算法的变化，不断优化和改进网站，以保持在竞争中的优势。

综合使用以上策略和方法，可以帮助网站在搜索引擎中获得更好的排名，提高网站的曝光度和流量，为网站上线前的SEO优化奠定基础。

第二节

网站安全与维护

网站安全与维护是确保网站正常运行和数据安全的关键环节。在数字化时代，网站已成为企业和个人展示信息、提供服务的重要平台。然而，随着网络攻击日益复杂和频繁，网站安全面临着严峻的挑战。

一、常见的安全威胁与防范措施

常见的安全威胁包括黑客攻击、病毒感染、数据窃取等，为有效防范此类威胁，可采取如下措施。

（1）强化密码策略。密码应具备复杂性，避免使用常见密码、个人信息或简单序列。密码定期更换能有效降低风险，建议设定合理的更改周期，复杂且定期变更的密码能显著提升账户安全性。

（2）安装杀毒软件和防火墙。杀毒软件能实时监测和查杀计算机中的恶意软件，防火墙则可阻止网络攻击，二者协同工作，形成一道坚固的防线，及时更新杀毒软件和防火墙的病毒库，能更好地应对不断变化的安全威胁。

（3）限制访问权限。根据用户角色和职责，赋予其必要的权限。这种细粒度的访问控制能防止未授权的访问和操作，降低安全风险，合理的访问权限管理有助于保护系统和数据的安全性。

（4）定期进行安全审计，检测和发现系统中的安全漏洞和潜在风险。及时修补漏洞，防止攻击者利用。加强员工安全意识培训，使其了解常见的安全威胁和防范措施。采用多重身份验证，增加账户的安全性。

（5）建立安全应急响应机制，制定应急预案。在遭受安全攻击时，能及时响应和处理，减少损失。定期进行数据备份，防止数据丢失。

二、定期备份与更新

定期备份与更新是网站安全与维护中不可或缺的重要环节。

（一）定其备份

1. 备份频率

不同类型的网站具有各异的数据变更特征，例如，电子商务网站可能在特定促销期间经历高频率的数据变动，而博客或信息类网站的数据变更相对较为稳定。因此，合理的备份频率应根据网站的具体特性进行评估和确定。

在确定备份频率时，需考虑以下因素：

- 数据重要性：关键数据的网站可能需要更频繁的备份。
- 变更频率：数据变动频繁的网站需要更频繁的备份。
- 业务需求：根据业务对数据可用性的要求确定备份频率。
- 恢复时间目标（RTO）：明确在发生故障时能够接受的数据恢复时间。

2. 备份存储的选择

备份存储的选择直接影响备份数据的安全性和可靠性。可靠的存储介质如异地存储或云存储具有以下优势：

- 异地存储：通过将备份数据存储在不同地点，降低了本地灾害对数据的影响。地理上的分隔提供了额外的保护层。
- 云存储：借助云服务提供商的基础设施，具有高可用性、可扩展性和弹性。云存储通常提供数据备份和恢复的便捷解决方案。

在选择备份存储介质时，需考虑以下因素：

- 可靠性：确保存储介质具有高可靠性和稳定性。
- 安全性：保护备份数据免受未授权访问和篡改。
- 成本：考虑存储介质的成本和维护费用。

（二）软件更新

软件更新对于修补安全漏洞至关重要。及时更新网站所使用的软件可带来以下益处：

- 增强安全性：解决已知的安全漏洞，降低被攻击的风险。
- 改进功能：新版本软件通常包含改进的功能和性能优化。
- 适应技术发展：保持与行业标准和最佳实践的一致性。

软件更新也会带来了一些挑战，例如，兼容性问题：新版本软件可能与现有系统或插件不兼容。还有测试需求，更新前需要进行充分的测试以确保系统的稳定性。

为了有效管理软件更新，应采取以下措施：

- 建立更新策略：明确更新的频率和流程。
- 进行测试：在部署到生产环境之前，在测试环境中验证更新的兼容性和稳定性。
- 监控和反馈：跟踪更新后的系统状态，及时解决可能出现的问题。

综上所述，定期备份与软件更新是确保网站安全与稳定运行的关键要素。备份频率的合理确定和可靠的存储介质选择有助于保护数据的完整性和可用性。及时的软件更新能够修补安全漏洞，提高系统的安全性和性能。在实施定期备份与更新策略时，应综合考虑各种因素，并遵循最佳实践，以确保网站的持续可靠性和安全性。

三、监控与故障排除

监控与故障排除在确保网站稳定性方面发挥着关键作用。实时的监控和及时的故障排除是维护网站健康运行的重要手段，能够确保网站的稳定性。

（一）性能监控

性能监控是确保网站提供优质用户体验的关键环节。通过监测网站的加载速度和响应时间等指标，可以及时发现性能问题。加载速度对于用户满意度至关重要，较长的加载时间可能导致用户流失。用户对网站性能的期望越来越高，快速的加载速度已成为竞争优势的重要因素。

性能监控主要包括以下几个方面的内容。

（1）网络延迟：网络延迟是指数据在网络传输过程中从源点到达目的地所花费的时间。检测数据在网络传输中的延迟情况至关重要。通过实时监测网络延迟，可以及时发现网络中的问题。较高的网络延迟可能会导致数据传输缓慢、网页加载时间长，从而影响用户体验。了解网络延迟的情况有助于确定网络连接的稳定性和可靠性，以便采取必要的措施来优化网络性能，例如选择更优的网络路径、升级网络设备或调整网络配置。

（2）服务器负载：服务器负载是指服务器在处理请求时所承受的工作负担。确保服务器在可承受范围内运行对于提供稳定的服务至关重要。过高的服务器负载可能导致服务器响应缓慢，甚至出现崩溃的情况。通过监测服务器的负载指标，如CPU使用率、内存占用率等，可以及时了解服务器的工作状态。根据服务器的负载情况，可以进行合理的资源分配和优化，例如，增加服务器的硬件资源，优化服务器的配置或对负载进行均衡，以确保服务器能够高效地处理用户请求。

（3）数据库性能：优化数据库查询对于提高响应速度具有重要意义。数据库在网站和应用程序中扮演着关键角色，其性能直接影响系统的整体性能。通过分析和优化数据库查询，可以减少查询的执行时间，提高数据检索的效率。这包括对查询语句进行优化，如选择合适的索引、避免复杂的查询操作等。同时，还可以对数据库进行结构优化，合理设计表结构和关联关系，以提高数据的存储和查询效率。定期对数据库进行性能评估和调优，可以确保系统能够快速响应用户的请求，提供高效的数据访问服务。

（二）故障预警

故障预警机制的设置是管理员得到及时通知的关键。当系统遭遇异常或潜在问题时，及时的通知宛如一道曙光，使管理员有机会迅速采取行动，从而有效阻止问题的进一步恶化。预警机制的特点包括实时性、准确性、可定制性。

制定一个合理的故障预警机制，首先需要明确监测的对象和范围，确定关键的系统和指标。接着，收集系统的正常运行数据和历史故障信息，以便设定合理的阈值和规则。在设置预警指标时，需结合实际情况，确保其能准确反映系统的状态。选择合适的预警方式，如实时通知、短信或邮件等，以确保管理员能及时收到预警。同时，建立一个有效的监控系统，实时监测指标的变化。还应制定详细的响应策略，明确管理员在收到预警后的行动步骤。为了保证机制的合理性，需要定期评估和优化，根据实际情况调整阈值和响应策略。此外，培训相关人员，使其熟悉预警机制的运作流程也是至关重要的。最后，考虑建立备份和容灾机制，以及整合其他工具和系统，进一步提高故障预警的效果和全面性。

（三）日志分析

日志分析在网站运营中不仅可以帮助网站管理员深入了解用户行为和系统性能，还能够及时发现潜在的问题和安全威胁，从而保障网站的稳定运行。

日志分析的作用主要体现在以下几个方面。首先，通过对用户访问记录的分析，可以了解用户的兴趣偏好、行为模式和访问趋势。这有助于优化网站的布局和内容，提供更加个性化的服务，提升用户体验。其次，实时监测系统状态，包括服务器负载、响应时间等关键指标，及时发现性能瓶颈，为系统优化提供依据。再次，能够检测到各种错误和异常情况，如页面加载失败、数据库连接错误等，快速定位问题并采取相应的解决措施，减少故障时间。最后，还可以发现潜在的安全威胁，如恶意攻击、数据泄露等，保障网站的安全性。

在进行日志分析时，常用的方法如下。

（1）数据过滤和筛选：这是日志分析的重要步骤。通过去除无用信息，如冗余记录、噪声等，可以减少数据的复杂性。然后，提取有价值的数据，例如特定用户行为、关键操作或异常情况。这样能提高分析效率，聚焦于重要的数据特征和模式。

（2）趋势分析：观察数据随时间的变化趋势。发现潜在问题，如流量波动、性能下降等。了解网站的稳定性和用户行为的变化，以便及时采取措施。通过趋势分析还能预测未来的发展趋势，为决策提供有力支持。

（3）关联分析：找出不同数据之间的关系。例如，用户行为与系统故障之间的联系，或不同模块之间的相互影响。这有助于全面了解系统的运行状况，发现潜在的风险和问题。

（4）事件跟踪：对特定事件进行全程跟踪分析。从事件的发生到解决，了解其演变过程和影响范围。有助于深入分析问题的根源，并采取有效的解决措施，同时还能积累经验，优化后续的处理流程。

（5）建立指标体系：确定关键指标，如访问量、响应时间、错误率等。通过这些指标评估系统性能，直观地反映系统的运行状态。根据指标的变化，及时调整和优化系统，以提高用户体验和服务质量。

（6）可视化展示：以直观的图表形式呈现数据，如柱状图、折线图、饼图等。使复杂的数据变得易于理解和分析，帮助快速发现问题和趋势。可视化展示还能增强数据的可读性和可解释性，便于沟通和共享分析结果。

在日志分析过程中，需要注意以下一些关键问题。

（1）选择合适的工具。一个理想的工具应具备强大的分析功能，能够深度挖掘日志数据中的潜在信息，并提供多样化的分析手段和可视化展示。良好的可扩展性可以满足不断变化的业务需求，方便集成其他系统和工具。常用的工具见表7.2.1所示。

表 7.2.1　常见的日志分析工具

工具	特点
ELK Stack	强大的搜索和可视化功能
Splunk	丰富的分析功能，广泛的应用场景
Graylog	易于安装和使用，支持多种数据源

（2）设置合适的日志级别是必要的。过高的日志级别可能导致大量无用信息的产生，增加分析的复杂性和难度；过低的日志级别可能遗漏重要信息。因此，需要根据实际情况合理设置日志级别。常用的网站安全日志级别见表7.2.2所示。

表 7.2.2　网站安全日志级别

日志级别	描述
DEBUG	详细的调试信息，包括程序执行的细节
INFO	一般信息，如用户登录、操作记录等
WARNING	可能存在问题的情况，但不一定导致错误
ERROR	明确的错误情况，需要关注和解决
CRITICAL	严重错误，可能导致系统崩溃或数据丢失
ALERT	紧急情况，需要立即采取行动

（3）定期备份日志数据可以防止重要信息的丢失。在发生意外情况或系统故障时，备份可以确保数据的安全性和可恢复性。

（4）建立有效的监控和报警机制能够及时发现异常情况。通过实时监测关键指标和参数，一旦出现异常，能够及时发出警报，以便采取相应的措施。

为了提高日志分析的效果，可以采取以下措施：

- 结合数据挖掘和机器学习技术，如使用Python中的Scikit-learn库或R语言中的相关模块，发现隐藏的模式和规律。
- 加强安全意识培训，提高对安全威胁的识别能力，包括常见的攻击手段和漏洞类型。
- 定期对分析结果进行评估和调整，确保其准确性和有效性。可以通过对比实际业务情况和数据趋势，验证分析结果的可靠性。

第三节

数据分析与网站优化

一、网站流量与用户行为分析

（一）网站流量的监测与统计方法

监测和统计网站流量是网站运营和优化过程中至关重要的环节，通过有效的方法和工具，可以深入了解网站的访问情况，为改进和优化提供有力的数据支持。

（1）网站分析工具是追踪访问量的常用手段之一。这些工具通常能够提供详细的统计信息，包括独立访客数量、访问次数、新老用户比例等。常见的网站分析工具如 Google Analytics，它具有强大的功能和广泛的适用性。通过设置合适的跟踪代码，可以准确地监测网站的流量情况。

（2）页面浏览量是另一个重要的指标。它反映了用户对网站内容的兴趣程度和参与度。通过分析页面浏览量，可以了解哪些页面受到用户的关注，以及用户在网站上的浏览行为模式。这有助于优化网站的布局和内容，提高用户的体验。

（3）停留时间的统计则能揭示用户在网站上的停留时长。较长的停留时间通常表示用户对网站内容感兴趣，而较短的停留时间可能暗示用户对某些页面或功能不满意。通过监测停留时间，可以发现需要改进的区域，并采取相应的措施来提高用户的参与度。

除了上述基本方法和工具外，还可以利用以下技术和工具来进一步监测和统计网站流量：

- 热图分析：展示用户在页面上的点击和注意力分布情况，帮助了解用户对不同区域的关注度。
- 会话记录：记录用户在网站上的操作轨迹，以便深入分析用户行为和遇到的问题。
- 流量来源分析：确定用户是通过哪些渠道访问网站的，如搜索引擎、社交媒体等。
- 转化率分析：衡量用户在完成特定目标（如注册、购买等）的比例。

以一个电子商务网站为例，通过使用 Google Analytics 等分析工具，发现某个产品页面的停留时间较短，页面浏览量也相对较低。通过进一步分析热图和会话记录，发现用户在该页面上存在操作困惑和导航不清晰的问题。基于这些数据，网站团队可以进行以下改进：

> 优化产品页面的布局和设计，使信息更加清晰易懂。
> 改善页面的导航功能，提供更直观的操作指引。
> 加强产品描述和图片展示，增加用户对产品的了解和兴趣。

经过这些改进措施，再次监测网站流量数据，发现该产品页面的停留时间明显增加，页面浏览量也有所提升，同时转化率也得到了提高。

综上所述，监测和统计网站流量的方法和工具多样，通过合理运用这些手段，可以深入了解用户行为和需求，为网站的优化和改进提供有力支持。

（二）用户行为的定义和分类

用户行为是指用户在访问网站时所表现出的一系列活动和操作，这些行为反映了用户与网站之间的交互，包括他们的思维、意图、需求和反应。

可从多角度对用户行为进行分类。

（1）浏览行为：用户打开网页后进行的一系列行为。页面浏览指用户在页面之间的跳转，了解他们对不同主题和内容的兴趣。内容阅读体现了用户对具体信息的关注程度，可借此优化页面布局和内容呈现方式。导航操作反映了用户如何在网站中寻找信息，良好的导航设计能提高用户找到所需信息的效率。

（2）搜索行为：用户通过输入关键词来查找特定信息。这种行为表明用户有明确的需求，网站需确保搜索功能的准确性和易用性。分析搜索关键词的频率和趋势，能了解用户的需求热点，以便提供更相关的内容。

（3）交互行为：常见的如填写表单，用于注册、登录或提交信息等。单击链接可引导用户进入其他页面或执行特定操作。下载文件显示了用户对网站资源的需求。这些交互行为影响着用户对网站的体验和满意度。

（4）购买行为：这是网站的关键目标之一。涉及用户对产品或服务的评估、比较和决策过程。了解购买行为的各个环节，如购物车添加、结算流程等，有助于提高交易成功率。

（5）社交行为：用户通过参与评论、分享内容或与其他用户互动，为网站增加了社交价值。积极的社交行为有助于扩大网站的影响力和用户群体。

（6）反馈行为：用户向网站提供意见、建议或投诉，这是改进和优化网站的重要依据。及时处理反馈，能增强用户对网站的信任和满意度。

（7）忠诚行为：表现为频繁访问和推荐给他人。培养忠诚用户可提高用户的生命周期价值。通过提供优质的产品和服务，以及个性化的体验，来激发用户的忠诚行为。

（8）流失行为：用户不再访问或使用服务，可能是因为竞争对手、糟糕的用户体验等原因。分析流失原因，采取措施挽回流失用户，是网站持续发展的关键。

（三）分析用户行为的主要指标和工具

分析用户行为的主要指标和工具对于了解用户需求、优化产品和提升用户体验非常有必要。表7.3.1列举了分析用户行为的主要指标和工具。

表 7.3.1　分析用户行为的主要指标和工具

主要指标	说明	工具
访问量	反映网站或应用的受欢迎程度	Google Analytics、百度统计等
页面停留时间	显示用户对特定内容的关注程度	Hotjar、腾讯灯塔等
转化率	评估用户在关键操作上的完成情况	Mixpanel、神策数据等
活跃度	衡量用户的参与程度	Amplitude、友盟等
留存率	观察用户的长期使用情况	蝉大师、数数科技等
用户流失率	提示不再使用产品的用户比例	DataCube、GrowingIO等

（1）访问量作为主要指标之一，直观地反映了网站或应用的受欢迎程度。高访问量意味着更多的用户对产品感兴趣，这为企业提供了扩大市场和增加用户基础的机会。通过深入分析访问量的来源和趋势，企业可以了解用户的获取渠道和兴趣点，从而有针对性地进行市场推广和内容优化。

（2）页面停留时间展示了用户对特定内容的关注程度。较长的停留时间通常表明用户对该内容感兴趣并在认真阅读或参与。相反，短停留时间可能暗示内容质量不高或无法满足用户需求。通过监测页面停留时间，企业可以优化页面设计和内容呈现，以提高用户的参与度和满意度。

（3）转化率是评估用户在关键操作上的完成情况的重要指标。无论是注册、购买还是其他关键行为，较高的转化率意味着用户在产品中获得了价值，并愿意进一步与企业互动。通过分析转化率，企业可以发现流程中的瓶颈和障碍，并采取措施改善用户体验，提高转化率。

（4）活跃度指标衡量用户的参与程度。活跃用户通常是对产品高度满意并经常使用的用户。通过监测活跃度，企业可以了解用户的使用习惯和偏好，推出针对性的活动和功能，以增加用户的参与度和忠诚度。

（5）留存率用于观察用户的长期使用情况。高留存率表明用户对产品的满意度较高，并且愿意继续使用。通过分析留存率的变化，企业可以发现产品的问题，并及时进行改进和优化，以提高用户的长期价值。

（6）用户流失率提示了有多少用户不再使用产品。较高的流失率可能意味着产品存在问题或竞争对手的威胁。通过深入研究用户流失的原因，企业可以采取措施来挽回流失的用户，并改进产品以减少未来的流失。

（7）热门页面能揭示最受关注的内容。这有助于企业了解用户的兴趣和需求，进一步优化相关页面的内容和布局，提供更符合用户期望的价值。

（8）用户路径展示了用户在系统中的操作流程。通过分析用户路径，企业可以发现用户在使用产品过程中的痛点和困惑点，从而优化流程，提高用户的操作效率和体验。

例如，某电商平台通过分析访问量和转化率，发现用户在购物车结算环节的流失率较高。进一步分析用户路径后，发现结算流程复杂，导致用户放弃购买。基于这些洞察，该电商平台优化了结算流程，提高了转化率和用户满意度。

综上所述，分析用户行为的主要指标和工具为企业提供了深入了解用户的机会。通过合理运用这些指标和工具，企业可以更好地满足用户需求，优化产品，提升用户体验，从而在竞争激烈的市场中取得优势。

二、A/B测试与转化率优化

（一）A/B测试的基本原理和目的

A/B测试是一种统计学上的实验方法，用于比较两种或多种方案的效果，以确定哪种方案能够实现更好的结果。A/B测试的基本原理建立在对不同方案在实际环境中表现的对比之上。其核心在于，通过随机的方式将用户分配到不同的版本或条件之中，而后收集与之相关的数据进行深入剖析，从而明确哪种方案更为卓越。

测试的目的具有多面性。首先，它致力于提升用户的体验。在竞争激烈的市场中，提供优质的用户体验是吸引和保留用户的关键。通过A/B测试，能够发现哪些设计或功能更符合用户的需求和期望，进而优化产品，增强用户的满意度。其次，A/B测试有助于增加转化率。无论是引导用户进行购买、注册还是其他关键行为，确定最有效的方案对于业务的成功至关重要。最后，该测试还可用于优化产品的性能。通过比较不同的技术实现或配置，能够找到在性能、稳定性和可靠性方面表现最佳的方案。

在实际应用中，A/B测试具有诸多优势。它可以在不影响整体用户体验的情况下进行小规模的试验，降低了风险。同时，通过数据驱动的方法做出决策，避免了主观判断的偏差。

以下是一个A/B测试的实际应用案例：

某电商平台想要提高商品详情页面的转化率，设计了两个版本的商品详情页：

A版本：保持原有页面设计，重点突出商品的特点和优势。

B版本：对页面进行了一些改进，如增加了更清晰的图片、更详细的产品描述和用户评价。

然后，该电商平台通过A/B测试将用户随机分配到这两个版本中。

经过一段时间的测试后，收集了以下数据：

➢ 转化率：B版本的转化率明显高于A版本。

➢ 停留时间：B版本的用户停留时间也更长。

基于这些数据，电商平台决定采用B版本的商品详情页，因为它能够提高转化率和用户参与度。

通过这个案例可以看出，A/B测试能够帮助企业在不确定哪种方案更有效的情况下，通过实际数据来做出决策，从而优化产品或服务，提高用户体验和业务效果。

（二）如何设计和实施高效的A/B测试方案

设计和实施高效的A/B测试方案的关键在于明确目标、精心策划和精确执行。

明确测试目标是首要任务。例如，若目标是提高转化率，团队需深入了解用户行为和转化路径，找出可能影响转化率的关键环节。以电商网站为例，可能是购买流程的简洁性、产品页面的信息呈现方式等。

精心策划包括选择关键变量。这些变量应直接影响目标。继续以电商为例，变量可能包括按钮颜色、页面布局、推荐算法等，通过改变这些变量，观察其对转化率的影响。

在实施过程中，合理分配流量至关重要。确保样本具有代表性，避免偏差。可以根据用户特征、访问时间等进行分流，以确保不同版本能得到均衡的测试。

密切监测数据是关键环节。实时观察各项指标，如点击率、停留时间等。一旦发现问题，及时调整测试方案。例如，如果某一版本的转化率明显低于其他版本，可能需要立即停止该版本的测试。

为提高效率，缩短测试周期能更快得到结果，减少干扰因素，如避免同时进行其他可能影响结果的改动，采用科学的统计方法分析结果，确保结论的准确性。

团队协作和沟通在整个过程中不可或缺。不同部门需密切配合，如设计、技术和数据分析团队，及时沟通进展和问题，共同解决遇到的困难。

（三）转化率优化的策略和技巧

A/B 测试中的转化率优化是一个通过科学手段提升目标转化效果的复杂过程。

明确关键目标是优化的第一步，这就如同航行中的指南针，为整个优化过程指明方向。例如，将购买率或注册量等关键指标设定为核心关注点，以便集中资源和精力进行有针对性的优化。

精心设计测试方案则如同构建大厦的蓝图，需要精确地选取对目标产生重大影响的关键变量。这些变量可能包括页面布局、按钮颜色、文案等细节。通过对这些变量进行对比测试，我们可以探索不同方案对转化率的影响。

合理分配流量就像是合理分配资源，确保测试结果的可靠性。根据目标受众的特征和访问时段等因素，将流量均匀地分配到不同的版本中，以保证样本的代表性。这样可以避免因流量分布不均导致的结果偏差。

密切监测数据如同守护宝藏的卫士，时刻警惕任何异常情况。实时观察各项指标，如点击率、停留时间等。一旦发现异常，就可以及时调整测试方案，避免损失的扩大。

缩短测试周期可以加快优化的进程，就像赛车比赛中的加速冲刺。通过减少不必要的干扰因素，集中精力于关键变量的测试，我们能够更快地获得有价值的结论。

科学的统计方法则是判断优化效果的基石，它能够提供准确、可靠的依据。运用合适的统计工具和分析方法，对测试数据进行深入挖掘，确保对结果的解读是准确无误的。

在团队协作和沟通方面，每个成员都像是拼图中的一块，共同构成了完整的优化画面。不同部门之间紧密配合，共同解决遇到的问题，推动优化进程的顺利进行。

在实际操作中，还需要注意以下几点。首先，测试的方案要尽可能全面，覆盖各种可能的情况。其次，要根据实际情况灵活调整测试的参数和条件。最后，要及时总结经验教训，将成功的优化策略推广到其他相关领域。

以某电商网站为例，他们通过 A/B 测试对商品详情页的布局进行了优化。在原始版本中，购买按钮较小且位置不明显。在新的版本中，他们将购买按钮放大并置于显著位置。经过一段时间的测试，他们发现新版本的转化率有了显著的提升。

通过以上策略和方法的有机结合，不断优化产品或服务，满足用户的需求，提升用户的体验。最终，实现转化率的持续提升，为企业带来更大的价值。

总之，A/B 测试中的转化率优化是一个不断探索、不断改进的过程。只有持续关注用户需求，不断优化产品或服务，才能在激烈的市场竞争中立于不败之地。

扫码获取
☑ 配套资源 ☑ 网页制作
☑ 网站建设 ☑ 学习笔记

第八章

教学中的实践与探索

《网页制作》课程作为高职计算机相关专业的专业基础课，具有重要的地位和作用。通过这门课程的学习与实践，学生不仅能够熟悉网页制作流程，掌握相关的基本知识与制作技巧，还能够制作出模块完整的静态网站，为后续专业课程的学习奠定坚实的基础。

学生在《网页制作》课程中，深入学习 HTML5 语法基础、CSS3 样式技术基础等专业理论知识。他们能够熟练运用当前网页制作的主流技术（HTML5 + CSS3）进行网页布局，展现出高超的技能水平。不仅如此，他们还掌握了网站制作的基本流程，能够独立设计与构建不同风格的企业网站，充分发挥自己的创意和想象力。

在此过程中，学生掌握了网页前端工程师岗位所必备的基本工作方法和学习方法，具备了解决实际问题的思路，能够独立学习新技术，并善于总结评价工作结果。通过学习，学生还养成了良好的规范化命名习惯、网页布局审美意识、较好的界面友好性设计思维等职业素质。

此外，学生们的观察及检查能力得到了敏锐的培养，团队协作与沟通能力也得到了极大的提升。他们具备了拓展创新的学习精神，能够在实践中不断突破自我。通过课程学习，学生们还激发了爱国主义精神和民族自信，这为他们今后的工作和持续发展奠定了坚实的基础。

在教学实践中，鼓励学生积极参与实际项目的制作，与企业合作，让学生在真实的工作环境中锻炼自己的能力。教师也要引导学生关注行业最新动态，不断更新知识和技能，以适应社会发展的需求。

第一节 情境化课程设计

情境化课程设计是一种具有创新性和实效性的教学方法,在现代教育中发挥着重要作用。它将学习内容与实际情境紧密结合,不仅能够提高学生的学习效果,更能培养他们的实际应用能力和综合素养。

传统教学侧重于知识的传授,在一定程度上忽视了培养学生实际应用和解决问题的能力。在现实情况下,学生需要的不仅仅是死记硬背的知识,更是能够灵活运用这些知识解决实际问题的能力。

情境化课程设计通过将学习内容置于真实或模拟的情境中,为学生提供了更加生动、具体的学习体验。这有助于学生更好地理解和掌握知识,因为他们能够亲眼看到、亲身体验到知识在实际情境中的应用。这种直观的感受能够加深学生对知识的理解和记忆,提高学习效果。

同时,情境化课程设计对于培养学生的实际操作能力、解决问题能力和创造力具有重要意义。在情境中,学生需要面对各种实际问题,通过自己的思考和努力找到解决方案。这不仅锻炼了他们的实际操作能力,还培养了他们的创造力和批判性思维。

情境化课程设计符合现代教育的理念,强调学生的主体地位和参与度。在这种教学方法中,学生不再是被动的接受者,而是积极参与到学习过程中的主体。他们能够更加主动地探索知识、解决问题,从而提高学习的积极性和主动性。

在教学实践中,教师应根据具体的教学内容和学生的特点,巧妙运用情境化课程设计。例如,对于某些实践性较强的课程,可以通过模拟实际工作场景或生活情境,让学生在真实的环境中学习和实践。对于理论性较强的课程,可以通过案例分析、角色扮演等方式,将抽象的知识具体化,帮助学生更好地理解和掌握。

通过情境化课程设计,教师能够为学生打造更为丰富、多元的学习体验。不同的情境设置能够激发学生的学习兴趣,使他们更加积极地参与到学习中来。同时,这种教学方法有助于学生实现全面发展,不仅在知识水平上得到提高,还在实际能力和综合素养方面得到提升。

情境化课程设计作为一种高效的教学方法,在激发学习兴趣、提升学习效果、培养实际能力和综合素养等方面均具有显著优势。在教学实践中,教师应依据具体的教学内容和学生的特性,巧妙运用情境化课程设计,为学生打造更为丰富、多元的学习体验,助力学生实现全面发展。

《网页制作》课程是计算机相关专业的专业基础课程，作为计算机专业后续课程学习的基础学科，有着举足轻重的地位。如何在课程中激发学生学习兴趣，打好扎实的基础是至关重要的。由于《网页制作》课程是一门实操性较强的课程，如果在课程设计中引入情境，让学生在学习中就像置身于工作场景中一样，势必对调动学生学习兴趣有一定的积极作用。

在《网页制作》课程情境设计实践中，重新组织课程内容，确定课程目标，然后按照企业实际工作流程，设置了项目–情境。见表 8.1.1 所示。

表 8.1.1　项目–情境

项目	情境
项目一 应聘入职	唐君（化名）是辽宁金融职业学院信息工程系的一名学生，今年7月份毕业，她想找一份网页设计师的工作，于是在招聘会上选择了几家网络公司，并投了简历。10天前，她收到来自沈阳蓝德科技有限公司的通知，要她去公司面试
项目二 "蓝德科技"网站的完善	唐君入职后，经理安排她先协助网页设计师完善公司自有网站的"蓝德员工"栏目，锻炼她的基本网页制作能力，为其转正成为一名正式的网页设计师做好准备
项目三 "思博数码"网站设计与制作	经过三个月的见习，经理观察到，唐君已经扎实掌握基础网页制作能力，而且学习能力和合作能力都很好，因此唐君顺利通过见习，正式成为"蓝德科技"公司的一名网页设计师，经理将最近接到的订单"思博数码"网站交给唐君全权负责，来完成网站的规划、设计、制作和发布
项目四 考核项目	经过实践项目的制作，唐君对网站的完整流程已经很熟悉。经理安排她在三周时间内带领团队完成一个综合网站的制作

课程设计包括项目名称、情境描述、教学目标、教学实施和项目总结五个部分，其中教学实施又按照具体的任务进行展开，包括任务名称，任务引入，学习任务，任务小结四个部分。具体的课程设计示例请扫描观看。

第二节 项目化教学探索与实践

一、项目化教学的概念和特点

项目化教学也叫项目教学或基于项目的学习,是指老师和学生通过共同实施一个完整的项目工作而进行的教学活动[2]。项目教学法首先要有一个完整的项目,然后要以学生为中心,教师做相应指导,在一定的时间内完成设定的工作任务的学习过程。项目教学打破了传统教学过程中"老师教,学生听,填鸭式的教学"模式[3],传统教学中,学生是被动的,而项目化教学,是教师为主导、学生为主体,学生与教师教学相长,共同完成项目[4]。实施项目化教学的目的是在教学过程中把课程理论与实践教学有机地结合起来,充分调动学生学习积极性,挖掘学生的创造力,在完成一个完整项目的过程中锻炼学生独立解决问题的能力。

因此,项目化教学可以这样定义:项目化教学是指将教学内容融入到实际项目中,再把项目分解为一个个的任务,以学生为主体,引导学生主动完成各个任务,在完成任务的过程中,学生之间相互协作,教师加以指导,从而培养学生在学习知识内容的同时,具备独立解决实际问题的能力,锻炼学生的合作意识的一种教学方法。

项目化教学方法概括为以下几个特点。

(1)实践性:项目化教学过程,不是以教师讲授为主,而是模拟真实的工作情景,根据学生将来从事的工作岗位,按照工作流程和工作内容来设计项目。教学过程符合学生的实际需求,能激发学生的学习兴趣,要有实用性和针对性,以便为学生以后工作和生活提供经验。

(2)合作性:项目化教学过程中,不仅是教师和学生的互动,在项目任务的完成过程中,需要小组成员间的交流与合作,学生不再是一个个体,而是一个团队的共同体。项目化的学习增强了学生间的沟通与交流,同时也培养了他们的团队合作意识。

(3)自主性:每名学生都有各自的特点和擅长的能力,在项目活动过程中,学生可以自主选择内容和展示形式,也能够按照自己的兴趣进行进度学习,提高学生学习主动性。比如有的同学擅长演讲,就可以选择项目展示任务;有的同学擅长组织,就可以选择项目的成员分配和进度管理。

二、项目化教学的实施步骤

项目化教学是对传统教学的革新，项目化教学以学生为中心，以小组合作为主，着重培养学生解决工作实际问题的能力。项目化教学实施的一般流程为选择项目、规划项目、实施项目、展示项目和总结评价共五个步骤。

（1）选择项目：项目化教学过程中，项目的选择非常重要，在符合教学目标的前提下，既要符合工作实际，又要符合学生兴趣和需求，难度也要与学生的知识背景基本相符。

（2）规划项目：项目选择后，要做规划以保证学生掌握项目的进度和学习活动调节，有助于教师对项目的引导和调节。规划项目包括规划项目实施的详细时间安排和项目实施的活动计划。这样做，可以让每个小组提前规划项目的进度，掌握项目活动细节，保证项目实施的有序进行。

（3）实施项目：知识目标和技能目标大部分在该步骤完成，学生在实施项目过程中学会发现问题，并不断的解决问题，能够利用老师提供的和自己搜索的资源进行研究，从而将知识不断的内化，实现对知识体系的构建。

（4）展示项目：各小组间通过项目的展示，分享项目实施过程中的经验和心得，相互提出问题，弥补各小组间的不足。

（5）总结评价：在项目教学中完美结合定量评价和定性评价，小组间评价，他人评价与自我评价。

在项目教学过程中，教师要调动学生的积极性，鼓励小组间进行积极的交流，一起参加项目的规划，共同完成项目的制作，发现问题共同解决，培养团队合作精神，让每一名同学都得到有效的锻炼。

三、《网页制作》课程的项目化教学实践

（一）课程内容分析

《网页制作》课程在2004年开设，2015年第一次进行课程改革，之后多次更新整合课程内容，在教学内容方面，以项目为载体，遵循由易到难的学习规律，有助于学生逐步理解和掌握知识技能。同时还融入了思政元素，强化学生的工程伦理教育，通过这种方式，培养学生精益求精的大国工匠精神，激发他们科技报国的家国情怀和使命担当。

课程经过重组后，最终被划分为五个项目，分别为"项目一　Hello Web网页制作""项目二　中国传统文化网站制作""项目三　青年中国梦网站设计与制作""项目四　青年中国梦响应式网站制作""项目五　企业网站设计与制作"，如图8.2.1所示。每个项目都按照实际的工作流程进行任务分解，使学生能够更好地了解和适应实际工作场景。

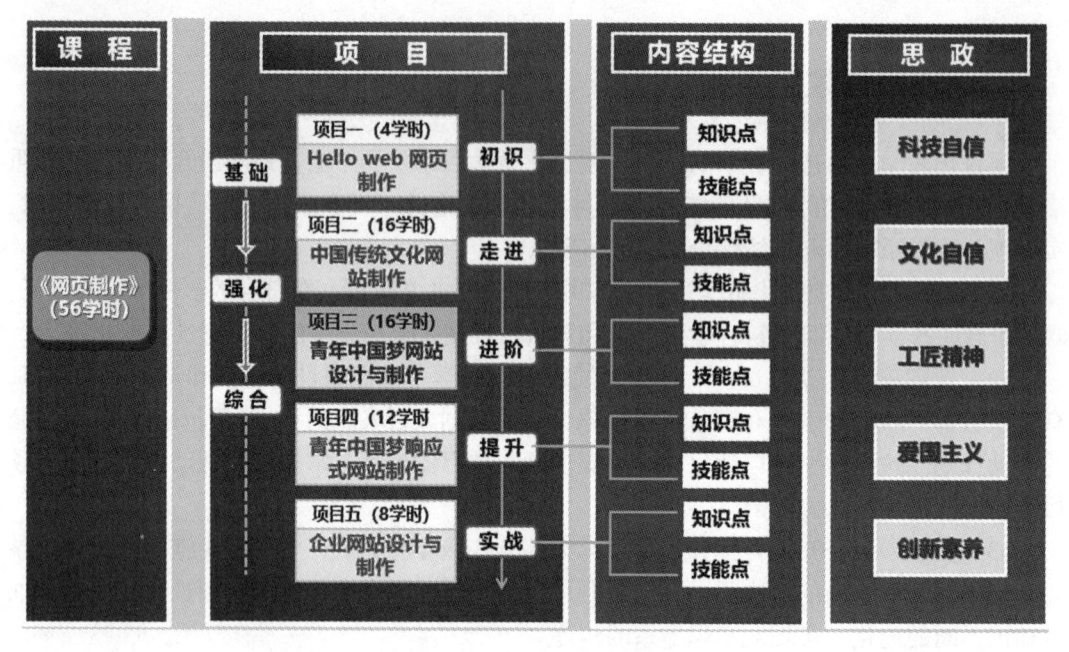

图 8.2.1 《网页制作》课程内容

（二）学情分析

以移动应用开发专业一年级学生（2022级开发1班）为例，通过课堂观察、超星平台数据分析和问卷调查分析三方面对该班级进行了学情分析。具体分析情况见图 8.2.2。

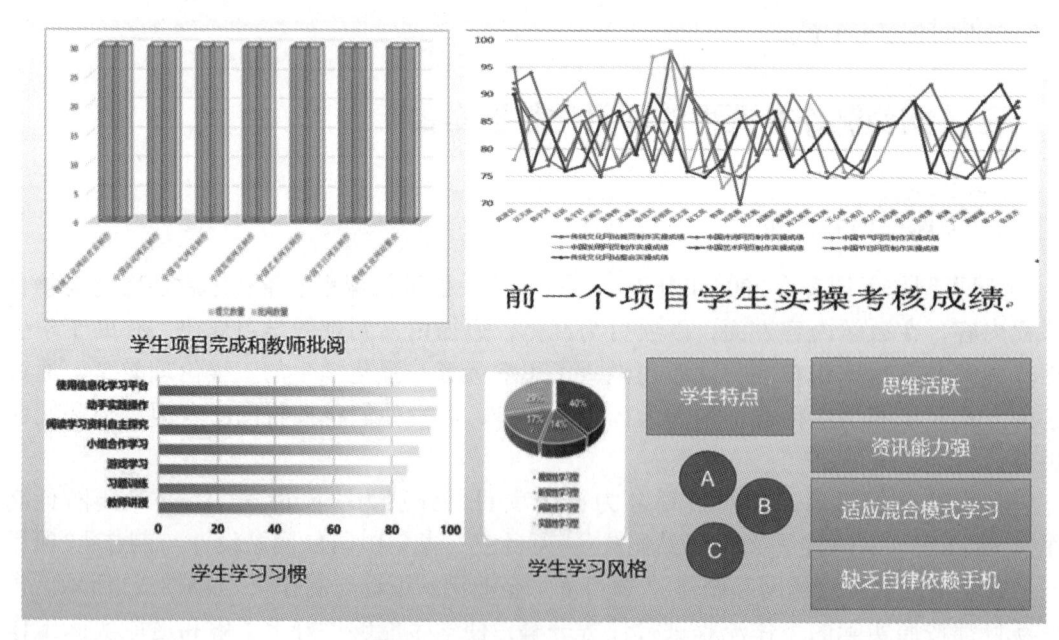

图 8.2.2 采集学前数据，分析学情

1. 知识和技能基础

本课程在第一学期开设，通过项目一"hello web"和项目二"中国传统文化网站制作"的学习，经过三次问卷调研、课前测试和在线平台学习数据采集分析，得出以下数据：

（1）84%的学生具备一定的计算机基础知识和操作能力。

（2）100%的学生熟悉HTML常用标签、文本控制标签（h1-h6, p）、图像标签、超链接标签、CSS基础知识。

（3）93%的学生能够使用HBuilder制作包含图片、文字和超链接简单的网页。

（4）33%的学生能够熟练使用CSS文本样式修饰页面。

2. 认知和实践能力

通过查阅数字资源和小组合作，学生意识到自主学习的重要性，团队合作的必要性，但是自主学习能力、创新能力和精益求精的工匠精神等方面有待提高。采集数据后分析得出：

（1）95%的学生能查阅数字资料，自主学习HTML标签等知识。

（2）90%的学生参考案例"依葫芦画瓢"，缺乏创新精神

（3）100%的学生对企业项目组有了初步的体验，意识到团队合作的重要性。

（4）34%的学生能够根据案例进行创新，规划特色网页。

3. 学习特点

根据在线平台学习数据和课堂学习效果发现，学生思维活跃、资讯能力强，能够熟练使用智能手机适应混合模式学习，但缺乏自律性。总体可以分为三类：

A类学生：轻松完成任务，并能够利用学习平台超前学习。吴**、张**、程**、程*、田**属于此类，拟任小组组长。

B类学生：100%达成学习目标，难易程度和学习节奏合适。

C类学生：

（1）经教师或组长督促完成在线任务。

（2）经老师或组长指导完成中国传统文化网站的制作。

（3）王**、周**学习有进步。

（三）课程目标制定

通过前面的课程内容分析和学情分析，确定课程目标如下。

1. 总体目标

通过本课程的学习，学生能掌握HTML、CSS的基本理论知识和网页制作基本技能，能规范书写Web页面代码，熟悉前端开发职业岗位的基本需求。通过本课程的学习，学生能独立完成Web项目的规划与制作，具备Web前端页面美化意识和Web前端开发的标准意识，初步认知精益求精的工匠精神的内涵，并初步具备前端开发人员Web前端开发技术的技能型人才。

2. 素质目标

（1）具备良好的规范化命名意识。

（2）具备较强的布局审美意识。

（3）具备较好的界面友好性设计思维。

（4）具备敏锐的观察及检查能力。

（5）具有团队协作与沟通能力。

（6）具有拓展创新的学习精神。

（7）具备Web前端开发的标准意识。

（8）形成网页开发的整体规划能力。

（9）具备Web前端网页美化意识。

（10）认知精益求精的工匠精神的内涵。

（11）激发爱国主义精神和民族自信。

3．知识目标

（1）知道网站和网页的概念、网页基本元素，网页制作流程。

（2）运用HBuilder开发工具新建Web项目，编写、管理、运行Web相关文件。

（3）概述HTML、CSS、JS的基本语法。

（4）识记HTML中8大常用标签的名称、属性及含义（文本控制标签、图像标签、表格标签、表单标签、超链接标签、列表标签、无语义标签div和span等）。

（5）识记HTML5新增结构化标签元素的名称、功能；运用HTML5新增结构化标签定义页面结构；识记HTML5表单名称和功能，并运用HTML5表单编写交互页面（70%）。

（6）识记引入CSS样式的3种方法（内联式、嵌入式、链入式）；识记5种基础选择器[（通配符选择器、类选择器、标签选择器、id选择器、属性选择器（80%）]；识记CSS3中新增加的复合选择器，伪类选择器、伪元素选择器（60%）。知道CSS优先级的概念（80%）。

（7）运用CSS文本属性、字体属性美化文本样式。

（8）识记CSS元素常用的3个分类（块级元素、内联元素、内联块元素）。

（9）熟知盒子模型概念和3大属性（padding、margin、border）。

（10）掌握过渡属性、动画属性。

（11）运用flex属性编写页面布局。

4．能力目标

（1）能使用HBuilder建立站点与管理站点文件。

（2）能遵循HTML语法规则书写规范的HTML代码。

（3）能使用HTML5新增的结构化标签及属性定义页面结构。

（4）能运用盒模型理念解决网页布局及网页对象定位。

（5）能运用多媒体标签在网页中添加音频及视频文件。

（6）能制作表单交互式网页。

（7）能制作网页中常见的过渡动画和动画效果。

（8）能够运用CSS控制页面中的文本样式、背景样式、边框样式。

（四）课程整体设计

课程的整体设计，见表8.2.1所示。

第八章 教学中的实践与探索

表 8.2.1 课程整体设计

项目名称	任务名称	技能内容与教学要求	知识内容与教学要求	素质内容与教学要求	学时
Hello Web 网页制作	任务 1 Hello Web 页面制作	（1）能使用 HBuilder 建立项目目录、管理目录文件 （2）能使用 Hbulider 建立 HTML 文件 （3）能设置网页标题栏信息	（1）熟悉 HBuilder 工具的工作界面，掌握站点文件的结构规范及管理流程 （2）熟知 HTML 文档的基本结构 （3）理解 HTML 基本语法	（1）具备良好的规范化意识 （2）激发博爱精神	4
中国传统文化网站制作	任务 1 网站首页制作	（1）概述 HTML 中 10 个常用标签及属性的用法（h、p、hr、img、br、table、tr、td、div、video、audio、a） （2）应用 CSS 引入方法和基本语法 （3）描述 CSS 中 3 种选择器用法（标签、id、类） （4）运用 CSS 中 4 种常用属性的用法（文本属性、字体属性、背景属性、超链接属性） （5）应用 2 种布局属性（float 浮动、position 定位）	（1）能使用 HTML 常用标签制作简单网页 （2）能使用 CSS 基础选择器、字体属性、背景属性等属性美化网页 （3）能应用 float 属性实现图文混排 （4）能应用 position 属性实现定位布局	（1）具备 Web 前端开发的规范意识 （2）激发文化自信 （3）塑造工匠精神 （4）具备认真、严谨的意识	2
	任务 2 中国诗词网页制作				2
	任务 3 中国节气网页制作				2
	任务 4 中国发明网页制作				2
	任务 5 中国艺术网页制作				2
	任务 6 中国节日网页制作				2
	任务 7 网站整合				2
	任务 8 网站测试完善				2

(续表)

项目名称	任务名称	技能内容与教学要求	知识内容与教学要求	素质内容与教学要求	学时
青年中国梦网站设计与制作	任务1 网站策划设计	(1) 能策划设计网页 (2) 能分析网页布局结构 (3) 能编写网页结构代码	(1) 掌握网页设计原则 (2) 概括盒模型的概念 (3) 掌握盒模型的原理	(1) 提升创新精神、审美意识 (2) 锻炼团队沟通能力 (3) 激发爱国主义精神	2
	任务2 网站导航制作	(1) 能分析网站导航使用哪种列表标签制作 (2) 能编写网站导航代码 (3) 能为元素应用后代选择器	(1) 描述列表标签语法结构 (2) 应用元素类型转换属性 (3) 应用CSS复合选择器-后代选择器	(1) 激发进取精神 (2) 增强职业规范意识 (3) 开阔编码思维	2
	任务3 网站页面制作	(1) 能使用盒模型属性调整间距、设置边框 (2) 能使用float属性布局页面 (3) 能处理float属性的特性	(1) 概述盒模型的3个属性margin、padding、border的语法规则 (2) 使用float属性布局 (3) 归纳float属性4个特性	(1) 启发精益求精工匠精神 (2) 提升团队协作能力 (3) 激发民族自信	4
	任务4 网站页面提升	(1) 能使用flex布局容器属性 (2) 能使用flex布局项目属性 (3) 能综合运用容器属性和项目属性完成页面布局	(1) 概述flex属性的概念 (2) 使用flex容器属性 (3) 使用flex项目属性	(1) 启发创新思维 (2) 养成勤于思考习惯 (3) 提升网页开发规范意识	4
	任务5 网站动画制作	(1) 能对网页对象进行过渡效果的制作 (2) 能使用动画属性对网页对象进行动画效果制作	(1) 正确应用CSS3过渡属性的语法及属性 (2) 使用动画属性的语法和属性	(1) 养成编码书写规范 (2) 提升团队协作能力 (3) 提升责任担当意识	2
	任务6 网站优化及发布	(1) 能熟练应用相关技巧和方法，对HTML和CSS代码进行结构优化 (2) 能发布网站上云	(1) 知道HTML和CSS代码优化的意义 (2) 应用HTML代码优化的基本方法和技巧 (3) 运用CSS代码结构优化的基本方法和技巧	(1) 理解精益求精工匠精神内涵 (2) 提升代码编写规范 (3) 提升程序开发的整体规划能力	2

第八章　教学中的实践与探索

（续表）

项目名称	任务名称	技能内容与教学要求	知识内容与教学要求	素质内容与教学要求	学时
青年中国梦响应式网站制作	任务1 网站主页响应式页面修改	1）能运用媒体查询进行响应式网页制作 （2）能运用多媒体标签在网页中添加音频及视频文件 （3）能利用弹性布局属性进行网页模块的响应式布局	（1）复述响应式设计的原理和特点 （2）概述viewport概念及属性设置 （3）概述媒体查询的语法 （4）运用flex弹性布局的属性	（1）具备良好的规范化命名意识； （2）具有团队协作与沟通能力； （3）具有拓展创新的学习精神。	12
	任务2 网站子页响应式页面修改				
	任务3 网站完善				
企业网站设计与制作	企业网站设计与制作	（1）能运用盒模型理念与样式定位行网页布局及网页对象定位 （2）能运用多媒体标签在网页中添加音频及视频文件 （3）能制作表单交互式网页	（1）熟练掌握网页制作中的工具的使用 （2）熟练掌握HTML5标签的使用 （3）熟练掌握CSS的使用	（1）具备良好的规范化命名意识 （2）具备较强的布局审美意识 （3）具备较好的界面友好性设计思维 （4）具备敏锐的观察及检查能力 （5）具有团队协作与沟通能力 （6）具有拓展创新的学习精神	8

189

（五）课程教案

以项目三的任务1、任务2为例，展示两种设计风格的教案设计，见表8.2.2、表 8.2.3 所示。避免图片显示不清晰，表 8.2.2、表8.2.3完整内容请通过扫描下方二维码观看。

表 8.2.2　任务 1 教案设计

教案序号	3-1	课程名称	网页制作	学时	2
		项目名称	项目3　青年中国梦网站设计与制作	班级	22开发1班
		任务名称	任务1　网站策划设计	授课地点	智慧教室201
授课形式	线上与线下混合式教学		授课方法	任务驱动教学法	
教学内容分析	"网站策划设计"选自《网页制作》课程项目三"青年中国梦网站设计与制作"中的任务1，是网站设计与制作的首项工作内容，是后续网站制作的基础。 教学任务基于企业典型工作案例，属于企业高频工作任务，对应1+X《微信小程序开发职业技能等级证书（中级）》中"盒模型"理论考点。 通过本任务的学习，学生掌握网页设计的原则，初识盒模型，能根据网页设计图分析出网页所对应的盒子布局，树立全局观，在设计图分享过程中，锻炼表达能力，在设计图布局分析制作过程中，激发创新精神、提升审美意识。 （此处图片略）				
学情分析	授课对象		22开发1班	人数	30
	经过项目二"中国传统文化网站设计与制作"的学习，通过课堂观察，学生完成的网页作品，实操考核成绩，课前任务点完成情况，课前测试成绩，调查问卷，综合分析学情如下				
	知识和技能基础	（此处图片略） 课前测试成绩 （此处图片略） 上一个项目学生作品（抽取）		1. 课前测试中全部学生成绩在75分以上，已经熟悉HTML常用标签、文本控制标签（h1-h6, p）、图像标签、超链接标签、CSS基本语法，4种基础选择器的定义，并对网页基本元素和制作流程有了初步的认识 2. 学生已经熟悉HBuilder开发工具的使用，能够使用HBuilder开发工具制作包含图片、文本和超链接的简单网页	
	认知和实践能力	（此处图片略） 前一个项目学生实操考核成绩		1. 在前一个项目中，7个任务的实操考核成绩均在70分以上，93.3%~96.7%的学生成绩在75分以上，说明大多数学生已经能够熟练使用HBuilder工具和HTML标签的应用	

（续表）

学情分析	认知和实践能力	（此处图片略） 课前任务点完成情况	2. 能熟练利用网络查找相关资料，具有一定的认知能力和自学能力，能按照教师要求进行预习，全部学生完成了任务点的学习，所有小组均完成了课前任务
	学习特点	（此处图片略） 学习特点统计图	1. 愿意学习网页制作课程 2. 学生喜欢新事物，喜欢从网上获取知识 3. 页面制作照搬老师代码，88%的学生缺乏创新精神 4. 学生能熟练使用超星平台进行自主学习

字母说明	知识目标	K	能力目标	S	素质目标	M	教学重点	I	教学难点	D
教学目标		教学目标					微信小程序开发职业技能等级标准			

对标 1+X证书 等级标准	素质目标	M1 提升创新精神、审美意识	2.2.1 能根据具体业务场景，灵活使用CSS的选择器、边框特性、颜色、字体、盒阴影、背景特性、盒模型、渐变功能设计网页 2.2.2 能根据具体业务场景，灵活使用CSS的选择器、盒模型、过渡、动画等功能美化页面
		M2 锻炼团队沟通能力	
		M3 激发爱国主义精神	
	知识目标	K1 掌握网页设计原则	
		K2 概括盒模型的概念	
		K3 掌握盒模型的原理	
	能力目标	S1 能策划设计网页	
		S2 能分析网页布局结构	
		S3 能编写网页结构代码	

教学重点	I1 网页布局结构 I2 盒模型的概念 I3 运用盒模型原理
教学难点	D1 设计规范合理 D2 盒模型的理解 D3 盒模型原理的正确运用

教学策略	教学流程	（此处图片略）	
	教学方法	任务驱动法、小组探究法、启发式教学法	
	教学资源	（此处图片略） 超星学习平台	（此处图片略） PPT
		（此处图片略） 微课	（此处图片略） 视频

（续表）

教学策略	教学环境	（此处图片略）智慧教室	（此处图片略）前端开发实训室
教学实施过程			
课前导学			
教学环节	教学内容	教师活动	学生活动	设计意图及资源
发布任务调整策略	1. 网站设计原则 2. 效果图设计方法	1. 发布任务。根据项目要求在超星平台布置2个任务（1）项目分析，策划网站项目（2）根据需求设计网站效果图 2. 沟通企业专家。将学生作品提交给企业专家，请企业专家录制指导视频 3. 调整策略根据专家反馈和测试情况，调整教学策略。	1. 自主学习。在超星平台上下载学习任务单，上网查找网站设计原则和网站效果图设计视频，了解网站设计要求，能够设计符合主题需求的网站效果图 2. 线上测试。根据预先发布的内容完成课前测试 3. 协作完成任务。小组讨论网站栏目和页面板块，完成网站效果图设计，准备课堂分享稿。	【设计意图】学生通过超星学习平台，通过任务清单，主动完成任务，激发独立思考意识，提升学生自主学习能力 【教学资源】超星学习平台、任务书
课中研学			
教学环节	教学内容	教师活动	学生活动	设计意图及资源
研 任务研讨 （10分钟）	1. 明确任务 2. 网页设计原则	1. 播放视频。播放青年中国梦主题的视频 2. 点评作品。演示学生网站设计图，在每组分享后，对作品的设计做出修改指导 3. 播放专家指导视频。将课前专家发来的录制内容展示给学生 4. 总结引出。总结专家点评内容、引出盒模型概念	1. 观看聆听。观看同学作品、聆听专家指导 2. 分享作品策划思路。按课前任务要求将准备好的分享稿，在课堂上朗读分享	【设计意图】 1. 融入思政。用中华民族伟大复兴的中国梦激发青年努力拼搏，奋发向上，爱国热情 2. 突破教学难点D1。通过专家指导，学生对设计的理解更加专业化，行业化 【教学资源】 1. 视频（此处图片略） 2. PPT（此处图片略）

（续表）

课中研学				
教学环节	教学内容	教师活动	学生活动	设计意图及资源
学 任务学习 （15分钟）	1. 盒模型的概念课证 2. 盒子的宽度和高度计算 3. 结合设计图分析盒模型中各属性岗	1. 引出盒模型概念，项目二和项目三布局结构上的变化，引发学生思考，然后引出盒模型概念 2. 播放盒模型概念微课，并组织学生认真收看，看后提问并有加分 3. 提问，通过提问检验大家对盒模型的理解 4. 超星学习平台发布小测试（1+X试题） 5. 带学生进行案例分析，分析页面中的盒子分布，加深对盒子的理解 6. 讨论总结，引导学生给小组为单位讨论盒子宽度和高度的计算	1. 观看聆听。认真观看微课，边看边思考记忆 2. 回答问题。回答通过微课学到了什么 3. 在学习通上完成小测试 4. 和教师一起分析盒子组成 5. 小组讨论。计算盒子宽度和高度的方法	【设计意图】 1. 通过微课深入浅出理解盒模型的概念 2. 通过小测试加深对盒模型概念的理解 3. 通过启发讨论，加深盒模型的理解，化解教学难点D2 【教学资源】 1. 微课 （此处图片略） 2. PPT （此处图片略） 3. 超星学习平台
创 任务实践	模仿任务-将效果图中的盒子用代码实现（15分钟）	1. 展示任务 2. 任务分析。分析页面结构，并演示代码编写 3. 任务实施。演示实施步骤，并总结	1. 理解老师演示步骤 2. 独立书写代码，相互帮助 3. 组长负责统计学生完成情况	【设计意图】 通过讲解演示，加深理解盒模型概念，实现编码的转化，突破教学重点D2和D3 【教学资源】 1. 开发工具HBuilder 2. PPT （此处图片略）
^	创新任务-青年中国梦网站主页面结构定义（15分钟）	1. 组织学生在超星学习平台下载学习任务单 2. 引导组内、组间自行解决问题 3. 指导答疑	1. 按照任务单要求完成创新任务 2. 组内讨论、组间讨论 3. 找老师答疑	【设计意图】 通过创新任务，团队协作，共同探究。激发团队合作意识 【教学资源】 1. 开发工具HBuilder 2. 超星学习平台

（续表）

教学环节	教学内容	教师活动	学生活动	设计意图及资源
课中研学				
㊙ 任务实践	超越任务-优化青年中国梦网站主页面并完成结构定义（15分钟）	引导做得快的组可以进入超越任务的学习	组内完成创新任务后，再来完成超越任务	【设计意图】通过超越任务，强化训练，加强审美意识，加深盒模型概念的理解 【教学资源】1. 开发工具HBuilder 2. 超星学习平台
㊙ 任务总结（15分钟）	1. 评价打分 2. 盒模型概念	1. 组织学生进行课堂打分 2. 提问盒模型概念 3. 提问盒子代码书写的三个步骤	1. 对每组作品进行打分 2. 学习通分组讨论中回答 3. 课下研读，并做好下次课的课前准备	【设计意图】通过总结评价，综合检查目标完成度 【教学资源】PPT、超星学习平台 【目标覆盖】K1、K2、K3
课后练学				
拓展延伸	拓展练习岗延伸学习证	1. 在课程实践平台发布课后挑战任务 2. 线上辅导答疑	1. 登录课程实践平台，完成相应任务挑战练习 2. 登录腾学汇平台，自主延伸学习	【设计意图】通过课后拓展练习和延伸学习，加强自主学习能力，提升知识内化 【教学资源】实践学习平台 【目标覆盖】K2、K3、S1、S2、S3

教学评价					
教学评价	评价载体	成绩组成	评价环节	评价方式	分值(%)
	超星学习平台	线上学习	视频观看+课前测试	平台（100%）	10
		课前实践	实践活动	教师（50%）	10
				组间（50%）	
		课堂实施	课堂表现	教师（100%）	10
			课堂任务	教师（100%）	30
				组间（100%）	
			团队合作	自评（50%）	10
				组间（50%）	
	课程实践平台	挑战练习	项目实训	教师（50%）	30
				企业导师（50%）	
	合计				100

（续表）

课后练学	
教学反思	1. 特色与创新 （1）用青年中国梦微课视频引入课程，唤醒学生青春激情，激发爱国热情 （2）在分享学生设计作品时，引入企业专家指导评价，加深结构认知 （3）以小组为单位进行作品展示和实践演练，锻炼团队合作能力 2. 不足与改进措施 不足：学生在进行实践演练的时候，第一反应通常是寻求教师的帮助，而不是寻找同组、同班同学 改进措施：当学生寻求老师帮助的时候，引导学生先向小组寻求助力

表 8.2.3　任务 2 教案设计

教案序号	3-2	课程名称	网页制作	学时	2课时
		项目名称	项目三　青年中国梦网站设计与制作	班级	21开发G1
		课程题目	任务2　网站导航制作	授课地点	机房204
授课形式	理实一体化		授课方法		成果为导向、任务驱动式
课情与学情分析	本次课开始进入项目三任务2的学习，重点学习列表标签，元素类型转换，完成网站导航制作。 通过前面的学习，该班学生对本门课程有了探索的欲望，激发了学习的兴趣，希望学习更多的知识。任务1网站策划与设计中，各组学生出色的完成了各项任务学习，对布局、盒模型和结构化标签有了初步的认知。 上次课部分小组设计作品如下图所示。 （此处图片略）				
教学内容分析	"网站导航制作"教学内容为《网页制作》课程项目三"青年中国梦网站设计与制作"中的任务2，网站导航制作是网站设计与制作的一项重要内容，有着举足轻重的地位。 教学任务基于企业典型工作案例，属于企业高频工作任务，对应1+X《Web前端等级考证》中"列表标签""元素类型转换""CSS后代复合选择器"理论考点。 通过本任务的学习，学生初识列表标签，掌握列表标签的3种类型，掌握display属性常用的属性值，熟练应用转换方法。能根据导航设计图分析出导航制作所对应的列表标签以及相对应的元素转换，熟练制作导航界面				

任务2 网站导航制作	知识	1. 列表标签语法结构	课证
		2. 元素类型转换属性	课证
		3. CSS复合选择器-后代选择器	课证
	技能	1. 能根据需求选择合适的列表标签	课证
		2. 能使用display属性进行元素类型转换	课
		3. 能依据设计图制作网站的导航效果	课

（续表）

教学内容分析	任务2 网站导航制作	岗位能力要求	1. 熟悉列表标签、display 属性 2. 网站导航制作 3. 职业编码规范 4. 认真的工作精神 5. 开阔的编码思维	岗

教学目标	知识目标	能力目标	素质目标
	K1：描述列表标签的3种类型	S1：能分析网站导航使用哪种列表标签制作	M1：激发进取精神
	K2：应用display属性对元素类型进行转换	S2：能编写网站导航代码	M2：增强职业规范意识
	K3：应用CSS后代复合选择器	S3：能为元素应用后代选择器	M3：开阔编码思维

教学重点	I1：列表标签的3种类型。 I2：display 属性
教学难点	D4：3种列表标签的应用场合。 D5：区分元素类型的特点
教学流程	1. 课前：推送课前学习资料和课前测试题，根据课前预习和测试情况，进行学情分析，预判教学难点，调整教学策略。 2. 课中：按照任务研讨、任务学习、任务实践和任务总结4个大环节、8个小环节实施教学。 3. 课后：完成课后拓展练习，延伸学习 （此处图片略）

教学实施过程		

教学环节	教学内容	师生活动	意图&目标
课前	学习通发布课程通知，推送学习资料和任务	教师：在学习通中发布学习通知。 学生：接收学习通知 1. 查看【学习目标】【任务清单】明确任务：制作网站导航部分 2. 通过【任务教程】自主学习"列表标签"、"元素类型转换"的学习视频 3. 在【任务验收】中完成课前测试	【信息化方式】 学习通平台、微课、QQ群平台。 【设计意图】 学生通过学习通平台中任务清单内容，自主学习，主动完成任务，初步认知教学重点内容。 【目标覆盖】 K1、K2

（续表）

教学实施过程			
教学环节	教学内容	师生活动	意图&目标
课前		教师：查看任务完成进度，通知未完成学生及时完成任务，并解答学生问题。根据课前任务学习情况和测试情况，分析学情，调整教学策略	【评价】 评价依据 任务点完成；学习通课前测试 评价方式：平台自动打分 权重：个人，任务点完成5%+课前测试5%
课中阶段—任务研讨（5分钟）			
图片展示 （3分钟）	PPT （此处图片略）	教师播放图片，引出导航栏概念，启发学生思考导航栏都有哪些布局形式。 学生认真听讲，思考问题，讨论布局样式并回答	【信息化方式】 PPT课件 【设计意图】 通过图片展示各种导航效果，激发学生进取精神。 【目标覆盖】 M2
教师引入 （2分钟）	PPT （此处图片略）	教师由布局样式引出列表标签 学生边听边思考	【信息化方式】 PPT课件 【设计意图】 通过学生分享、教师讲解，加强学生理解对网站导航内容的创建。 【目标覆盖】 S1
课中阶段—任务学习（25分钟）			
列表标签 （10分钟） 课 证	讲解无序列表语法、属性及注意事项，并演示案例。 （此处图片略）	教师讲解列表标签的3种类型，教师对讲解知识点提问，并结合案例引导学生理解各个标签的使用场景 学生边听边思考3种标签的使用区别	【信息化方式】 PPT课件 【设计意图】 通过教师讲解和学生互动，破解教学重点I1，突破教学难点D1。 【目标覆盖】 K1 【评价】 评价依据 正确回答问题 评价方式 教师评分 权重： 个人：5%
	讲解有序列表标签语法和属性。 （此处图片略）	^	^
	讲解定义列表标签语法，并演示案例 （此处图片略）	^	^

（续表）

colspan="4"	进入任务学习—元素类型转换（8分钟）		
问题引入	播放一组具有横向导航的网页图片，提问使用哪个标签，引出无序列表标签。再提问，引出无序列表标签注意事项，（此处图片略）	教师提问 学生回答 教师总结，引出display属性	【信息化方式】 PPT课件 【设计意图】 通过师生互动环节，检验学生学习状态，知识掌握情况 【目标覆盖】 K1
元素类型转换 课证	讲授display属性的4个常用取值，演示案例 （此处图片略）	教师知识讲授，案例演示 学生认真听讲	【信息化方式】 PPT课件 【设计意图】 通过教师讲解和学生互动，增强职业规范意识，破解教学重点I2，破解教学难点D2 【目标覆盖】 K2、M2
CSS后代复合选择器 （7分钟） 课证	PPT （此处图片略）	教师知识讲授 学生边听边思考	【信息化方式】 PPT课件 【设计意图】 通过教师讲解后代复合选择器的使用，开阔学生思维，不拘泥于一种基础选择器的使用，要活学活用。 【目标覆盖】 K3、M3
colspan="4"	课中阶段—任务实践（45分钟）		
实践操作 岗	模仿任务1—列表标签的应用 模仿任务2—元素类型转换（25分钟）	教师展示任务，演示代码编写 学生按教师演示，独立书写代码，完成后上传代码图片到学习通作业中 教师答疑	【信息化方式】 PPT课件、开发工具HBuilder、学习通平台 【设计意图】 通过学生实际操作，了解学生实践理论学习程度 【目标覆盖】 K1、K2、S2、M1 【评价】 评价依据： 按时完成任务1上交作业

（续表）

		课中阶段—任务实践（45分钟）	
实践操作 ㊌			评价方式： 教师评分 权重： 个人：15%
	创新任务-青年中国梦网站导航制作 （20分钟）	教师组织每组学生按照设计图完成结构分析和代码书写。 学生以小组为单位，探究页面结构并完成结构代码书写。 教师指导答疑	【信息化方式】 PPT课件、开发工具HBuilder、学习通平台。 【设计意图】 通过创新任务，学生之间讨论，协作，团队意识。 【目标覆盖】 K2、K3、S2、S3、M2、M3 【评价】 评价依据：按时完成任务上交作业 评价方式：教师评分 权重：小组：50% 　　　个人：5%
		课中阶段—任务总结（15分钟）	
总结评价	进入学习通，课中测试，完成下列题目的测试 1. 列表标签 2. 元素类型转换 3. 后代选择器	教师发布课中测试。学生在学习通中作答 教师布置课后练习和下次课课前准备任务	【信息化方式】 学习通平台 【设计意图】 通过课中测试，检查知识目标完成度。 【目标覆盖】 K1、K2、K3 【评价】 评价依据：完成测试题 评价方式：平台打分 权重：个人，5%
		完成课中阶段的学习，进入课后拓展和延伸阶段	
课后	拓展练习岗 延伸学习证 HTML列表 列表 UL OL Li 定义列表 dl dt dd	教师在课程实践平台发布课后挑战任务，学生登录课程实践平台，完成相应任务挑战练习 学生登录腾学汇平台，自主延伸学习 教师线上辅导答疑	【信息化方式】 教学实践平台和学习通学习平台 【设计意图】 通过课后拓展练习和延伸学习，加强自主学习能力，强化知识的内化

（续表）

\multicolumn{3}{c|}{完成课中阶段的学习，进入课后拓展和延伸阶段}
课后		【目标覆盖】 K1、K2、K3、S1、S2、S3 【评价】 评价依据 作业提交 评价方式：平台统计 权重：个人，5%
教学反思	\multicolumn{2}{l|}{1. 本次课特色： （1）任务学习以学生为中心，采用互动讨论的教学模式，促进学习兴趣，有利于知识目标达成 （2）青年中国梦导航制作主题，激发学生进取精神 2. 存在问题：知识内容稍浅，学生学习难度不大，不利于教学个性化 3. 改进措施：设置阶梯任务，知识内容螺旋上升，注重差异化教学}

（六）课程实施步骤

本课程的教学实施过程（见图8.2.3）以落实"立德树人"为根本任务，秉承"以学生为中心"，以"青年中国梦"为项目载体，通过"课前导学— 课中研学 — 课后练学"三个阶段开展"研、学、创、悟"四步教学，引导学生"做中学、学中做、做中思、思中创"，着力提高学生学习意识和勤于思考、创意创新能力，同时注重培养学生团结协作、科技自信和精益求精的工匠精神，学生在任务实施过程中实现知识、技能和素养目标。

1. 课前导学

课前教师在学习通平台上上传资源，发布学习任务和学习目标，设置任务教程和任务验收。学生查看对应任务，按照要求独自或小组完成查阅资料、收集素材、提交课前作业、下载课堂任务、课堂素材等，培养学生自主学习和分析问题、解决问题的能力。教师通过学生测试及课前作业提交情况了解学生的知识储备情况，及时调整课堂教学环节，教学内容。通过单独推送资源、布置任务等方法，实施分层次教学（见图8.2.4）。

2. 课中研学

课堂教学以学生为中心，教师通过任务贯穿课堂，借助小组讨论、成果展示、辩论、合作实践、课堂竞赛、做游戏等活动深化认知，强化技能、内化素养，拓展提升（如图8.2.5）。课堂任务按照学生的认知特点，任务间及各环节有着强烈的逻辑关系，符合前端开发工作岗位项目实施流程、前端岗位工作流程，符合学生的认知规律，由易到难，知识技能螺旋上升，注重自主学习能力培养。教师转变自己的角色，做到"未学已懂不讲，自学易懂不讲，学生互助能懂不讲，学生能讲懂不讲，讲了学生也不懂的不讲，实在不能不讲请牢记讲的目的在于不讲"。

合理利用信息技术，通过学习通平台和实训平台为学生让课前、课中和课后有效衔接。老师按照课程设计有效引导，为学生建立生态学习圈，培养学生分析问题、解决问题的能力，形成互联网思维的职业素养，达到有匠心、懂原理、知标准、能制作的教学目标。

3. 课后练学

课后，老师根据课堂研学情况针对个体通过学习通平台推送资料、布置任务等方式引导学生查阅资料、梳理工作流程，寻找创新点。学生登录课程实践平台，完成相应任务挑战练习。

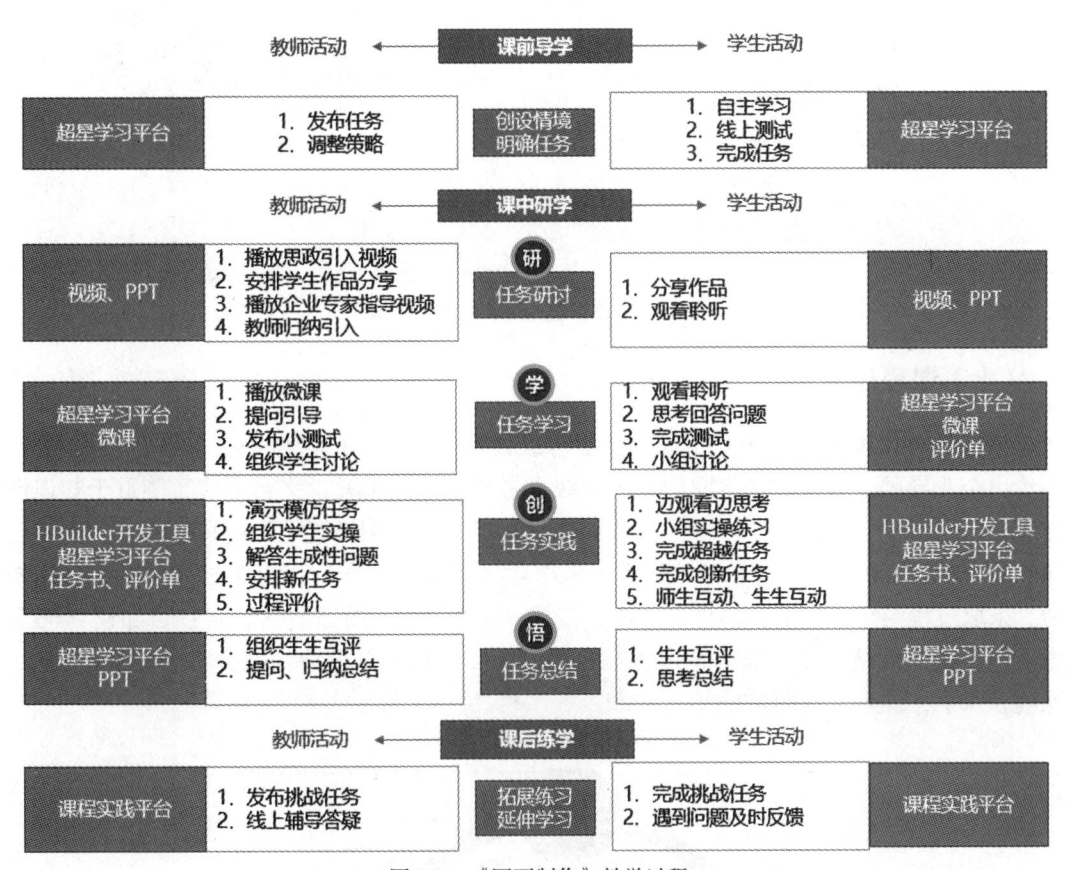

图8.2.3 《网页制作》教学过程

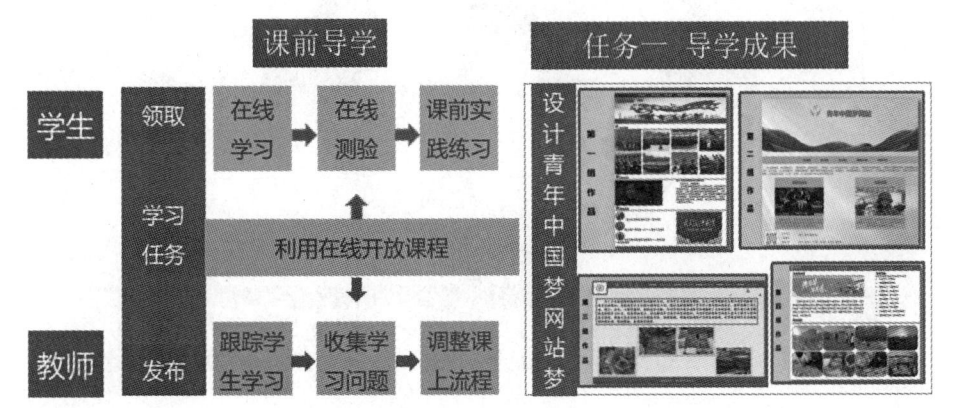

图8.2.4 课前导学

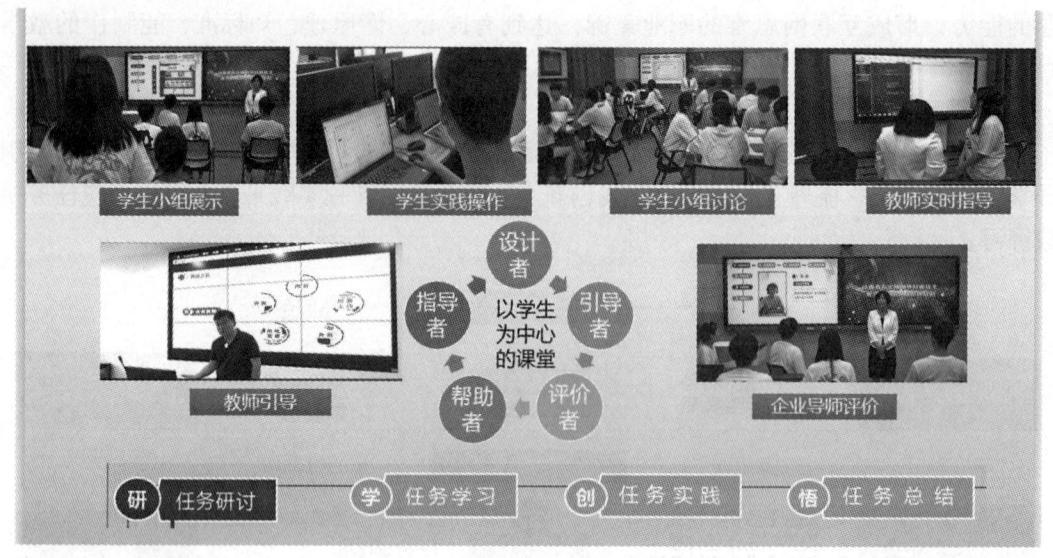

图8.2.5　以学生为中心的课堂研学

（七）课程评价

该课程对接微信小程序开发职业技能等级证书（中级）的考核标准、结合岗位要求，评价由企业导师、教师和学生共同参与。线上考核通过网络教学平台完成，侧重于知识性内容，包括考勤、讨论、视频学习、课前课后测试，按比例设置，系统自动计分，各项目加权后≥70分为及格；线下考核侧重于考核学生设计、制作、代码调试、合作、表达能力，采取过程与结果相结合的评分方法，按操作工单和评分标准计分，各项目加权≥60分为及格，最终成绩为线上线下全过程综合成绩。同时将各部分成绩融合在教学全过程中，课前，课中，课后（见图8.2.6）。

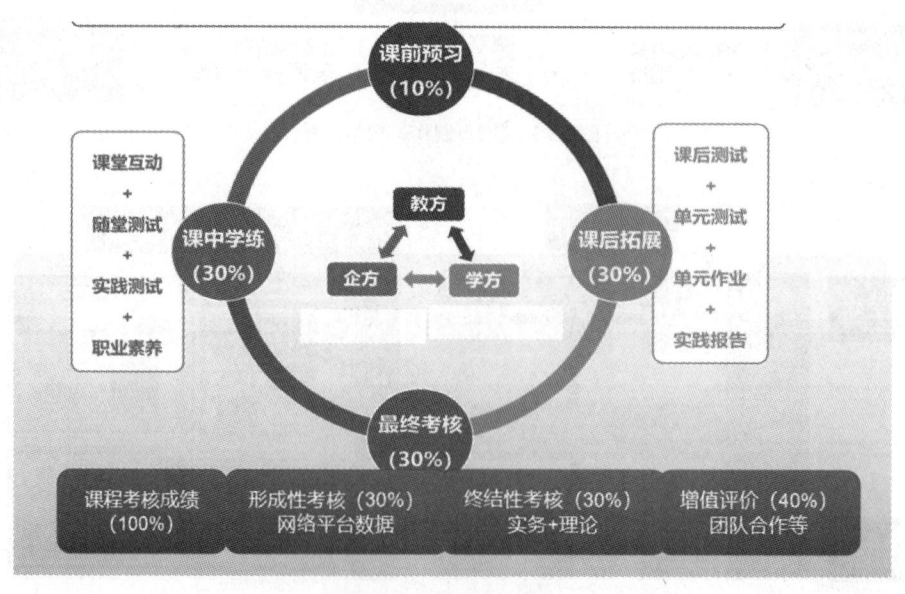

图8.2.6　课程评价体系

第三节 "职普融通"教学探索

2021年，全国职业教育大会召开，要求推动职普融通，增强职业教育适应性，加快构建现代职业教育体系。这一重要精神为新时代职业教育发展指明了方向，提供了根本遵循。职业教育是国民教育体系和人力资源开发的重要组成部分，对于培养多样化人才、传承技术技能、促进就业创业等具有重要意义。

推进职普融通，加强各学段普通教育与职业教育渗透融通，可以提升职业教育的吸引力和影响力，面向中小学开展职业启蒙教育，培养学生职业认知、职业兴趣和职业规划意识，提高学生实践动手能力，树立正确的劳动观、人生观、价值观，促进全面发展，为培养更多高素质技能人才、能工巧匠、大国工匠打下基础。

下面探讨网页制作课程在职普融通、职业启蒙方面的设计思路。

一、课程目标

（一）情感、态度与价值观目标

（1）培养积极的职业态度：通过网页制作课程，引导学生形成积极的职业态度，包括对劳动的尊重、对不同职业的理解与尊重，以及对自身未来职业发展的积极态度。

（2）培养创新和探索精神：激发学生的创新和探索精神，让他们在制作网页的过程中体验到创造的乐趣，培养他们对新鲜事物的好奇心和探索精神。

（3）培养团队合作意识：通过小组分工完成网页制作任务，培养学生的团队合作意识，让他们学会在团队中相互合作、尊重他人意见，形成良好的合作氛围。

（4）培养责任感和自我管理能力：培养学生的责任感和自我管理能力，让他们学会按时完成任务、管理时间，并对自己的作品负责。

（5）培养多元文化意识：培养学生的多元文化意识，让他们在制作网页的过程中体验到不同文化的魅力，尊重和包容不同文化背景的人。

（二）过程与方法目标

（1）提供实践体验的机会：让学生通过参与网页制作实践活动，了解网页制作的基本流程和技术，从而形成对网页制作的实际认识。

（2）设计实际的网页制作项目任务：让学生亲自动手实践网页制作过程，从构思到实现，让他们亲身体验到网页制作的乐趣和挑战。

（3）组织学生参与网页制作比赛：让他们将所学知识运用到实际项目中，培养实际操作的能力和团队合作意识。

（4）提供实际案例分析和解决问题的方法：让学生学会通过分析和研究案例来获得网页制作的经验和技巧。

（5）鼓励学生参与讨论和交流：促进学生之间的互动和合作，让他们通过交流获取不同的网页制作方法和技巧。

（三）知识与技能目标

（1）使学生了解网页制作的基本概念，包括HTML中的段落、图像、表格、列表、表单、超链接等常用标签，CSS文本样式、选择器、盒模型、布局样式等基本知识，为将来的网页制作学习提供基础。

（2）帮助学生掌握基本的网页制作流程和网页制作技能，包括网页制作工具使用，网页策划设计和网页的布局制作、优化发布等，为将来的网页制作实践做好准备。

二、项目安排

按照小学阶段1—3年级、小学阶段4—6年级、初中阶段、高中阶段，四个学段进行连续性的的项目设计。表8.3.1为项目安排表。

表8.3.1 项目安排表

模块名称	项目	内容简介
趣识网页·感知职业	欣赏网页	项目内容：欣赏网页，了解互联网和网页的起源和发展历史，了解互联网技术日新月异的发展。激发网页学习兴趣 知识点：浏览器、WWW协议、TCP/IP协议 场地需求：计算机机房 课程包材料：微课，学习记录卡
	展现最美辽宁	项目内容：欣赏最美辽宁微课视频，共同描述心目中的辽宁，产生自豪感，同时让学生对网页有初步的认识 知识点：网页基本元素 场地需求：计算机机房 课程包材料：微课，学习记录卡
	小小网页设计师	项目内容：走进校园，通过老师讲解，学生认识和使用网页制作工具，利用软件进行编辑，形成最美辽宁网页，使学生产生劳动的成就感 知识点：Dreamweaver基本操作 场地需求：计算机机房 课程包材料：图片，学习记录卡

（续表）

模块名称	项目	内容简介
探索网页·认识职业	网页案例展播	项目内容：学生浏览网页案例，分组探索网页制作技巧和方法，对前期制作的网页进行进一步优化。增强学生团队合作意识。 知识点：网页布局，颜色搭配 场地需求：计算机机房 课程包材料：网页案例图片，学习记录卡
	讲述辽宁故事	项目内容：展示辽宁六地视频，挖掘辽宁红色故事，丰富网页内容和底蕴，包括故事情节、插图等。培养多元文化意识 知识点：HTML中段落标签，图像标签的应用 场地需求：计算机机房 课程包材料：视频，学习记录卡
	优化辽宁故事网页	项目内容：运用CSS优化辽宁故事网页，美化页面效果。培养精益求精的探索精神 知识点：CSS基本语法，基础选择器，文本属性和内联样式的应用 场地需求：计算机机房 课程包材料：学习记录卡
	网页探索小达人	项目内容：走进企业，观摩工作环境，体验Web程序员工作，学习网页制作的整个流程，让学生认识到分工合作的重要性。激发职业热爱 知识点：网页制作流程 场地需求：互联网企业 课程包材料：学习记录卡
制作网页·体验职业	策划职业梦想网站	项目内容：根据自己感兴趣的职业，策划一个展示职业梦想的网站，设计网站结构。促进团队合作，激发网页制作乐趣 知识点：网站规划，CSS盒模型概念 场地需求：计算机机房 课程包材料：教学课件，学习记录卡
	制作职业梦想网页	项目内容：学生根据前期规划设计，选取素材，制作网页内容，包括职业介绍、学习计划等。增强网页美化意识 知识点：HTML表格标签及属性，CSS背景颜色 场地需求：计算机机房 课程包材料：HTML、CSS学习文档，学习记录卡
	整合职业梦想网站	项目内容：按照职业梦想分组，将相似职业梦想网页整合为一个网站，为各网页添加超链接。培养团队合作意识和责任感 知识点：HTML超链接，CSS链接样式，伪类选择器 场地需求：计算机机房 课程包材料：学习记录卡
	网页制作小专家	项目内容：发布职业梦想网站到互联网，学生以网页制作小专家的身份，讨论并总结网站开发步骤和技巧。培育职业兴趣和职业热情 知识点：网站发布方法 场地需求：计算机机房，能访问互联网 课程包材料：学习记录卡

（续表）

模块名称	项目	内容简介
实践网页·感悟职业	环保行动网站	项目内容：选择一个环保主题，制作一个宣传环保的小型网站，包括环保知识、行动倡议、环保问卷等内容，增强学生环保意识 知识点：HTML表单标签，CSS圆角边框，float布局 场地需求：计算机机房 课程包材料：学习记录卡
	职业规划网站	项目内容：选择职业方向，设计职业规划网站，包括职业介绍、职业特点、学业计划内容，培养学生职业规划、生涯决策能力 知识点：HTML列表标签，dispaly属性，CSS盒模型应用 场地需求：计算机机房 课程包材料：学习记录卡
	网页制作小创客	项目内容：举办学生创意网页设计比赛，根据主题设计创意网站，并在网站中展示设计理念、页面效果等，激发学生创新思维 知识点：HTML，CSS综合应用 场地需求：计算机机房 课程包材料：赛项手册，学习记录卡

三、项目设计

表8.3.2展示了"2-1项目设计"具体内容。

表8.3.2 "2-1项目设计"具体内容

2-1 项目设计			
序号	1	项目名称	欣赏网页
项目类型	A．观摩体验类	适用年级	小学阶段1—3年级
学时	1	适用班型	40人/班
预期效果	colspan="3"	1. 通过微课演示，使学生知道WWW协议和TCP/IP协议，掌握浏览器的使用 2. 通过欣赏各种类型网页作品，引导学生认识互联网和网页的作用 3. 通过对网页作品的解析，培养学生审美意识，激发网页学习兴趣
知识原理	colspan="3"	通过展示网页历史和网页作品赏析，让学生了解互联网和网页的起源、发展历程，以及不同时期的网页设计特点。拓展学生的人文知识，培养对美的感知能力和欣赏能力，并与学生的美术课和信息技术课程相结合
实施条件		1. 计算机：每位学生需要有一台计算机，能够连接互联网，并安装浏览器软件 2. 教学环境：宽敞明亮的教室，确保学生有良好的学习环境 3. 学习资源：微课视频、教学课件、学习记录卡 4. 辅助设备：投影仪或者可以广播演示的计算机，用于课堂教学展示

(续表)

实施流程	1. 情境导入（5分钟） 展示网页作品，激发学生对网页的兴趣，并简要介绍互联网和网页的基本概念，以及网页的发展历史。引导学生思考互联网和网页的重要性 2. 观摩体验（30分钟） （1）播放微课视频，用动画的形式展示WWW协议和TCP/IP协议的基本概念 （2）浏览器用法展示，教师启动浏览器，演示地址栏的作用，在地址栏输入网址，显示加载成功的网页，将网页运行结果截图保存。学生在计算机上模仿老师操作，并将浏览到的网页截图保存，体验浏览器使用方法 （3）网页作品赏析，教师演示不同时期的网页作品，并对网页设计风格、网页布局进行讲解，引导学生认识互联网和网页的作用 3. 总结讨论（5分钟） 教师启发学生展开讨论，用一句话总结不同时期网页的特点，写在学习记录卡总结栏中
成果形式	1. 网页截图：学生将浏览到的网页截图保存 2. 学习记录卡：记录学习收获和总结
教具学具设计	1. 学习记录卡：每次课程使用，包含学习内容、学习总结、学习评价等内容。最终可形成学生学习档案 2. 教学课件 3. 微课视频
安全说明	1. 确保学生在使用计算机时的正确坐姿和用眼习惯，避免对身体造成不良影响 2. 确保计算机放置平稳，避免因移动或摔倒导致的设备损坏或人身伤害 3. 教师演示计算机操作方法，确保学生正确操作计算机，避免因不当操作损坏计算机

表8.3.3展示了"2-2项目设计"具体内容。

表8.3.3 "2-2项目设计"具体内容

2-2 项目设计				
序号	2	项目名称	展现最美辽宁	
项目类型	A.观摩体验类	适用年级	小学阶段1—3年级	
学时	1	适用班型	40人/班	
预期效果	1. 通过欣赏最美辽宁微课视频，描述心目中的辽宁，使学生产生自豪感 2. 分组搜索最美辽宁图片，并保存，使学生体验合作的快乐和劳动的成就感 3. 通过网页基本知识的讲解，使学生知道网页基本元素，网页构思和创意，激发职业兴趣			
知识原理	通过将图片素材转化为网页，让学生直观了解什么是网页，网页包含哪些基本元素，如何进行网页构思和创意，从而培养学生对网页学习的兴趣和基本的网页认知。与学生的美术课程相结合，培养审美意识			
实施条件	1. 教学环境：计算机机房，每人一台计算机，能够连接互联网 2. 学习资源：微课视频、教学课件、学习记录卡 3. 软件资源：网页制作软件DreamweaverCS6			

207

（续表）

实施流程	1. 情境导入（3分钟） 播放辽宁工业之美微课视频，组织学生观看，启发学生描述心目中的最美辽宁 2. 图片搜索体验（20分钟） 按照学号顺序将学生5人一组进行分组，小组为单位，以辽宁工业为主题，搜索相关图片，并保存到计算机中 3. 图片展示（6分钟） 每组选派一名学生展示保存的图片，用简洁的语言描述最美辽宁 4. 观摩体验（7分钟） 老师演示将保存的图像插入到网页中，运行网页文件，使学生体验网页的神奇。老师结合网页效果，讲解网页基本元素和基本概念，培养基本的网页认知 5. 总结评价（4分钟） 总结本次课内容，学生完成学习记录卡中的学习总结
成果形式	1. 图片作品：学生搜集的最美辽宁图片 2. 网页作品：图片转化为最美辽宁展示网页 3. 学习记录卡：记录学习收获和总结
教具学具设计	1. 学习记录卡：每次课程使用，最终可形成学生学习档案 2. 教学课件，包含网页基本元素和基本概念等知识内容 3. 微课视频，展示辽宁工业之美
安全说明	1. 确保学生在使用计算机时的正确坐姿和用眼习惯，避免对身体造成不良影响 2. 确保计算机放置平稳，避免因移动或摔倒导致的设备损坏或人身伤害 3. 教师演示计算机操作方法，确保学生正确操作计算机，避免因不当操作损坏计算机

表8.3.4展示了"2-3项目设计"具体内容。

表8.3.4 "2-3项目设计"具体内容

2-3 项目设计			
序号	3	项目名称	小小网页设计师
项目类型	A.观摩体验类	适用年级	小学阶段1—3年级
学时	1	适用班型	40人/班
预期效果	\multicolumn{3}{l	}{1. 通过学生走进高职校园，来到实训机房，激发学生对高职校园的热爱 2. 培养劳动态度，让学生通过实际制作网页来体验劳动的乐趣和意义 3. 通过软件进行网页的简单编辑，使学生知道网页制作工具DreamweaverCS6的基本操作 4. 让学生体验职业认知，了解网页制作的基本技能}
知识原理	\multicolumn{3}{l	}{通过小小网页设计师项目，带领学生走进高职校园，感受高职校园文化和学习环境，学生学习网页制作的基本知识和技能，在与学哥学姐学习制作网页过程中，培养创造力、表达能力和动手能力。与学生的语文课程和信息技术课程想结合}
实施条件	\multicolumn{3}{l	}{1. 教学环境：高职计算机机房，保证每人一台正常运行的计算机 2. 学习资源：教学课件，学习记录卡}

（续表）

	3. 软件资源：网页制作软件 Dreamweaver CS6 4. 素材资源：最美辽宁图片素材
实施 流程	1. 课前准备 准备好接送学生的大客车，确保司机安全驾驶 2. 参观实训楼（15分钟） 带领学生参观实训楼和工作室，讲解高职校园文化和学习环境 3. 学习体验（20分钟） （1）组织学生完成参观后，来到事先准备好的计算机机房，每名学生选择一名学长，彼此相互认识 （2）教师演示网页制作工具的基本操作 （3）学长带领学生获取最美辽宁图片素材，并尝试操作网页制作工具建立网页文件，并向其插入图片，然后运行网页查看效果，保存网页作品 4. 总结分享（5分钟） 学生分享本次课的体验，并完成学习记录卡中的学习总结
成果 形式	1. 网页作品：体验应用网页制作工具制作最美辽宁网页 2. 学习记录卡：记录学习收获和总结
教具 学具 设计	1. 学习记录卡 2. 教学课件：涉及网页制作工具的基本操作
安全 说明	1. 乘坐交通工具，系好安全带，不可嬉戏打闹，避免发生危险 2. 学生在使用计算机时需注意姿势，保护视力 3. 正确使用计算机，避免计算机损坏

表8.3.5展示了"2-4项目设计"具体内容。

表8.3.5 "2-4项目设计"具体内容

2-4 项目设计				
序号	4	项目名称	网页案例展播	
项目类型	B.实验探究类	适用年级	小学阶段4—6年级	
学时	1	适用班型	40人/班	
预期 效果	1. 通过展览优秀网页案例，探索网页制作技巧和方法 2. 培养劳动态度，让学生通过优化前期网页作品锻炼劳动态度 3. 通过分组探索，增强学生团队合作意识，了解职业工作特点 4. 通过教师引导，使学生知道网页页面常用布局，颜色搭配等知识			
知识 原理	这个项目可以体现学生对网页设计和制作的基本认知和技能，通过实际案例的展示，学生可以了解到不同类型的网页布局和颜色搭配等，探究工作特点，加强对Web程序员职业的理解和兴趣。与学生的美术课程相结合			

（续表）

实施条件	1. 教学环境：计算机机房，保证每人一台正常运行的计算机 2. 学习资源：教学课件，学习记录卡 3. 软件资源：网页制作软件Dreamweaver CS6 4. 素材资源：前期制作的最美辽宁网页作品
实施流程	1. 情境引入（5分钟） 教师展示学生前期网页作品，指出本次课的任务是探索不同类型网页，并优化前期作品 2. 案例展播探索（20分钟） （1）案例展播：教师播放不同类型的网页案例，包括静态页面、动态页面、互动页面等，学生观看 （2）教师启发学生讨论，分析网页布局和颜色搭配 （3）探索职业需求，分组讨论：教师引导学生探讨每种类型的网站所对应的工作特点和岗位要求 3. 优化作品（10分钟） 结合网页布局和颜色搭配知识，设计优化前期网页作品。并记录在学习记录卡学习总结中 4. 总结评价（5分钟） 教师对学生学习情况做总结点评
成果形式	1. 学习记录卡：将前期网页作品的优化设计，记录在学习总结中
教具学具设计	1. 学习记录卡：每次课程使用，最终可形成学生学习档案，结构同项目2-1中图片 2. 教学课件：包括网页布局，颜色搭配的讲解
安全说明	1. 确保学生在使用计算机时的正确坐姿和用眼习惯，避免对身体造成不良影响 2. 确保计算机放置平稳，避免因移动或摔倒导致的设备损坏或人身伤害 3. 教师演示计算机操作方法，确保学生正确操作计算机，避免因不当操作损坏计算机

表8.3.6展示了"2-5项目设计"具体内容。

表8.3.6　"2-5项目设计"具体内容

2-5　项目设计				
序号	5	项目名称	讲述辽宁故事	
项目类型	C.设计制作类	适用年级	小学阶段4—6年级	
学时	1	适用班型	40人/班	
预期效果	1. 通过该项目，培养学生技术操作能力、创造力和设计能力，文字编辑技能 2. 学生将通过实际的网页制作项目，了解到网页制作这一职业的基本工作内容和技能要求，培养对Web程序员职业的认知和兴趣 3. 在网页制作过程中，学生将学会耐心和细致，体会到劳动的乐趣和成果带来的满足感，培养勤劳、坚韧的劳动态度 4. 通过讲述辽宁故事的网页制作，学生将了解到自己的作品可以传播地方文化和历史，培养对社会责任的认知和承担			

（续表）

知识原理	通过讲述辽宁故事的网页制作，学生可以学习到历史、文化等人文知识，同时也可以学习到HTML中的段落标签和图像标签的应用，体验网页制作的乐趣。与学生课内的语文课和魅力辽宁课程相结合
实施条件	1. 教学环境：计算机机房，保证每人一台正常运行的计算机 2. 学习资源：教学课件，学习记录卡 3. 软件资源：网页制作软件Dreamweaver CS6 4. 视频资源：辽宁六地文化微课视频
实施流程	1. 项目引入(5分钟) 教师通过微课视频介绍辽宁六地历史文化，启发学生挖掘历史中的文化故事 2. 知识学习(10分钟) 通过一个小案例演示以下两个知识内容 （1）HTML中的段落标签P的应用 （2）HTML中的图像标签img的应用 3. 项目实施(15分钟) （1）将学生按5人一组进行分组 （2）每组学生讨论选择辽宁六地之一，然后查询文化故事，并根据查询结果每组编写一段故事，学生分工完成故事的文字录入 （3）学生利用所学的网页制作知识，设计并制作一个讲述辽宁故事的网页，包括文本、图片等元素 4. 项目展示(8分钟) 每组学生展示制作的网页，进行互评和交流，分享彼此的设计成果 5. 项目总结(2分钟) 教师和学生一起总结本次课的学习内容，学生完成学习记录卡
成果形式	1. 文字成果：录入编辑的辽宁故事 2. 网页作品：运用段落标签和图像标签完成讲述辽宁故事网页作品 3. 学习记录卡：记录学习收获和总结
教具学具设计	1. 学习记录卡：每次课程使用，最终可形成学生学习档案 2. 教学课件：用于讲解网页中HTML段落标签和图像标签的使用 3. 教学案例：用于展示HTML段落标签和图像标签的应用
安全说明	1. 确保学生在使用计算机时的正确坐姿和用眼习惯，避免对身体造成不良影响 2. 确保计算机放置平稳，避免因移动或摔倒导致的设备损坏或人身伤害 3. 教师演示计算机操作方法，确保学生正确操作计算机，避免因不当操作损坏计算机 4. 网络安全：提醒学生注意保护个人隐私和数据安全，避免泄露个人信息

表8.3.7展示了"2-6项目设计"具体内容。

表 8.3.7 "2-6 项目设计"具体内容

2-6 项目设计			
序号	6	项目名称	优化辽宁故事网页
项目类型	C.设计制作类	适用年级	小学阶段 4—6 年级
学时	1	适用班型	40 人/班
预期效果	colspan="3"	1. 通过该项目，美化网页效果，培养精益求精的探索精神 2. 在网页优化过程中，运用 CSS 基本语法、基础选择器、文本属性，使学生了解网页制作这一职业的基本工作内容和技能要求 3. 在美化页面过程中，培养勤劳、坚韧的劳动态度，团结合作意识		
知识原理	colspan="3"	通过优化辽宁故事网页，学生可以学习到 CSS 基本语法，基础选择器，文本属性的应用，体验 Web 程序员职业的基本工作内容。与学生课内的信息技术课程相结合		
实施条件	colspan="3"	1. 教学环境：计算机机房，保证每人一台正常运行的计算机 2. 学习资源：教学课件，学习记录卡 3. 软件资源：网页制作软件 Dreamweaver CS6 4. 素材资源：前一个项目制作的网页作品		
实施流程	colspan="3"	1. 项目引入（3 分钟） 通过房屋装修的例子，引入网页美化 2. 知识学习（12 分钟） 通过一个小案例演示以下知识内容 （1）CSS 基本语法 （2）CSS 基础选择器 （3）文本属性 （4）HTML 中引入样式的方法：内联样式 3. 项目实施（15 分钟） （1）按照上次项目的分组保持不变 （2）小组讨论优化的内容 （3）学生利用所学的 CSS 基础知识，优化网页 4. 项目展示（8 分钟） 每组学生展示优化后的网页，进行互评和交流，分享彼此的设计成果 5. 项目总结（2 分钟） 教师和学生一起总结本次课的学习内容，学生完成学习记录卡		
成果形式	colspan="3"	1. 网页作品：优化后的辽宁故事网页 2. 学习记录卡：记录学习收获和总结		
教具学具设计	colspan="3"	1. 学习记录卡：每次课程使用，最终可形成学生学习档案 2. 教学课件：演示网页中 CSS 基础知识 3. 教学案例：用于展示 CSS 应用的教学案例		
安全说明	colspan="3"	1. 确保学生在使用计算机时的正确坐姿和用眼习惯，避免对身体造成不良影响 2. 确保计算机放置平稳，避免因移动或摔倒导致的设备损坏或人身伤害 3. 教师演示计算机操作方法，确保学生正确操作计算机，避免因不当操作损坏计算机 4. 网络安全：提醒学生注意保护个人隐私和数据安全，避免泄露个人信息		

表8.3.8展示了"2-7项目设计"具体内容。

表 8.3.8 "2-7 项目设计"具体内容

\multicolumn{6}{c	}{2-7 项目设计}
序号	7	项目名称			网页探索小达人
项目类型		A.观摩体验类		适用年级	小学阶段4—6年级
学时		1		适用班型	40人/班
预期效果	\multicolumn{5}{l	}{1. 学生将通过实地观摩和设计体验，深入了解Web程序员的工作内容、工作环境和工作方式，从而增进对Web程序员职业的认知和理解，培养对该职业的兴趣和憧憬 2. 通过与Web程序员的交流互动，学生将了解到Web程序员在工作中所承担的社会责任，如传播文化等方面的影响，培养对社会责任的认识和承担 3. 通过观摩Web程序员的工作状态和态度，学生将感受到大家对待工作的认真和专注，从而培养敬业精神和对待工作的态度}
知识原理	\multicolumn{5}{l	}{通过观摩和体验，学生学习到网页制作的整个流程，使学生认识到分工合作的重要性。通过实地观摩和设计体验，联系社会实践课程，培养学生的社会责任感和实践能力}
实施条件	\multicolumn{5}{l	}{1. 教学环境：联系当地的互联网企业 2. 学习资源：学习记录卡}
实施流程	\multicolumn{5}{l	}{1. 课前准备 联系互联网企业，安排学生进行观摩参观 2. 观摩体验（25分钟） （1）学生观看Web程序员的实际工作、参观办公环境等，在观摩中了解Web程序员的工作环境、工作内容 （2）学生进行设计体验，可以根据所见所学，尝试进行简单的设计活动，体验设计的乐趣和挑战 3. 互动交流（10分钟） 以学生提问的形式，了解Web程序员的职业生涯、工作经验和对Web程序员职业的理解 4. 总结（5分钟） 总结网页制作流程，职业特点}
成果形式	\multicolumn{5}{l	}{1. 学习记录卡：在学习总结栏目中记录网页制作流程，心得体会等}
教具学具设计	\multicolumn{5}{l	}{1. 学习记录卡：每次课程使用，最终可形成学生学习档案 2. 安全文档：企业参观注意事项和安全文档。}
安全说明	\multicolumn{5}{l	}{在观摩体验过程中，维持好现场秩序，需要确保学生的安全，避免发生意外情况}

表8.3.9展示了"2-8项目设计"具体内容。

表8.3.9 展示了"2-8项目设计"具体内容

2-8 项目设计			
序号	8	项目名称	策划职业梦想网站
项目类型	C.设计制作类	适用年级	初中阶段
学时	1	适用班型	40人/班
预期效果	\multicolumn{3}{l|}{1. 学生通过策划职业梦想网站，能够体验到工作构思的重要性，并对相关职业有更深入的认知 2. 构思职业梦想时，需要付出较长时间和精力，培养学生的劳动态度和耐心 3. 通过职业梦想规划，学生能够体会到每个人都有权利去追求自己的梦想，并且对社会有所贡献 4. 在设计网站结构过程中，可促进团队合作，激发网页制作乐趣}		
知识原理	\multicolumn{3}{l|}{本项目涉及网页规划相关知识，并介绍了CSS盒模型的概念，可提高学生对网页布局的理解。在人文知识方面，学生可以通过展示自己的兴趣爱好和梦想，培养表达能力和展示自我的能力。与中学生课内学习的联系在于培养学生的信息技术能力和创造力}		
实施条件	\multicolumn{3}{l|}{1. 教学环境：计算机机房，保证每人一台正常运行的计算机，联网 2. 学习资源：网站策划书，微课视频，学习记录卡}		
实施流程	\multicolumn{3}{l|}{1. 项目引入（8分钟） 教师提问学生，你们的梦想是从事什么工作？启发学生思考自己感兴趣的职业。将学生回答的职业进行归类，相同类的学生分为一组 2. 知识学习（10分钟） （1）结合策划书模板介绍网站策划方法 （2）播放微课演示CSS盒模型的概念 3. 项目实施（12分钟） 同一组学生交流研讨，共同完成网站策划书，包括网站结构，网站栏目等 4. 项目展示（8分钟） 每组选一名同学分享职业梦想，并展示网站策划书 5. 项目总结（2分钟） 教师和学生一起总结本次课的学习内容，学生完成学习记录卡}		
成果形式	\multicolumn{3}{l|}{1. 网站策划书：编写职业梦想网站策划文档 2. 学习记录卡：记录学习收获和总结}		
教具学具设计	\multicolumn{3}{l|}{1. 学习记录卡：每次课程使用，最终可形成学生学习档案 2. 教学课件：用于讲解网站规划，CSS盒模型 3. 网站策划书：提供网站策划文档模板}		
安全说明	\multicolumn{3}{l|}{1. 确保学生在使用计算机时的正确坐姿和用眼习惯，避免对身体造成不良影响 2. 确保计算机放置平稳，避免因移动或摔倒导致的设备损坏或人身伤害 3. 教师演示计算机操作方法，确保学生正确操作计算机，避免因不当操作损坏计算机 4. 网络安全：提醒学生注意保护个人隐私和数据安全，避免泄露个人信息}		

表8.3.10展示了"2-9项目设计"具体内容。

表8.3.10 "2-9项目设计"具体内容

2-9 项目设计			
序号	9	项目名称	制作职业梦想网页
项目类型	C.设计制作类	适用年级	初中阶段
学时	1	适用班型	40人/班
预期效果	colspan="3"	1. 学生通过制作职业梦想网页，掌握HTML表格标签及属性，CSS背景属性的使用 2. 学生通过完成项目，能够展示个人职业梦想，培养自我表达能力和创意设计能力，增强对职业的认知和理解 3. 树立积极的职业态度和社会责任感，培养敬业精神和团队合作意识	
知识原理	本项目体现了学生对自己职业梦想的思考和表达能力，涉及到网页制作中HTML表格标签及属性、CSS背景属性的应用。与中学生课内学习的联系在于培养学生的自我表达能力、创意设计能力，以及对职业和社会责任的认知和理解		
实施条件	1. 教学环境：计算机机房，保证每人一台正常运行的计算机，联网 2. 学习资源：教学课件，学习记录卡		
实施流程	1. 项目引入（3分钟） 布置本项目要完成的任务，依据上一个项目构思的职业梦想，实现职业梦想网页制作 2. 知识学习（12分钟） 演示小案例，讲解以下知识内容： （1）HTML表格标签及属性 （2）CSS背景属性 3. 项目实施（18分钟） 使用网页制作工具，运用表格标签和背景属性等网页制作知识，每名学生完成自己职业梦想网页制作 4. 项目展示（5分钟） 分享网页效果页面，学生交流点评 5. 项目总结（2分钟） 教师和学生一起总结本次课的学习内容，学生完成学习记录卡		
成果形式	1. 网页作品：制作展示个人职业梦想的网页，包括职业介绍、学习计划等 2. 学习记录卡：记录学习收获和总结		
教具学具设计	1. 学习记录卡：每次课程使用，最终可形成学生学习档案 2. 软件资源：网页制作软件Dreamweaver CS6 3. 教学课件：用于HTML表格标签，CSS背景属性 4. 教学案例：提供表格标签和背景属性应用的小案例		
安全说明	1. 确保学生在使用计算机时的正确坐姿和用眼习惯，避免对身体造成不良影响 2. 确保计算机放置平稳，避免因移动或摔倒导致的设备损坏或人身伤害 3. 教师演示计算机操作方法，确保学生正确操作计算机，避免因不当操作损坏计算机 4. 网络安全：提醒学生注意保护个人隐私和数据安全，避免泄露个人信息		

表 8.3.11 展示了"2-10 项目设计"具体内容。

表 8.3.11 "2-10 项目设计"具体内容

2-10 项目设计				
序号	10	项目名称	colspan="2"	整合职业梦想网站
项目类型		C.设计制作类	适用年级	初中阶段
学时		1	适用班型	40人/班
预期效果	colspan="4"	1. 学生通过整合职业梦想网站，掌握HTML超链接、CSS链接样式、伪类选择器的运用。 2. 学生通过小组合作完成项目，培养团队意识，增进学习乐趣 3. 将上一个项目制作完成的网页整合为网站，激发学习成就感和责任感，进一步理解网页制作工作流程
知识原理	colspan="4"	本项目包括HTML超链接，CSS链接样式，伪类选择器的运用，可实现网站内各页面的相互访问，提高网页制作的成就感。与中学生课内学习的联系在于培养学生的思维能力，可与信息技术课程相结合
实施条件	colspan="4"	1. 教学环境：计算机机房，保证每人一台正常运行的计算机，联网 2. 学习资源：教学课件，学习记录卡 3. 教学案例资源 4. 软件资源：网页制作软件 Dreamweaver CS6
实施流程	colspan="4"	1. 项目引入（3分钟） 提问，怎样将同一类职业梦想的网页整合到一个网站中？启发学生思考，提出超级链接的概念 2. 知识学习（15分钟） 演示小案例，讲解以下知识内容： （1）HTML超链接的应用 （2）链接伪类及链接样式的应用 3. 项目实施（15分钟） 使用网页制作工具，运用HTML超链接及链接样式等网页制作知识，以小组为单位完成同类职业网页的整合 4. 项目展示（5分钟） 分享职业梦想网站，学生交流点评 5. 项目总结（2分钟） 教师和学生一起总结本次课的学习内容，学生完成学习记录卡
成果形式	colspan="4"	1. 网页作品：整合职业梦想网站，使得各个页面能够正常访问 2. 学习记录卡：记录学习收获和总结
教具学具设计	colspan="4"	1. 学习记录卡：每次课程使用，最终可形成学生学习档案 2. 软件资源：网页制作软件 Dreamweaver CS6 3. 教学课件：用于演示HTML超链接，CSS链接样式，伪类选择器的知识内容 4. 教学案例：提供超级链接小案例
安全说明	colspan="4"	1. 确保学生在使用计算机时的正确坐姿和用眼习惯，避免对身体造成不良影响 2. 确保计算机放置平稳，避免因移动或摔倒导致的设备损坏或人身伤害 3. 教师演示计算机操作方法，确保学生正确操作电脑，避免因不当操作损坏计算机 4. 网络安全：提醒学生注意保护个人隐私和数据安全，避免泄露个人信息

表8.3.12展示了"2-11项目设计"具体内容。

表 8.3.12 "2-11 项目设计"具体内容

\multicolumn{4}{c	}{2-11 项目设计}
序号	11	项目名称	网页制作小专家
项目类型	B.实验探究类	适用年级	初中阶段
学时	1	适用班型	40人/班
预期效果	\multicolumn{3}{l	}{1. 通过职业梦想网站的发布，掌握网站发布方法，同时培养学生的社会责任感和敬业精神，让学生意识到自己的作品会被他人观看，从而培养对作品质量的责任感和敬业精神 2. 通过讨论网站开发步骤和技巧，培育职业兴趣和职业热情 3. 通过总结归纳网站开发流程，明确网站工作职责}
知识原理	\multicolumn{3}{l	}{这个项目以学生作为网页制作小专家的身份，讨论并总结网站开发流程和技巧，掌握网站发布方法，探究Web程序员工作特点，加强对Web程序员职业的理解和兴趣。与学生的信息技术课程相结合}
实施条件	\multicolumn{3}{l	}{1. 教学环境：计算机机房，保证每人一台正常运行的计算机，联网 2. 学习资源：教学课件，学习记录卡 3. 软件资源：网页制作软件Dreamweaver CS6，阿里云平台}
实施流程	\multicolumn{3}{l	}{1. 情境引入（5分钟） 制作完成的网站怎样才能发布到互联网中呢？引出阿里云平台 2. 项目探索（30分钟） （1）阿里云平台注册 （2）发布网站 （3）探索职业，分组讨论：教师引导学生探讨网站开发步骤和技巧 3. 总结评价（5分钟） 教师对学生学习情况做总结点评}
成果形式	\multicolumn{3}{l	}{1. 学习记录卡 2. 网页作品：成功发布在互联网上的网页作品}
教具学具设计	\multicolumn{3}{l	}{1. 学习记录卡：每次课程使用，最终可形成学生学习档案 2. 教学课件：阿里云平台的使用，网站发布方法}
安全说明	\multicolumn{3}{l	}{1. 确保学生在使用计算机时的正确坐姿和用眼习惯，避免对身体造成不良影响 2. 确保计算机放置平稳，避免因移动或摔倒导致的设备损坏或人身伤害 3. 网络安全：提醒学生注意保护个人隐私和数据安全，避免泄露个人信息}

表8.3.13展示了"2-12项目设计"具体内容。

表 8.3.13 "2-12 项目设计"具体内容

2-12 项目设计			
序号	12	项目名称	环保行动网站
项目类型	C.设计制作类	适用年级	高中阶段
学时	1	适用班型	40人/班
预期效果	colspan="3"	1. 培养团队合作意识：通过环保网站项目分工制作，培养学生的团队合作意识 2. 学生能够掌握基础的网页制作知识和技能，包括HTML表单标签、CSS圆角边框、float布局 3. 通过环保主题网页制作，增强学生环保意识 4. 通过制作环卫工人栏目，了解环卫工人工作，培养积极的职业态度，展现对不同职业的尊重和理解		
知识原理	colspan="3"	本项目将通过网页制作过程，加强学生对环保知识的认知和应用。在制作环保页面时，需要掌握HTML表单标签、CSS圆角边框、float布局的应用。与课内学习的联系在于加深对环保知识的理解，并通过实践活动激发对环保的兴趣		
实施条件	colspan="3"	1. 教学环境：计算机机房，保证每人一台正常运行的计算机，联网 2. 学习资源：教学课件，学习记录卡 3. 教学案例资源 4. 软件资源：网页制作软件 Dreamweaver CS6		
实施流程	colspan="3"	1. 项目引入（3分钟） 教师由环保知识提问引入该项目，布置项目任务：学生以小组为单位，选择一个环保主题，制作一个宣传环保的小型网站，包括环保知识、行动倡议、环保问卷、环卫工人等内容 2. 知识学习（15分钟） 演示小案例，讲解以下知识内容： （1）HTML表单标签 （2）CSS圆角边框 （3）float布局 3. 项目实施（15分钟） 使用网页制作工具，运用HTML超链接及链接样式等所学网页制作知识，以小组为单位完成同类职业网页的整合 4. 项目展示（5分钟） 每组选一名学生展示小组制作完成的环保网站作品，分享创作思路和经验。教师点评 5. 项目总结（2分钟） 教师和学生一起总结本次课的学习内容，学生完成学习记录卡		
成果形式	colspan="3"	1. 网页作品：环保行动网站，使得各个页面能够正常访问 2. 学习记录卡：记录学习收获和总结		
教具学具设计	colspan="3"	1. 学习记录卡：每次课程使用，最终可形成学生学习档案 2. 教学课件：用于HTML表单标签、CSS圆角边框、float布局知识内容 3. 教学案例：调查问卷教学案例 4. 软件资源：网页制作软件 Dreamweaver CS6		
安全说明	colspan="3"	1. 确保学生在使用计算机时的正确坐姿和用眼习惯，避免对身体造成不良影响 2. 确保计算机放置平稳，避免因移动或摔倒导致的设备损坏或人身伤害 3. 使用网页素材注意版权问题，避免侵权 4. 网络安全：提醒学生注意保护个人隐私和数据安全，避免泄露个人信息		

表 8.3.14 展示了"2-13 项目设计"具体内容。

表 8.3.14 "2-13 项目设计"具体内容

2-13　项目设计			
序号	13	项目名称	职业规划网站
项目类型	C.设计制作类	适用年级	高中阶段
学时	1	适用班型	40人/班
预期效果	colspan="3"	1. 学生能够运用 HTML 列表标签、dispaly 属性、CSS 盒模型应用等网页制作知识,设计出符合自己职业规划的网页 2. 学生通过设计网页的过程,加深对不同职业的认知和理解,了解自己的兴趣和职业规划 3. 学生在网页制作过程中,培养耐心、细心和专注的劳动态度,体会到劳动的乐趣和成果 4. 通过职业规划网页的设计,学生能够思考自己未来的社会责任和影响,培养对社会的责任感和使命感		
知识原理	本项目将通过网页制作过程,培养学生学业和职业规划、生涯决策能力。在制作职业规划网站时,需要掌握 HTML 列表标签、dispaly 属性、CSS 盒模型应用。与课内学习的联系在于实践拓展课相结合		
实施条件	1. 教学环境:计算机机房,保证每人一台正常运行的计算机,联网 2. 学习资源:教学课件,学习记录卡 3. 教学案例资源:导航案例制作 4. 软件资源:网页制作软件 Dreamweaver CS6		
实施流程	1. 项目引入(3分钟) 教师由 Web 程序员职业规划引入该项目,布置项目任务:学生以小组为单位,选择一个职业方向,设计职业规划网站,包括职业介绍、职业特点、职业展示、学业计划,职业规划等内容 2. 知识学习(15分钟) 演示网页导航小案例,讲解以下知识内容: (1) HTML 列表标签 (2) display 属性 (3) 盒模型应用 3. 项目实施(15分钟) 使用网页制作工具,运用 HTML 列表标签及 display 属性,盒模型等所学网页制作知识,以小组为单位完成职业规划网站的制作 4. 项目展示(5分钟) 每组派一名学生展示小组制作完成的职业规划网站作品,分享创作思路和经验。教师点评 5. 项目总结(2分钟) 教师和学生一起总结本次课的学习内容,学生完成学习记录卡		
成果形式	1. 网页作品:制作完成职业规划网站,使得各个页面能够正常访问 2. 学习记录卡:记录学习收获和总结		

（续表）

教具学具设计	1. 学习记录卡：每次课程使用，最终可形成学生学习档案 2. 教学课件：用于演示 HTML 列表标签，dispaly 属性，CSS 盒模型应用 3. 教学案例：提供导航布局小案例 4. 软件资源：网页制作软件 Dreamweaver CS6
安全说明	1. 确保学生在使用计算机时的正确坐姿和用眼习惯，避免对身体造成不良影响 2. 确保计算机放置平稳，避免因移动或摔倒导致的设备损坏或人身伤害 3. 使用网页素材注意版权问题，避免侵权 4. 网络安全：提醒学生注意保护个人隐私和数据安全，避免泄露个人信息

表 8.3.15 展示了"2-14 项目设计"具体内容。

表 8.3.15 "2-14 项目设计"具体内容

2-14 项目设计				
序号	14	项目名称	网页制作小创客	
项目类型	C.设计制作类	适用年级	高中阶段	
学时	1	适用班型	40人/班	
预期效果	1. 培养创意思维：学生将有机会通过制作网页来展现自己的创意和想法，从而培养他们的创意思维和创造力 2. 提升设计能力：参与网页制作比赛可以锻炼学生的设计能力 3. 发展团队合作能力：以小组形式进行比赛，学习团队合作，学生共同完成一个网页制作项目，从中培养团队协作意识和能力 4. 激发兴趣：通过实际操作制作网页，学生可以更深入地了解网页制作的乐趣，激发他们对这一领域的兴趣和热情 5. 提升自信心：成功参与比赛并展示自己的设计作品，可以增强学生的自信心，让他们意识到自己的制作能力和创意思维的价值			
知识原理	本项目将体现学生对网页制作的理解和应用，包括网页制作的基本知识，HTML 和 CSS 的综合运用。与学生课内学习的联系在于加深对计算机科学和信息技术的理解，并通过实践活动培养学生的创意思维和设计能力			
实施条件	1. 教学环境：计算机机房，保证每人一台正常运行的计算机，联网 2. 学习资源：学习记录卡 3. 软件资源：网页制作软件 Dreamweaver CS6			
实施流程	1. 项目引入（5分钟） 教师利用思维导图，带领学生回顾网页制作的基本知识、方法和技巧。发布比赛规则，学生分组进行主题设计和创意构思，确定比赛作品的主题和风格 2. 项目实施（25分钟） 使用网页制作工具，综合运用所学网页制作知识，小组合理分工合作，完成创意网站制作 3. 项目展示（8分钟） 每组选一名学生展示小组制作完成的创意网站作品，分享创作思路和经验。教师点评，学生和教师综合评分，评选出优秀作品并进行奖励 4. 项目总结（2分钟）			

（续表）

成果 形式	1. 网页作品：完成创意网站，界面整洁，链接完整 2. 学习记录卡：记录学习收获和总结
教具 学具 设计	1. 学习记录卡：每次课程使用，最终可形成学生学习档案 2. 教学课件：用于演示创意网站比赛要求 3. 软件资源：网页制作软件 Dreamweaver CS6 4. 学习资源：HTML学习网站，CSS学习网站（https://www.w3school.com.cn/）
安全 说明	1. 确保学生在使用计算机时的正确坐姿和用眼习惯，避免对身体造成不良影响 2. 确保计算机放置平稳，避免因移动或摔倒导致的设备损坏或人身伤害 3. 使用网页素材注意版权问题，避免侵权 4. 网络安全：提醒学生注意保护个人隐私和数据安全，避免泄露个人信息

第九章

未来趋势与发展

在技术飞速发展的时代，新兴技术对网页制作和未来教学产生了重大影响。网页制作方面，人工智能、虚拟现实和增强现实等技术带来了更智能、个性化和沉浸式的体验，同时也面临稳定性、兼容性等挑战。

网页设计需朝着智能化、个性化和多元化方向发展。未来教学中，网页制作与网站建设课程要注重实践和创新，从校企合作、团队建设、教师持续学习三方面进行研究与展望。

校企合作通过多种模式培养学生实践能力、增加就业机会；教学团队建设注重成员选拔培养、促进团队协作和提升专业能力；教师持续学习则对个人发展和教学质量至关重要，需学习前沿技术、教学方法等内容，利用多种资源并转化应用学习成果。教师应成为新技术引领者，为教育发展贡献力量。

第一节 新兴技术对网页制作的影响

在日新月异的数字时代，网页制作不再仅仅是简单的信息展示，而是更加注重用户体验和交互性。新兴技术的不断演进，使得网页能够以更加智能、个性化的方式满足用户的需求。例如，人工智能技术可以根据用户的偏好和行为，自动调整网页布局，提供精准的内容推荐，实现智能搜索和问答功能，从而使用户获得更加贴合自身需求的浏览体验。

同时，虚拟现实和增强现实技术的应用，为网页带来了更加沉浸式和直观的感受。用户可以通过这些技术，身临其境地探索网页中的虚拟世界，与内容进行更加亲密的互动。这种全新的体验方式，无疑将吸引更多用户的关注和参与。

此外，新兴技术的发展也促使网页设计更加响应式、动态化。设计师可以运用各种创新手段，打造出更具视觉冲击力和吸引力的网页界面。这不仅提升了用户的参与度，还为用户带来了全新的视觉享受。

然而，这些新技术的涌现也带来了一系列的挑战。如何在技术创新的同时，保证网页的稳定性和兼容性，是摆在开发者和设计师面前的重要问题。此外，如何合理运用新兴技术，避免过度依赖，也是需要思考的课题。

一、人工智能与网页制作

随着人工智能技术的蓬勃发展，其在网页制作领域的应用日益广泛。智能页面布局成为了其中的关键方面，通过运用机器学习和数据分析，网站能够依据用户的偏好和行为自动调整页面布局，从而提供更为个性化的浏览体验。内容推荐系统也是人工智能在网页制作中的重要应用手段。它可以根据用户的历史浏览记录和兴趣偏好，为用户精准推荐相关的内容和产品，进而提高用户的参与度和满意度。

人工智能还能够借助自然语言处理和机器学习技术，实现智能搜索和问答功能，进一步优化用户体验。智能搜索功能能够理解用户的查询意图，提供最相关的搜索结果；而智能问答系统则可以直接回答用户的问题，提供即时的信息和帮助。

在人工智能的助力下，网页制作迎来了全新的发展机遇。通过深度学习和数据挖掘技术，网站可以更好地理解用户需求，提供个性化的服务和内容推荐。同时，人工智能还可以用于网页的自动化设计和优化，提高开发效率和质量。

然而，人工智能在网页制作中的应用也面临一些挑战和问题。例如，数据隐私和安全保护、算法透明度和可解释性等方面的问题需要得到关注和解决。此外，如何确保智能推荐系统的准确性和公正性，避免出现歧视和偏见，也是需要认真思考的问题。

未来，随着人工智能技术的不断进步，它在网页制作中的应用将更加深入和广泛。我们可以期待更加智能、个性化的网页体验，以及更加高效、精准的内容推荐和服务。但在推广和应用人工智能技术的过程中，也必须充分考虑其潜在的影响和风险，确保技术的发展符合伦理和法律规范，以实现可持续发展和良好的用户体验。

二、虚拟现实和增强现实的应用

虚拟现实（VR）和增强现实（AR）技术的应用为网页设计开辟了全新的领域。通过创建沉浸式的网页体验，用户能够更加身临其境地感受网站所呈现的内容。

在旅游网站中，虚拟现实技术可让用户亲身体验景点的实景，增强他们对旅游目的地的了解和兴趣。通过 3D 模型展示，用户能更直观地了解产品的外观和功能，从而提高购买决策的精准性。这些技术不仅能吸引用户的注意力，还能增加用户与网页之间的互动，提升用户的参与度和留存率。

虚拟现实和增强现实技术在教育、医疗、建筑等领域也有广泛应用。在教育领域，学生可以通过虚拟现实体验历史事件、科学实验等，增强学习效果；在医疗领域，医生可以利用增强现实技术进行手术模拟和培训；在建筑领域，设计师可以通过虚拟现实展示建筑设计，让客户更好地理解和评估设计方案。

虚拟现实和增强现实技术的应用也面临一些挑战。例如，技术成本较高、设备兼容性问题、内容制作难度大等。此外，长时间使用虚拟现实和增强现实可能会导致用户的视觉疲劳和身体不适。

为了更好地应用这些技术，需要不断研究和改进技术，提高设备的兼容性和性能。同时，设计师也需要考虑用户的体验和健康问题，合理运用这些技术，以达到最佳的效果。

随着虚拟现实和增强现实技术的不断发展，它们在网页设计中的应用将越来越广泛，为用户带来更加丰富、真实的体验。同时，也要关注技术应用的伦理和社会影响，确保其合理、健康地发展。

三、改变网页设计与用户体验

新兴技术对网页设计和用户体验产生了重大而深远的影响。响应式设计使网页能够灵活适应各种设备和屏幕尺寸，为用户提供了更优质的体验。通过这种设计，无论用户使用桌面电脑、平板还是手机访问网页，都能获得最佳的显示效果和操作体验。

动态内容展示能根据用户的行为和偏好，实时更新页面内容，赋予页面更多的新鲜感和吸引力。这不仅能增加用户的兴趣，还能提供更个性化的服务。

语音交互为用户提供了一种更为便捷和自然的交互方式，尤其在移动端设备上表现出色。用户可以通过语音指令完成操作，无须手动输入，大大提高了操作的便利性和效率。

新兴技术还大力推动了网页设计的创新，使设计可以采用更简洁、更具视觉冲击力的设计风格，以及运用动画和特效来强化用户的视觉体验。这些创新手段不仅使网页更具吸引力，还提升了用户与网页的互动性和参与度。

随着技术的不断发展，也带来了一些挑战。例如，如何在保证页面性能的前提下，实现更复杂的设计和功能；如何平衡创新与用户需求，避免过度设计导致的用户困惑等。同时，新兴技术的快速发展也要求设计师和开发者不断学习和更新知识，以跟上时代的步伐。

网页设计将继续朝着更加智能化、个性化和多元化的方向发展。设计师需要不断探索和创新，充分利用新兴技术，为用户提供更加出色的网页体验。同时，也需要关注用户的需求和反馈，以确保设计的合理性和实用性。在这个过程中，新兴技术将继续发挥重要作用，为网页设计和用户体验带来更多的可能性和机遇。

新兴技术的演进为网页制作和用户体验带来了更多的可能性和发展空间。随着技术的不断进步，未来的网页将变得更加智能、丰富和引人入胜。

第二节 对未来教学的研究与展望

网页制作与网站建设课程通常在计算机相关专业中开设，分三到四个学期来学习，第一个学期重点学习HTML、CSS、JavaScript的基础，第二个学期深入学习JavaScri和前端开发框架，第三个学期重点学习后端开发和数据库相关知识，第四个学期进行综合项目实践。通过系列课程的学习培养学生实际的网页制作和网站建设能力。课程注重实践操作，通过实际项目让学生在实践中提升技能；鼓励创新思维，以使学生能够设计出富有创意的网站。此外，它还可能涉及团队合作，培养学生的团队协作精神。对未来教学的研究与展望主要从校企合作，团队建设，教师持续学习三个方面来论述。

一、注重校企合作

（一）合作的意义与重要性

校企合作对学生实践能力培养和就业有着极其重要的积极影响。

对于学生实践能力的培养，它是一座关键的桥梁，将理论知识与实际工作紧密连接，通过这种紧密合作，学生有机会将课堂上所学的理论付诸实践，从而增强他们的实际操作能力。这不仅使学生在职业素养方面得到提升，更使他们能够更好地适应未来职场的各种需求和挑战。而且，校企合作为学生提供了更多的就业机会，在竞争激烈的就业市场中，这种合作模式赋予了学生独特的优势，增加了他们的就业竞争力，为学生开启了更多职业发展的可能性。

（二）合作模式的多样化

除了传统的实习基地建设，校企合作还有多种模式值得探讨。与企业共同开展项目研发是一种极具价值的方式。让学生亲身参与到真实的项目中，面对实际问题并寻找解决方案，这种经历将锻炼学生解决问题的能力。另外，邀请企业专家来校授课也是一种有益的合作形式。企业专家能够带来最新的行业动态和实际工作经验，丰富学生的学习体验，激发学生的学习热情。

（三）校企合作的挑战与应对策略

实施校企合作过程中确实可能面临一些问题，如企业需求与学校教学计划的匹配度不高可能导致合作效果不尽如人意。为了解决这个问题，提前与企业进行深入沟通是至关重要的。了解企业的具体需求，并根据这些需求适时调整教学计划，以确保学生具备企业所需的技能和知识。学生实践期间的管理也可能是一个挑战。为此，建立完善的实习管理制度是必要的。明确学生的职责和义务，制定严格的实习纪律，同时安排专门的指导老师，及时解决学生在实践中遇到的问题。

（四）合作成果的预期与评估

期望通过校企合作实现多方面的成果。学生实践能力的显著提升将是最直接的体现。学生们能更加熟练地掌握实际工作所需的技能和方法，为未来的职业生涯打下坚实的基础。就业率的提高则是合作成果的重要指标之一，说明学生在就业市场上更具竞争力。企业对学生的满意度也是衡量合作成果的重要方面，反映了学生的综合素质和能力得到了企业的认可。为了评估合作成果，建立科学的评估机制至关重要。定期对合作效果进行评估和反馈，及时发现问题并进行调整和改进。通过评估不断改进和优化合作模式，提升合作效果，实现校企双方的共赢。

二、教学团队建设

（一）团队成员的选拔与培养

在团队成员的选拔过程中，实践经验和教学能力是至关重要的考量因素。具有丰富实践经验的教师，不仅能够更好地指导学生进行实践操作，还能凭借自身的经验，预测和解决可能遇到的问题。他们能够将实际工作中的案例和经验融入教学，使学生更直观地理解和掌握知识。

具备良好教学能力的教师，能够运用有效的教学方法和策略，激发学生的学习兴趣和积极性。在培养教师方面，除了参加专业培训和参与企业项目外，还可以安排团队成员进行内部培训，分享彼此的经验和技巧。提供与行业专家交流的机会，让团队成员能够从外部获取宝贵的经验和建议。

此外，鼓励团队成员自主学习，提供相关的学习资源和支持。建立导师制度，让有经验的教师指导新成员的成长。通过这些多样化的培养机会，团队成员能够不断提升自己的专业水平，为团队的发展做出更大的贡献。

（二）团队协作的促进措施

团队协作的重要性不言而喻，促进团队协作的措施也有很多。定期组织团队活动可以增强团队凝聚力，例如户外拓展、团队聚餐等。这些活动有助于成员之间建立更紧密的关系，增进彼此的了解和信任。建立有效的沟通机制至关重要，包括定期的团队会议、即时通信工具等，确保信息的及时传递和共享。

明确团队成员的职责和分工，使每个人都清楚自己的角色和责任。同时，鼓励成员之间相互协作，共同完成任务。建立合作激励机制，对于表现出色的团队给予奖励，激发团队的合作精神。

（三）团队专业能力的提升途径

提升团队专业能力是团队发展的关键。鼓励团队成员参加各种培训和学术交流活动，包括线上课程、研讨会、学术会议等。这些活动可以让团队成员了解行业最新技术和发展趋势，拓宽视野。

开展教学研讨活动，共同探讨教学方法和经验。可以组织教学观摩、案例分享等活动，促进成员之间的交流和学习。与优秀团队进行合作交流，互相学习和借鉴经验。

鼓励团队成员进行课题研究，提高研究能力和解决问题的能力。通过不断提升团队的专业能力，能够为团队的创新和发展提供有力支持。

（四）团队激励机制的建立

建立合理的团队激励机制对于激发团队成员的积极性和工作投入度具有重要意义。薪酬激励是最直接的方式之一，可以根据成员的表现和贡献给予适当的奖金或薪酬调整。

晋升激励为团队成员提供了职业发展的空间和机会，让他们看到自己在团队中的成长和进步。荣誉激励包括颁发荣誉证书、表扬信等，让团队成员感受到自己的工作得到了认可和尊重。

还可以提供一些特殊的激励，如培训机会、弹性工作时间等。激励机制的建立要注重公平性和合理性，根据团队成员的实际贡献进行评价和奖励。

三、教师持续学习

（一）学习的重要性与意义

持续学习对于教师来说至关重要。它是教师保持专业素养和知识水平更新的关键。教育环境在不断变化，学生的需求也日益多样化，教师只有不断学习新的教学理念和方法，才能更好地满足这些需求。这不仅要求教师掌握新的学科知识，还需要了解教育领域的最新研究和趋势，以便将其应用到教学实践中。

持续学习对个人发展具有重要意义。通过不断学习，教师能够提升自我价值感和成就感。当他们看到自己的努力和学习成果在学生身上产生积极影响时，会感到非常满足。这种成就感会进一步激发教师的学习动力和热情。

持续学习还可以增强教师的职业满意度。在不断提升自己的过程中，教师能够更好地应对工作中的挑战和压力，从而提高工作满意度。学习还可以为教师的职业发展提供更多机会。例如，通过学习和研究，教师可以参与更多的科研项目，提高自己的学术水平，为晋升和职称评定创造条件。

持续学习还有助于教师拓展自己的职业领域。随着社会的发展，教育领域也在不断拓展，出现了许多新的教育形式和方法。通过学习，教师可以掌握这些新的知识和技能，为自己的职业发展开辟新的道路。

持续学习对教师的个人成长和素养提升也具有重要意义。学习可以让教师不断丰富自己的内涵，提高自己的综合素养。这不仅有助于教师在教学中更好地引导学生，还可以对他们的日常生活产生积极的影响。

持续学习是教师职业发展的必然要求，也是教师个人成长的重要途径。只有不断学习，教师才能跟上时代的步伐，为学生提供更好的教育，实现自己的职业价值和人生意义。

（二）学习的内容与方向

（1）前沿技术：随着科技的不断发展，新的教育技术层出不穷。多媒体教学可以通过图像、声音、视频等多种形式呈现知识，激发学生的学习兴趣；在线教学平台则为学生提供了更广阔的学习空间和资源。教师了解并掌握这些技术，能丰富教学手段，提高教学效率，让学生更加便捷地获取知识。

（2）教学方法：合作学习可以培养学生的团队合作能力和沟通能力，促进学生之间的相互学习；探究式学习则可以激发学生的主动性和创造力，培养学生解决问题的能力。教师掌握多种教学方法，能够根据不同的教学内容和学生的学习特点，选择最适合的方法，满足学生多样化的学习需求。

（3）学科知识：教师所教授的学科知识在不断更新和发展，深入研究学科可以使教学内容更加丰富和深入。这要求教师关注学科的最新研究成果和发展趋势，不断更新自己的知识体系，以便更好地指导学生的学习。

（4）教育心理学：了解学生的心理特点和发展规律，有助于教师理解学生的学习需求和行为表现。例如，根据学生的注意力集中时间合理安排教学活动，根据学生的兴趣爱好选择教学内容等。这样可以提高教学的针对性和有效性。

（5）教育政策：熟悉国家和地区的教育政策，能够为教学提供指导。教师可以根据政策要求调整教学策略和方法，更好地符合教育发展的方向和目标。同时，也能够为学生提供更符合政策要求的教育服务。

（三）学习资源的获取与利用

（1）参加专业培训课程：线上培训课程具有时间灵活、地点自由等优势，教师可以根据自己的时间安排进行学习；线下培训活动则能提供与专家面对面交流的机会，增强学习效果。通过参加专业培训课程，教师可以系统地学习新知识、新技能。

（2）阅读专业书籍和期刊：专业书籍通常会深入探讨某个领域的知识，有助于教师全面了解相关内容；期刊则能提供最新的研究成果和教学经验。阅读这些书籍和期刊，能让教师紧跟学科发展的步伐。

（3）参与学术研讨会和讲座：教师可以与同行交流，分享彼此的教学经验和研究成果。了解行业内的最新动态，拓宽自己的视野，还能激发新的教学思路和研究方向。

（4）利用网络资源：教育网站提供了丰富的教学资源，如教案、课件等；博客上的文章则包含了许多教师的教学心得和经验分享。合理利用这些网络资源，能为教师的教学提供有力的支持。

（5）加入教师社群：与其他教师建立联系，分享教学经验和资源。通过交流，教师可以获得更多的教学灵感和解决问题的方法，共同成长进步。

（四）学习成果的转化与应用

（1）将新的教学方法和技术融入课堂，提高教学的趣味性和效果：在教学中尝试新颖的教学方法和技术，激发学生的学习兴趣。例如，利用多媒体技术呈现生动的教学内容，或采用小组合作学习培养学生的团队协作能力。这样的教学方式不仅能让学生更积极地参与到学习中，还能提高他们的学习效果。

（2）根据学生的特点和需求，调整教学策略。每个学生都有独特的学习风格和需求。通过了解学生的特点，教师可以因材施教，制定个性化的教学策略。例如，对于视觉型学习者，多使用图像、图表等辅助教学；对于好动的学生，适当增加实践活动。

（3）与同事分享学习成果，共同提高教学质量。同事间的交流与合作对于提高教学质量非常重要。通过分享学习成果，教师可以相互借鉴、共同进步。这不仅有助于提升整个教学团队的水平，还能营造良好的工作氛围。

（4）将学习成果应用于教学研究，促进专业发展。把学习成果与教学研究相结合，深入探索教育教学规律。通过开展教育实验、撰写教学论文等方式，不断提升自己的研究能力和专业素养。

（5）不断反思教学实践，总结经验，改进教学。定期回顾自己的教学过程，分析其中的优点和不足。从成功案例中总结经验，从失败中吸取教训，并将这些反思结果应用于后续的教学中。持续改进教学方法和策略，提高教学质量。

在技术变革的大背景下，教师不仅要具备扎实的专业知识，还要不断提升自己的技术应用能力和创新能力。教师应成为新技术的积极应用者和引导者，帮助学生掌握新技术，培养学生的创新精神和实践能力。

同时，教师还要关注技术变革对教育带来的影响，积极参与教育改革和创新，为教育的发展贡献自己的力量。此外，教师也需要与其他教育工作者、技术专家等进行广泛的合作与交流，共同推动教育事业的发展。

扫码获取
☑ 配套资源 ☑ 网页制作
☑ 网站建设 ☑ 学习笔记

附 录

网站在企业移动应用项目技术架构中的应用

在数字化转型的浪潮中，企业移动应用项目已成为连接用户、提升服务质量和增强品牌影响力的关键工具。一个成功的移动应用项目不仅仅局限于移动应用本身，其背后的技术架构，特别是网站在其中扮演的角色，同样至关重要。本文将深入探讨网站在企业移动应用项目技术架构中的应用，揭示其如何成为企业数字化转型的重要支柱。

下面基于课题项目《企业移动应用项目的技术架构与实现策略研究》，探讨网页制作与网站建设在企业移动应用项目技术架构中的实际应用。

一、项目背景与意义

随着移动互联网的快速发展，企业对于移动应用的需求日益增加。本项目旨在通过深入研究企业移动应用项目的技术架构，为企业提供一套高效、可扩展且易于维护的解决方案。这不仅有助于提升企业的市场竞争力，还能加快数字化转型的进程。

二、网站在企业移动应用项目技术架构中的应用

（一）网站作为移动应用的后端支撑

1. 数据管理与存储

网站在企业移动应用项目中扮演着数据管理与存储的核心角色。通过构建高效、安全的数据库系统，网站能够存储和管理移动应用所需的大量数据，包括用户信息、交易记录、产品详情等。这些数据不仅为移动应用提供了有力的功能支持，还为企业决策夯实了数据基础。

2. API接口服务

网站通过提供丰富的API接口服务，实现了移动应用与后端系统的无缝连接。这些API接口支持数据的实时同步、用户身份验证、支付处理等多种功能，确保了移动应用的流畅运行和用户体验的持续优化。

3. 云服务集成

随着云计算技术的不断发展，网站已成为企业移动应用项目与云服务集成的重要桥梁。通过集成云服务，网站能够为企业提供弹性计算、数据存储、数据分析等全方位的支持，助力企业实现资源的灵活配置和高效利用。

（二）网站作为移动应用的前端展示与交互平台

1. 响应式设计

在移动应用项目中，网站通常采用响应式设计，以适应不同设备和屏幕尺寸的访问需求。响应式设计不仅提升了用户体验，还为企业提供了统一的品牌形象和用户体验。

2. 跨平台访问

与移动应用相比，网站具有跨平台访问的巨大优势。用户可以通过任何支持Web浏览器的设备访问网站，无需下载或安装额外的应用程序。这种便利性不仅扩大了企业的用户

群体，还提高了用户黏性和活跃度。

3. 丰富的交互功能

网站通过集成各种交互功能，如在线聊天、评论系统、社交媒体分享等，增强了用户与企业之间的互动。这些功能不仅提升了用户体验，还为企业提供了宝贵的用户反馈和营销机会。

（三）网站在企业移动应用项目中的战略价值

1. 品牌塑造与传播

网站作为企业的在线门户，承载着品牌塑造和传播的重要使命。通过精心设计的网站界面和优质的内容呈现，企业能够树立独特的品牌形象，提升品牌知名度和美誉度。

2. 用户获取与留存

网站通过搜索引擎优化（SEO）、社交媒体营销等多种手段，吸引潜在用户访问并转化为忠实用户。同时，通过提供个性化的用户体验和优质的服务支持，网站能够增强用户黏性，提高用户留存率。

3. 数据分析与决策支持

网站通过集成数据分析工具，能够实时监测用户行为、分析用户需求和偏好。这些数据不仅为企业提供了宝贵的市场洞察，还为企业的战略决策提供了重要的数据支持。

三、结论

网站在企业移动应用项目技术架构中发挥着举足轻重的作用。作为后端支撑、前端展示与交互平台以及战略价值的核心组成部分，网站不仅提升了移动应用的功能性和用户体验，还为企业带来了品牌塑造、用户获取与留存以及数据分析与决策支持等多重价值。因此，在构建企业移动应用项目时，企业应充分重视网站的作用，将其纳入整体技术架构的规划中，以实现数字化转型的全面提升。

参考文献

[1] HTML5权威指南

[2] JavaScript权威指南

[3] 申田裕,范淑敏,张世明等.中职院校《化工原理》课程项目化教学研究[J].广州化工. 2021,49(01).

[4] 张燕."项目教学法"在应用型高校课程改革中的应用研究——以《培训与人力资源开发》为例[J].行政事业资产与 财务, 2020, (04).

[5] 梁莉菁，刘巧丽.网页设计与制作(html5+css3+javascript)[M].北京:清华大学出版社，2021.

[6] 王丽芬，邵雪，叶静宇.HTML5+CSS3+JavaScript网页设计与制作案例教程[M].上海：上海交通大学出版社，2024.

[7] 白磊.Web应用开发技术[M].北京：清华大学出版社，2023.

[8] 刘颖.网页制作[M].北京：清华大学出版社，2017.

[9] 学习网站：http://www.w3school.com.cn

[10] 画像设计网站：https://www.figma.com/

[11] http://jingyan.baidu.com/article/59a015e352c175f7948865a5.html